别让直性子毁了你

人际交往中有效的心理策略

墨 非◎编著

台海出版社

图书在版编目（CIP）数据

别让直性子毁了你 / 墨非编著. — 北京：台海出版社，
2015.11（2017.06 重印）

ISBN 978 - 7 - 5168 - 0767 - 5

Ⅰ. ①别… Ⅱ. ①墨… Ⅲ. ①情绪－自我控制－通俗
读物 Ⅳ. ①B842.6 - 49

中国版本图书馆 CIP 数据核字（2015）第 253505 号

别让直性子毁了你

编　　者：墨　非

责任编辑：姚红梅　　　　　　责任印制：蔡　旭

出版发行：台海出版社

地　　址：北京市东城区景山东街 20 号　　邮政编码：100009

电　　话：010－64041652（发行，邮购）

传　　真：010－84045799（总编室）

网　　址：www. taimeng. org. cn/thcbs/default. htm

E-mail：thcbs@126.com

经　　销：全国各地新华书店

印　　刷：香河利华文化发展有限公司

本书如有破损、缺页、装订错误，请与本社联系调换

开　　本：710×1000　　　1/16

字　　数：229 千字　　　　　印　　张：18.5

版　　次：2015 年 12 月第 1 版　　印　　次：2017 年 6 月第 2 次印刷

书　　号：ISBN 978 - 7 - 5168 - 0767 - 5

定　　价：36.80 元

前 言

　　有的人觉得做人要真，说话要直，拐弯抹角、绵里藏针是虚伪的表现，任由自己直来直去，结果得罪了很多人。其实这种想法大错特错，"真"字是"直"下面添两点，也就是说你即使说的是一点不掺假的实话，也要保留两点，不能不假思索地全部说出去。实话实说是率真，实话全说就是愚蠢了。

　　无论说话还是办事都不要太过直接，更不能率性而为，但凡谦恭有涵养的人都是温良礼让的，这是一个人成熟的标志。人生在世，过真易生情，伤己；过直易生怨，伤人。直性子者性情过刚，须以柔性稀释，方能悦己乐人。水无棱角，是世上的至柔之物，然而却可驰骋天下，包纳万物，而棱角分明的坚硬固体，并非无坚不摧，反而不堪一击，我们都知道刚直易折的道理，棱角太过尖锐只会让自己承受更多磨砺的痛苦。

　　我行我素、感情用事、浅白耿直的人在社会上越来越难立足，直性子者若一味抱残守缺，就很难获得幸运女神的垂青，直来直去的人在事业上发展受阻，在社交上又频频亮起红灯，友谊和爱情也会离自己远去，人生处处充满缺憾。细心留意一下那些失意之人，你会发现他们大多愤世嫉俗，把自身的失败归咎在社会上，对自己的性格弱点缺乏清醒的认识。直性子的人也是如此，误以为自己仕途不顺是因为社会不公或别人嫉妒打压自己造成的，却意识不到自己致命的性格缺陷才是真正的罪魁祸首。

你的直率可能转化成伤人的利器，也可能成为贻误自己一生的弱点。在我国的传统文化中，含蓄内敛的处事方式一直备受推崇，即便是到了现代社会，它仍然是被绝大多数人所认可的一种法则。任何莽撞、直接的行为都可能成为对别人的冒犯，所以直来直去的人才讨人嫌。没有好人缘、没有和谐的人际关系，你的事业不可能蒸蒸日上，朋友疏离、恋人佛袖而去，你的感情生活则会天翻地覆，世上还有什么比职场、情场双失意更让人痛苦的？如果你不想继续啜饮这杯苦酒，从现在开始就致力于纠正自己的性格弱点吧。

本书向你揭露了一个残酷而可怕的真相，性子太直有可能贻误终生。可是性格并非是改变不了的，只要你找出自己个性缺陷的心理症结，学会最基本的待人处世的规则，掌握情绪控制的方法，跳出自我中心意识，懂得设身处地地为他人着想，就能逐渐矫正自己不受欢迎的性格特质。作为一名直性子者，也许你吃过很多亏，在无意之中伤害过很多人，在人生的道路上摔过很多跤，常感到彷徨和苦闷，但是那已经成为历史，只要你能下定决心改变现状，就能为自己的人生翻开新的篇章。希望本书能带给你一些有益的启示，使你的未来之路越走越宽广。

目 录
CONTENTS

第五章 给情绪降温，扑灭心中怒火：
警惕坏脾气毁掉你的人生

第十章　高智商驭物，高情商驭人：情商高才能立于不败之地

第一章

可怕的真相：
个性太直会毁你一生

戴尔·卡耐基说："一个人的成功85％归于性格，15％归于知识。"要想事业有成，性格是关键因素，一个人的性格特质直接影响到他一生的命运和前途。每个人都有自己独特的性格，世上只有性格相似的人，但没有性格完全相同的人，性格就像人的指纹一样独一无二，可是又有些许类似之处。

直性子者是比较特立独行的一类人，给人的感觉颇为有个性，然而他们独特的个性存在诸多缺陷，不少人可能因此被耽误一生。作为一名直性子者，你是否认真思考过，自己在社会上处处碰壁、人缘差、不受欢迎的原因，其实这些问题都和你自身的性格有着千丝万缕的联系。活得真实并不等于活得原始而粗糙，直来直去的性格是人尚未被打磨时的初始状态，这种粗粝的性格虽然也有可圈可点之处，可是直性子者棱角太多、说话办事太过随心所欲、个性偏执、脾气急躁，经常会得罪人，不但在职场上四处碰壁，还可能断送爱情和友谊，使自己沦为一个可悲的失败者。

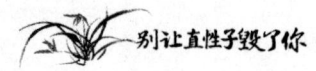

1. 与世界格格不入，靠什么来立足于社会？

在自然界中，动物们为了生存，进化出了超强的本领，它们甚至可以与环境完全融为一体而不被发现，以此来躲避可怕的天敌。在人类社会中，生活着形形色色的人，有的人为了更好地适应环境，把自己打磨成了光滑的鹅卵石，对任何人都唯唯诺诺、曲意逢迎，彻底没有了自己的影子，而有的人则依然故我，完整地保留着自己的每一个棱角，直率而本色。直性子的人显然属于后者，他们往往特立独行，与周围的环境格格不入，在任何背景下都显得扎眼而突兀，因此适应能力较差。

对于圆滑者，有人不屑，有人则认为那种做法是典型的"识时务者为俊杰"，而对于率真者观点也是褒贬不一，先抛开别人的看法不谈，棱角分明的人，无论如何都容易被时代的激流所伤，在变化莫测的世界面前，直性子的人通常不为世人所容，常常落得伤痕累累、心力交瘁的下场，甚至会一败涂地。

自然界的法则是残酷的，适者生存是颠扑不破的真理，一粒种子如果不能适应环境的温度和湿度，就无法生根发芽，更谈不上茁壮成长。任何一种生灵如果没有顽强的生命力和超强的适应能力，都会被自然界无情地淘汰，人类社会其实也是如此，不过它的生态系统没有那么丰富，构成的要素只是各种各样的人而已。每个人都有自己的性格特点、脾气、喜好，每个人都有自己的棱角，有的人为了活得游刃有余，削掉了所有的棱角，于是变得油滑；有的人则适度隐藏自己的棱角，外圆内方，在恪守原则的同时又竭力避免和外界发生冲突；只有直性子的人毫不妥协，总是任性地横冲直撞，撞得人仰马翻、遍体鳞伤，仍不知反省自身，最终落得四面楚歌、孤军奋战的下场。

徐媛是一个个性率真的女孩，她棱角分明，言辞犀利，对谁都一视同仁，有时还不分场合地顶撞领导。论工作能力，她比其他同事都出众，可是在财务部门整整干了三年了，也没有得到提拔。刚刚进公司两年的一个会计反而晋升到了财务主管的职位，这让徐媛大为光火，她觉得那个会计不过是嘴巴甜而已，根本就没有真正的实力，而自己才是财务主管的不二人选，领导显然是有眼不识泰山，她一气之下就冲进了领导的办公室理论。

的确，徐媛是个相当敬业的人，工作起来任劳任怨，也颇有责任感，可是就是一根筋，认准的东西八匹马也拉不回来，为此常常和领导争吵，领导也欣赏她的才干，可是忍受不了她的傀脾气，不止一次地对她说："不要把自己当成刺猬，随时都准备扎人，每个人都有脾气，身上也都有刺，可是大家在一起共事就该彼此忍让，这里不是战场，我们也不是你的敌人，不要跟别人过不去，也不要跟自己过不去，好吗？"徐媛说："我没有想过要伤害谁，我只是想做我自己不可以吗？我就是这个脾气，你们又不是第一天认识我。""认识你不代表理解你和赞同你。"领导又说。徐媛意识到一定有不少同事向领导打自己的小报告了，更是急火攻心："我不会说好听的话，也不会哄你们开心，可是我的努力大家是有目共睹的。""可是光知道努力工作是不够的，如果你当上了财务主管，下属都不愿意配合你，你岂不成了光杆司令，工作根本难以开展嘛。"领导的这句话像一枚钢针一样深深刺进了徐媛心里，她虽然自知人缘不佳，可没有想到同事们竟对她排斥到了这种地步，她平时不过是有话直说，公事公办而已，真不明白为什么大家都不理解。

徐媛错失了晋升的机遇，心里自然不好过，可是接下来发生的事更让她气恼。有一天，天空淅淅沥沥地下起了雨，偏偏赶上报税的日子，那天她上班忘记了带伞，出门前她想向同事借把伞，可是话还没出口，同事们就互相使眼色，她心里一寒，头也不回地闯进雨里，最后报完税狼狈地回来了，俨然浇成了落汤鸡的模样，几个同事在旁窃窃私语，还有的笑出声来。徐媛觉得自己遭受了莫大的人格侮辱，狠狠地把文件夹摔在桌面上，大家这才默不作声了。

后来公司效益下滑，各部门都在裁员，财务部也没能幸免于难，徐媛做梦也没想到自己竟然是那个首先被裁掉的人，她自认为自己是整个部门工作能力最强的人，可是如今却成了最先出局的人，这让她感到分外郁闷。

在复杂的社会环境中，如果一个人太过圆滑，为了抢占更多的资源处处讨好别人，就会让人瞧不起。可是如果一个人过于棱角分明，直来直去，必将处处受到掣肘。生存和发展是每一个生命体都要面临的问题，立足社会是一个现实命题，你可以拒绝去当圆滑的鹅卵石，可是万不可充当棱角毕现的顽石，因为扮演那样的角色会让你付出高昂的代价。事实上，再粗粝的岩石都要受到风的侵蚀和流水的冲刷，在外力的作用下，都不可避免地会失掉一些棱角，人亦如此，适度地削减一些棱角，可以避免碰上别人，也可以更好地保护自己，这并没有什么不好，也不代表你完全失去了自我。钻石经过打磨才变得光芒四射，而固执的荆棘不过是一丛怪异扎人的植物，无人理会，无人欣赏，它是货真价实的直性子、真性情，可是永远都不会有出人头地的机会。

2. 可以有"锋芒"，但不要"毕露"

直性子的人往往有"锋芒"，他们认为自己是锐意进取的时代"弄潮儿"，于是会表现得直言快语、直言不讳。他们走不了小家碧玉的温婉路线，又加之争强好胜，一语不合就会引发一场唇枪舌剑，有时因为过于特立独行招致众人厌烦，成为不受欢迎的孤家寡人，事业也因此受到重大影响。

诚然，这是一个言论自由的时代，每个人都有表达个人意见的权利，伏尔泰曾经说过："我不同意你说的每一个字，但我誓死捍卫你说话的权利。"任何人都可以发表自己的看法，但是却没有理由剥夺他人说话的权利。的确，人可以有"锋芒"，但切勿"毕露"。直性子的人往往容不得别人提出相左的意见，尤其不能忍受他人对自己的评判，为了捍卫自己的尊严，常常反唇相讥，与任何一个反对自己的人展开剑拔弩张的态势。殊不知这样做的后果是，赢得了一次无谓争斗的胜利，却输掉了大好的发展机遇，一辈子的前程也有可能因此葬送。

于珊珊大学毕业不久，报名参加了一场职场选秀栏目，她是名牌大学的优等生，在学校里一直表现得出类拔萃，不但有着漂亮的成绩单，而且经常组织各种校园活动，展现出不凡的领导才华，因此对于职场选秀栏目她志在必得。

于珊珊各方面条件都不错，但是性格上有一个明显的缺陷，她的个性太直，大脑不会转弯，素来心直口快，做事风风火火，有时得罪了别人自己却一点也没察觉。她把争吵当做辩论，喜欢和别人针锋相对，经常把对手批驳得哑口无言，同学们都笑称她有当一流律师的潜

质。于珊珊不置可否地笑了笑，她并不排斥做个最佳辩手。

可是参加职场选秀栏目和她想象的完全不一样，她极力想把自己最优秀的一面展示给评委，自认为一路过五关斩六将表现得分外抢眼，却仍没有赢得所有评委的好感。其中有一个评委显然不是很看好她，因为观点不同，两个人竟在节目现场吵了起来，双方互不相让，用最直白最刻薄的话互相回敬了好几个回合，仍没有偃旗息鼓的意思，场面一度失控。结果由于锋芒太盛，用人单位都对她亮起了红灯，她扫兴地铩羽而归。

选秀节目播出后，给于珊珊带来了非常大的负面影响，她直言直语的个人风格和犀利的反问给不少公司的老板留下了深刻的印象，他们都觉得于珊珊是一匹难以驾驭的黑马，虽然非常优秀，但是难以管束，聘用她会给公司带来很多麻烦，于是纷纷对她关上了大门。于珊珊一直以来扮演的都是那种不管不顾的"出头鸟"的角色，在校园里，大家都说她个性豪爽，有勇气敢担当，将来必成大事，没想到初入社会就接连吃闭门羹。她不知道自己究竟错在哪里，坚持认为错误都在那个挑剔的评委身上，自己只不过是个无辜的受害者罢了。

后来好不容易有一家效益不错的公司向于珊珊敞开了大门，她成了一名高级行政人员，职业生涯终于有了转机。可是入职没多久新的麻烦又来了，由于于珊珊个性太过尖锐，为人总是直来直去，一不小心得罪了不少为公司立下过汗马功劳的老员工，老员工纷纷向高层领导告状，还有的威胁要立即请辞，最后领导只好将于珊珊辞退。随后几年，于珊珊又得到了几次可能改写人生命运的重大机遇，却都因为别人忍受不了她的锋芒而不了了之，转眼她迈进了30岁的大门，依然在频频地换工作，一直过得非常失意。

直率，不愿隐藏自己虽不是什么过错，可是频频向他人亮剑未免显得太不厚道。人常道，性格决定命运，有什么样的性格就有什么样的人生。社会有如浩瀚的天空，绝大多数人都是天幕里的一抹星辰，艳阳和明月固然令人羡慕，可是它们仍不是宇宙的中心。你可以大放异彩，闪烁自己的光芒，但是如果把自己看得太重，总把锋芒指向别人，就会被定义成侵略性强的进攻者，最终难逃被群起而攻之的命运。

从哲学上说，万事万物都是相联系的，每个人都不是一座孤岛，一个人的成功，离不开他人的协助和支持，赢得人心其实就意味着成功了一半。真正身怀绝技的人往往虚怀若谷、深藏不露，待人处事极尽君子风度，这样的人才能在关键时刻一鸣惊人。而直性子的人视含蓄为胆小，视谦虚为虚伪，性格激进火爆，听到不顺耳的话立即亮出满身的尖刺，常常成为众矢之的，这样的人自然很难在社会上立足，更难成就一番事业。

锋芒犹如一把双刃剑，在刺向别人的时候，其实也刺伤了自己，它本来应该被小心翼翼地收在剑鞘里，不到迫不得已的时候便不使用。可是性子直的人大多耐心不足，他们说话做事往往不考虑后果，只按照自己的直觉和意愿行事，结果一刀劈下去，就有可能让自己的事业被腰斩，最终在失意和潦倒中度过余生。

3. 随心所欲意味着处处碰壁

直性子的人往往容易给人留下随心所欲的印象，一言一行都充满感性色彩，讲话简洁有力、一针见血，不喜欢啰嗦和铺垫，说到兴起处颇有几分豪气干云的意味，做事雷厉风行但也不乏鲁莽，热血喷涌时不管不顾，甚至不惜一切地在错误的道路上狂奔，从来不踩急刹车，

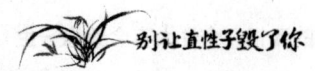

虽不至于车毁人亡，但也会给自己和别人带来无尽伤害。

对于倔脾气、直性子的人，人们向来有两种截然不同的看法，有人把他们视为性情中人，愿意与之结成挚友，而绝大多数人则选择对其避而远之。原因在于直性子的人表面看来浅澈如小溪，可以一目了然，而实际上他们却更接近于多变的天气，时而阳光灿烂，时而晴转多云，时而狂风暴雨，没有人能招架得住，他们也不会因为任何人而做出改变，只会潇洒地耸耸肩，告诉你如果你受不了他们火一般的激情请自行降温，如果你受不了他们暴风骤雨般的攻击，那么请自备雨具。

思维走直线的人最大的特点当然是随心所欲，冷静和理性不是他们所推崇的东西，冲动是他们的原色，在任何场合他们都有可能带来"语不惊人死不休"的效果，他们的出格行为也常常饱受质疑。然而直性子的人不理会这些，以追求个性和自由的名义时不时地要展示一下自己，不在乎自己将受到多少炮轰。然而不是所有直性子的人都那么高调，有的为人老实忠厚，可是天生就是倔脾气、驴性子，想改也改不了，为此没少吃亏，栽了无数个跟头之后对自己完全失去了信心。

一家大型贸易公司为员工提供了旅游福利，所有表现出色的员工都可到风光旖旎的夏威夷享受度假，旅游归来后大家相聚一堂，兴致勃勃地谈论着自己的感受。正是一千个人眼里有一千个不同版本的哈姆雷特，对于夏威夷，每个人都有自己独特的看法。有的人为那里蔚蓝的大海痴迷，有的人喜欢那里热情奔放的舞蹈，还有的人对那里的火山赞不绝口。

忽然部门经理的小女儿拉着赞美火山的陶晓莹问："阿姨，火山烫不烫？"陶晓莹看了看眼前这个可爱的小女孩，又看了看经理，半开玩笑地说："放心吧，再怎么烫也不会伤到你妈妈，因为你妈妈的脸皮最厚，是不会烫伤的。"此语一出，满室哗然，同事们都觉得陶晓莹说话太造次了，这让经理情何以堪。大家都知道陶晓莹最近在和经理闹矛盾，可是在这样的场合将两个人的矛盾公开化未免太意气用事，陶晓莹这样做难免有挑衅之嫌，就连以前同情她的人也觉得她太过。

好好一场聚会不欢而散，就因为陶晓莹的一句话败了兴。回到公司后，陶晓莹莫名被降职了，她很不服气，怒气冲冲地要找经理理论，被老同事一把拉住："算了，这次吃了亏，就当买个教训了。你也该改改你直脾气的性子了，不然以后的路更难走。"陶晓莹梗着脖子嚷道："我做错什么了？你们大家评评理，经理以权谋私，看我不顺眼无缘无故就降我的职。"这句话恰巧被经理听到了，她不动声色地说道："陶晓莹，我降你的职与个人恩怨无关，而是觉得像你这样说话办事不知轻重的人，不适合担当大任，以免在和合作伙伴打交道时有失公司体面。"陶晓莹无言以对，气得眼泪在眼眶里打转。

私下里，陶晓莹和同事再次谈起了那场聚会，陶晓莹委屈地说："我真不是故意让经理难堪，我的性格你还不了解吗？平时大大咧咧，讲话办事不经大脑，可是我并没有什么恶意呀。经理的皮肤确实比我们的要厚些，她自己不也常拿这件事开玩笑吗？还说自己夏天根本不用抹防晒霜，因为阳光晒不透她的皮肤。"同事好心劝慰她说："无论你是有意无意，总之你说了不该说的话，做了不该做的事，以后一定要注意些，把脾气改改。"陶晓莹咕哝道："我也想改呀，可是江山易改本性难移呀，我天生就是直肠子。""那是因为你跌跤跌得不够多，摔得还不够重。"同事说。"我已经摔得鼻青脸肿了。"陶晓莹低下头，心里满是怅然。

直性子的人有时让人觉得莽撞轻率，这样的人往往给人以不成熟不稳重的印象，因此难以被委以重任。随心所欲的率真是儿童的表现，

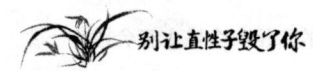

没有长大的孩子从来无需顾忌别人的感受，他们想哭就哭，想闹就闹，没有人会和一个天真无邪的孩子斤斤计较，可是成年人的世界就大不一样了，别人不会轻易原谅你的冒失，也不会因为你在自己身上贴了"我是直性子"而对你网开一面，如果你仍想坚持我行我素的处事风格，就会诸事不顺，碰一鼻子冷灰。你不是长不大的彼得潘，也没有生活在童话世界里，只有遵循成年人都认可的交往法则，才能走上坦途，否则就会兜兜转转走很多弯路，还有可能一直走下坡路，赌上光明的未来。

4. 做成人世界里的"小孩"，容易被误读

有的人天生性子直，为人单纯，不会把事情想象得太过复杂，考虑问题自然也不能太过全面和周到，有时常常招致误解。直脾气的人多数不善辞令，语气生硬，总是解释不清，有时越辩解误会越深。我们常看到直性子的人被披上骄傲冷漠的外衣，其实他们也有一颗温暖的心，而且也不乏人情味，却总是最容易被误会和中伤，莫名其妙地承担了各种骂名，在这个人言可畏的社会里，不乏众口铄金积毁销骨的案例，而直性子的人有时也会成为其中的牺牲品。

为什么人们就不能友善地对待个性直来直去的人呢？因为他们仍保留着孩童时代的天真，而人们无法从真正意义上理解这些有着成人外表却有一颗孩童心的人究竟是怎么一回事，所以常常造成误读，错认为他们是如何的高傲冷酷、不通人情，如何令人生厌，理应被抛弃。就这样一个简单的直肠子的人被无情地妖魔化，最终在人们的口头消费中积累起了恶名。

我们知道名声相当于个人的一张明信片，它也可以成为人们事业通达的通行证，一个好的名声可以成全一个人，而一个坏名声足以毁掉一个人。直性子的人由于被错读和误判，无辜地背负了各种负面名声，这显然是不公平的，可是这种误解却是其性格特征导致的。

杰克自从在世界顶尖的科学杂志上发表了有影响力的论文后，在很短的时间内便声名鹊起，好几家有名的杂志争先恐后地要采访他，已经多年不联系的大学同学突然频频拜访他，说是想虚心向他请教问题。作为大学教授，他的工作本来就非常繁忙，有时为了阐述自己的研究成果，他还得出席报告会，而成名给他带来的负重远远超出了他的想象。

有一次，有个记者采访起来就没完没了，因为他还有别的工作安排，不得不催促记者尽快结束采访。如果他把自己的意思表达得委婉些，记者本来是可以谅解的，可是他天生不善言辞，性格又比较直，索性直接对记者说："问完了吗？"记者一愣，有点失态地说："还有两个问题想请教您。""可是我没有多余的时间。"杰克摊开双手，表示自己无能为力，不能配合记者的采访了。

结果事后那名记者用较大的篇幅描述了杰克的无理和傲慢，一时间傲慢的学者成了杰克的代名词。人们似乎对他在科学领域做出的贡献不再感兴趣，转而对他的个人生活开始品头论足，杰克不止一次地强调："请你们尊重我的科研成果，不要把焦点放在我的私生活上。"可是人们依旧不依不饶，说他是个冷血的科研机器，有一次竟然拒绝了一位癌症患者想要面见自己的请求。杰克对外声称这是个无耻的流言，根本就没有什么癌症患者想要见他，可是公众并不相信他。由于舆论压力，杰克选择淡出公众视野，他隐姓埋名去了一个偏远的小城，默默无闻地在学校的实验室里工作，由一名风头正盛的大学教授变成

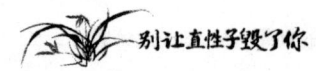

了一个普通的教员。

名人性格太直，就容易置身于风口浪尖上，舆论被误导之后，轻则名声受损，重则身败名裂，其实普通人同样经不起舆论的扭曲和诋毁，在没有获得过狂热的赞美和耀眼的头衔的情况下，作为一个势单力薄的普通人，更容易被人们的口水淹没。每个人都有自己的工作圈和社交圈，如果你仍坚持像大孩子一样行事，不了解别人的需要和感受，就很容易被排挤出局，最可怕的是名誉受到损害，成为人人躲避的瘟神，这样下去的话生活不但会陷入僵局，人生也会走进僵局。

林枫个性单纯，由于刚刚踏足社会，觉得一切都很新鲜，心中充满了美好的憧憬。作为名校毕业的高材生，他非常受到公司老板器重，因为公司缺少像他这样的人才，老板几次和他谈话，表示只要他肯好好干，公司愿意重点栽培他。林枫非常感激老板重视自己，工作起来更加卖力，可是不知为什么他和一些资深的老同事总是相处不好。起初他还以为是因为双方年龄差距太大，缺少共同话题，后来才知道事情根本没有那么简单。

林枫由于涉世不深，平时讲话当然不会考虑太多，无论和谁说话都比较随意，他心无城府，向来直来直去，不知不觉就把人得罪了。其中有一个四十多岁的老员工，有一天因为工作出现了差错，受到了老板的批评，事后他以开玩笑的口吻对办公室的同事说："老了老了，不中用了，连这么简单的工作都会做错。"同事们纷纷说别这么快就喊老，他看起来依旧那么精神，公司的很多事还需要他来处理呢。林枫却说："我说句实话，您可别不爱听，到了您这个年纪，事业也就进入了瓶颈期，记忆力减退，判断力下降，精力当然也比不上年轻的时候旺盛了，工作出了差错也别太放在心上，这都是很正常的事。"

那位老员工一听，脸色突然变了，话里有话地说："你们年轻人都是早上八九点钟的太阳，我们这些岁数大的就是日薄西山的落日了，是该给你们腾位置了。"林枫并没有听出弦外之音，还天真地说："您客气了，人都会老，这不过是自然规律罢了。"事后，那名老员工对同事说："这小伙子也太张狂了，刚进公司就想挤兑我们这些资深的老员工，太不像话了。"由于那位老员工记恨林枫，就到处在公司里散布谣言，说林枫傲慢自大，不把年长的员工放在眼里，经常要求老板把重要的项目交给自己做，不知私下里把多少理应交给老员工处理的项目抢走了。

老员工一听群情激愤，经常找林枫的茬，还不断在老板面前进献谗言，林枫在公司的日子越来越不好过，老板对他的态度也发生了360度大转弯，很多项目都不肯让他插手，他觉得自己再待在这家公司也不会有什么发展了，只好带着满心的遗憾辞职离开了。

几句不该说的话有时确实会掀起一场轩然大波，实话实说并不一定能赢得人心，还有可能招来无尽的麻烦，涉世浅的人通常比较直接，并不知道自己的言行会引起别人怎样的反应，一旦得罪了心胸狭隘的人，就可能惹得流言四起，致使自己的名声和公众印象大大受损，职场之路也会因此变得举步维艰。

5. 祸从口出，失言可能酿成大祸

有些人嘴上说喜欢直肠子的人，夸赞直性子的人古道热肠，可是当你无所顾忌地对他直言时，他却对你怀恨在心，当然表面上仍会假意接受。事实上，没有人喜欢听你的逆耳忠言，现在连部分苦口的中药都可以拌上白糖服用，你还恪守着用直言来打动人的规则，就显得

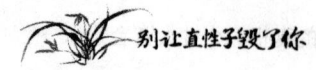

有些不合时宜了。得罪了好脾气的人，至多两个人的友谊受到影响，得罪了脾气比自己更直接更暴躁的人，很可能就会酿成大祸。

直性子的人血气方刚，说话冲动，办事欠缺考量，一不小心就惹恼了别人，以致惹祸上身。很多的恶性暴力事件都是由口角引起的，不少悲剧也是由微不足道的一点小事造成的，有时候你的性格缺陷会成为一簇火苗，遇到一点氧气和微风就能形成燎原之势，扇起别人的熊熊怒火，导致两败俱伤的结局。

美国总统林肯素以正直著称，在风云变幻的政坛上，他的刚直不阿给民众留下了良好的印象。可是在年轻时，他的品行也并非尽善尽美，像许多自以为是的青年那样，他自认为自己有评判是非的标准，因此喜欢发表伤人的言论。林肯富有写作才华，文风辛辣，文笔凌厉，教训起人来向来毫不留情，由于生性幽默，他的笔调时常充满戏谑意味，这样讽刺色彩就更浓了。

1842年，林肯在报纸上发表了一篇讽刺爱尔兰政客西尔滋的文章，该文章承袭了他一贯的写作风格，文辞犀利，语言幽默刻薄，读者读完之后都忍不住捧腹大笑。个性敏感的西尔滋得知自己成为了大众眼中的笑柄，立时怒不可遏，他觉得批评者的言论大大冒犯了自己，在查出稿件的出处后，他找到了林肯，并向林肯下了战书，要求进行生死决斗。

林肯尽管文章写得不错，却一点也不胜武力，这场决斗对他而言可以说毫无胜算，但是为了顾忌自己的颜面他只好被迫应承下来。到了比武决斗那天，林肯和西尔滋各自带着武器准备殊死一战，生死存亡很快就会见分晓。好在在最后一刻钟，林肯的一位朋友及时出面制止了这场决斗，林肯这才得以化险为夷。

事后，林肯仍心有余悸，他对自己的行为进行了反思，这次可怕的决斗经历给了他一个极大的教训，从此他再也没有用直白的口吻讽刺过任何人，也再也没有讥笑和侮辱过别人。

每个人都对周遭的人有着各种各样的看法，但是有必要用最直白的方式去评判别人吗？你一定非要用尖锐的言语或明显的举动告诉别人，你是多么讨厌他，觉得他有多么愚蠢和滑稽可笑吗？人人皆有自尊心，人们为了捍卫自尊可能会做出不可思议的事，甚至是可怕的事。旧时的西方，如果一个人觉得自己被冒犯，可以以生死决斗的方式来捍卫自己的荣誉，不少太直白的人就这样死在对方的剑下或枪下了。现在，法律明令禁止比武决斗，因此双方的较量不再那么残酷，可是这并不意味着你用直白的言语攻击了别人或者用厌恶的举动冒犯了别人，就不会受到任何打击和报复。

美国有一家探索石油公司，准备在海上开采石油，老板鲍勃是一个野心勃勃的人，他是出了名的臭脾气，三言两语就能把人批评得一无是处，有时一句话就能戳到别人的痛处。鲍勃聘请了一些工程师和钻井工人，准备大干一场。工程师约翰经验十分丰富，但是由于一次意外井喷事件，两名要好的同事不幸罹难，他的意志有些消沉。钻井工作开始了，约翰也忙碌起来了，可是他的脸上却始终没有一丝笑容，这让鲍勃非常看不惯，认为他影响到了工人们的干劲。

鲍勃本该找个合适的时间和约翰私下里谈谈，可是他却没有这么做，而是在约翰又一次发表了一番伤感言论时，直通通地对他说："你这个令人扫兴的家伙，最好赶快把嘴闭上，然后滚出去！"约翰显然被这粗鲁的言辞激怒了，平时温顺的他突然变成了一只咆哮的狮子，他一把揪住了鲍勃的衣领，用胳膊抵住了鲍勃的喉咙，眼中有怒火在燃烧，眼神变得非常可怕，潜台词似乎在说："我真想把你丢到大海里喂鲨鱼。"鲍勃吓呆了，双腿瘫软下来，半晌才从嘴里结结巴巴地挤出了

一句话："我无意冒犯你……我为我刚才说的话道歉。"约翰最终放开了他，然后头也不回地离开了，鲍勃望着他离去的背影，不停地擦拭着额头上渗出的冷汗。

除无民事行为能力和限制民事行为能力的人以外，所有的人都必须对自己的言论和行为负责，并承担相应的后果。如果你由于性子太直伤害了别人的自尊，侵犯了他人的权益，就不免会受到对方的苛责。当然别人的报复和威胁是不对的，但是凡事都有因果关系，没有你种下的因，何来这样的苦果？在这个世界上，不是所有的人都让你喜欢和欣赏，对于你喜欢的人你可以与之深交，对于不喜欢的人微笑而过便可，没有必要向外释放不友好的信息，因为有时候你的一番言论或者一个过激的举动，就有可能成为一枚杀伤力十足的炸弹，在炸伤别人的同时还会给自己招来危险。

6. 友谊之树经不起直言的"摧残"

性格刚直的人多数不能控制好自己的情绪，动辄乱发脾气，得罪人成了家常便饭。由于性情刚烈、不善交际，他们的朋友圈很小，因此偶得三五个挚友便会分外珍惜。他们重情义，愿意为朋友赴汤蹈火，只是性格太直，经常口无遮拦，脾气又大，难免会伤到和气。可是他们却错误地认为对于亲密无间的朋友，话说重点没关系，因为彼此有着牢固的情谊，是可以互相包容和理解的，于是肆无忌惮地用最难听的话刺激与自己关系最密切的人，殊不知那些恶毒之语犹如插向朋友心头的一把把尖刀，所造成的伤害往往是难以修复的。就算朋友心胸开阔，能够忍耐宽容，可是伤痕依旧在，双方的感情已经有了裂痕，即使冰释前嫌，也不可能和好如初。如果朋友是个敏感之人，一段来之不易的友谊就会毁于一旦，多少志同道合、肝胆相照的知己好友就是这样决裂的。

李锦和杨勇是一对非常要好的朋友，两人在一次产品展销会上一见如故，此后互相畅谈人生理想，彼此勉励，友谊日益增进。后来他们成为了关系密切的同事，在艰难的岁月里，两人曾经荣辱与共、同舟共济，一起吃盒饭，一起熬夜加班，无论一方有什么困难，另一方都会毫不犹豫地施以援手。他们曾经认为这样铁的友情是永远拆不散的，可是现实却给了他们相反的答案。

李锦性格爽直，一向口不择言，想说什么就说什么，杨勇就是认为他不装假才愿意与其深交的，可是后来才发现自己越来越忍受不了李锦的怪脾气。杨勇生性敏感，自尊心强，他很在意别人对自己的看法，尤其是好朋友的看法。他一向尊重李锦，也珍视两个人的友谊，可是李锦却从不顾忌他的感受，总拿狠话伤他，起初他想朋友不过是刀子嘴、豆腐心，不是存心的，于是说服自己不予计较。可是渐渐地，杨勇发现李锦越来越变本加厉，有时竟拿自己当出气筒，莫名其妙地对自己冷言冷语，有时还大发脾气，他越发认为李锦不尊重自己，不过是把自己当成泄愤对象罢了。

有一次同事在一起聚会，为了尽兴，大家便想痛快地畅饮一番，李锦酒量惊人，有时一次就能灌下好几瓶酒都面不改色，而杨勇则是滴酒不沾，起因是他有一个酗酒的父亲，所以他从小发誓永远不碰酒，所以他从不为任何人破例。在那次聚会上，杨勇要求以水代酒，同事们起哄不同意，坚持让杨勇举杯，杨勇断然拒绝，气氛立时僵化起来，李锦也气了，冷冷地说："你还算不算男人，让你喝杯酒都推三阻四的，还比不上这里女同事。""我觉得有没有男人气概和酒量无关，我

对酒精过敏不行吗?"杨勇说。"你就是个孬种,做什么事都扭扭捏捏,别扫了大家兴,喝杯酒又不是让你上战场。"李锦开始骂骂咧咧,杨勇气得满脸通红,把酒杯一推:"我不喝!"然后起身愤然离开了餐桌。

事后,李锦也为自己的言行失当对杨勇道过歉,可是杨勇的心却伤透了,好友竟然在大庭广众之下咒骂自己,而且一句比一句难听,句句都像钢刀砍在自己的心坎上,真正在乎自己的朋友会用这种方式对待自己吗?他有些茫然了,以后渐渐地和李锦也淡了。李锦也感到非常难过,其实由于性子直、脾气暴,他几乎交不到什么朋友,杨勇是他为数不多的朋友,他以为两个人交往这么多年了,杨勇应该早就了解自己的脾气,无论自己说了什么做了什么都不会怪罪自己,没想到两个人的关系就这么断了。

有的人认为真正的友谊必定是固若金汤的,事实上,友情远比人们想象的要脆弱得多。两个人的友谊之树需要精心呵护才能常青,有时一点风吹雨打也能使友谊之花凋零。朋友之间的感情虽不同于血浓于水的亲情,但是却可以同样深厚和绵长,因为彼此在乎,所以对对方的伤害才更为敏感,人们可以抗击外界的种种伤害,可偏偏对来自亲朋密友的攻击没有招架之力,因为人向来不会对亲近的人设防,就像一个软体动物,平时裹着又硬又厚的铠甲,可是在安全的环境下,会露出自己身体最柔软的部分,只允许自己最信赖的朋友近身,如果朋友刺伤自己,这种痛又岂是常人能承受的?

性子直的人从来就不了解友情的脆弱以及朋友的脆弱,总一厢情愿地认为别人会包容自己的种种不好以及各种无心的伤害,所以会失去苦心经营多年的友谊。此外,直爽之人情绪容易激动,行为过于激进和鲁莽,可能在各大场合让朋友难堪,作为朋友,虽乐于帮助其善后,可是没完没了地收拾他们的烂摊子,也会感到厌烦和疲倦,当外界的负面评价不断冲进自己的耳朵，便会对两个人的友谊产生动摇，深情厚谊在各种风波和麻烦中终将走向终结。

巴顿和艾森豪威尔的友谊维持了长达 23 年，有人说他们牢不可破的友谊"是二战欧洲战场胜利的关键"，假如没有艾森豪威尔的帮助，巴顿不可能如此从容不迫地指挥作战，同样，假如没有巴顿的配合，艾森豪威尔也不可能如此迅捷地给德军以重创，取得辉煌战果。两员大将的友情堪称一段佳话，然而就是这种经历过血与火洗礼的友谊最终也走向了决裂，其主要原因并不是因为两人性格迥异，而是因为他们都是性情中人，尤其是巴顿，典型的直性子、暴脾气。

在北非战场进入到白热化状态时，巴顿却做出了一个意气用事的决定，他想把军长职务移交给他的副手，他本人则打算回到摩洛哥投身于西西里登陆的战役，艾森豪威尔为巴顿不计后果的做法感到震惊，他第一次感到有点无法忍受巴顿的臭脾气，马上致电巴顿："不要凭一时的冲动说话。"两个人的友谊出现了些许不和谐的因素。

没过多久，脾气暴躁的巴顿给艾森豪威尔招来了麻烦。当时，有一名士兵声称自己患有某种神经方面的疾病，恐惧炮弹的爆炸声，巴顿认为他是个贪生怕死之徒，愤怒地大骂道："他妈的，你完全是一个胆小鬼。"还狠狠地给了那名士兵一个大耳光，又接着说，"你是军队的耻辱，不配死在战场上，应该被拉出去枪毙，我现在就该枪毙你。医生，把这狗杂种赶出医院。"说完，他作势拔枪，久久愤恨难平。

艾森豪威尔得知此事后，颇为惊讶，他简直不敢相信巴顿竟会如此冲动，他立即致电巴顿向那名士兵道歉，平息这件事的影响。巴顿这才认识到事情的严重性，按照朋友的意思做了。可是后来记者把"打耳光"的事件在美国宣扬了出去，一石激起千层浪，不少人认为巴顿的行为有损美国陆军荣誉，强烈要求将其赶出军队。

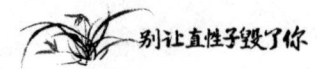

美国陆军高层承受着巨大的压力，其中艾森豪威尔的压力最大，他头痛不已，连作战指挥时都在为此事发愁。他身心俱疲，开始重新考量两个人的友谊，巴顿也意识到两个人的友谊正经受着严峻的考验，他曾给妻子写信说自己易激动的性格给自己和艾森豪威尔造成了麻烦。

尽管艾森豪威尔对巴顿很失望，还是顶住压力把巴顿留在了军队，不过已经不想再重用巴顿，他说："巴顿有糟糕、鲁莽的性格，任何时候我都不可能把他提升到集团军以上的职务。"他表示自己宁可要一只稳握在手的麻雀，也不要在空中飞翔的鹰，尤其是不断给自己带来灾难和麻烦的鹰。

由于巴顿讲话口无遮拦，艾森豪威尔奉劝他最好不要公开发表讲话，可是巴顿习惯了我行我素，对美国和苏联的政策发表了自己的看法，观点极为激进，惹恼了美国政府和军界的人，很多人纷纷反对巴顿，要求将其免职，处于两难境地的艾森豪威尔仍出面保住了巴顿，可是他和巴顿的友谊却画上了休止符。

和直性子的人交往，人们会感到很累，外界的压力以及朋友本人给自己带来的压力，都有可能把友谊的树枝压弯压断。如果友情不能给心灵以滋润，反而成为了情感的负担，人们当然有权拒绝，这便是直性子的人痛失友情的根本原因。

7. 控制好你的暴脾气，别让爱情成为一场"浩劫"

在爱情面前，直性子的人表现得敢爱敢恨，爱一个人，愿意爱到海枯石烂，恨一个人，也会恨到绵绵无绝期。可是为什么两情相悦的人最终却劳燕分飞，而曾经爱恨交错、情谊深浓的人却相忘于江湖？

万事皆有因，若不是伤得太深，另一方又怎会决绝离开？越是情到深处，人越是倾向于向对方暴露自己最为真实的一面，把优点、缺点悉数展现在恋人面前，用固执而又错误的方式爱着对方，用直白而又热烈的方式伤对方于无形，多少令人恼恨的话就这样脱口而出了，有时一句绝情的话比任何的打击都来得猛烈，恋人心冷了，在你身上找不到缱绻的温柔，只好带着一颗支离破碎的心离开。

有时恋人离开你的理由和爱你的理由相同，爱你是因为你的真性情，离开你则是为了躲避你的真性情。直白、坦率固然让人觉得富有人格魅力，可是有时候却能转化成一种忘乎所以的任性。热恋中的人需要的是温柔和体贴，不是唇枪舌剑的争吵，不是无休止的退让和忍耐，不要对对方说："我就是这种直脾气，何必跟我这种人计较？"因为多么深沉的爱都会经不住水深火热的考验，一味地偏执下去，任由自己的暴脾气来伤害彼此的感情，再美好的爱情也会演变成一场"浩劫"，事后无论你做多少事，都无法追回这一段割舍不掉的情缘。

赵天宇从小性子直、脾气烈，可是外表阳光帅气，正值年轻气盛，显然意气风发，颇讨女孩子喜欢，后来他认识了曹雪，对她一见钟情，两个人迅速坠入了爱河。曹雪是个细腻温柔的女孩子，有着漂亮的鹿眼和纤细的双手，看起来乖巧伶俐、娇小可爱。赵天宇很想好好呵护她，可是却控制不了自己的坏脾气，说话总是那么直接，有时还比较刺耳，让敏感的曹雪很是受伤。

赵天宇讨厌甜言蜜语，认为所有的花言巧语都是哄骗女孩子的伎俩，所以他从来没有对曹雪做过浪漫的表白，只是很真诚地对她说："我会让你幸福的。"有时两个人也会吵架，双方并没有什么大矛盾，都是鸡毛蒜皮的小事，可是赵天宇说话太直接，斗嘴的时候总拿别人和曹雪比较，曹雪听了心里很难受，忍不住回敬了两句，争吵不断升

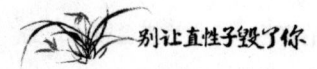

级，赵天宇的火气越来越大，声调越来越高，样子非常吓人，曹雪后退了两步，仿佛认不出眼前的恋人，她像只受伤的小动物一样退避到了自己的屋里，然后将门反锁，趴在床头痛哭。赵天宇在外面不停地砸门，忍不住怒吼起来。

两个人热恋一年，同样的一幕上演了无数次，最终曹雪决定分手，她觉得既然双方性格不合，以后也不会有什么结果，长痛不如短痛，还不如放过彼此，不再折磨对方。朋友非常支持她，毫不客气地说："你脾气那么好，问题一定不在你身上，赵天宇可是出了名的烈脾气，说话又没轻没重，哪个女孩能受得了啊？"赵天宇却无论如何也不肯分手，他说："不如我们都先冷静一下，然后再想想以后怎么磨合。""我不是因为一时冲动才提出分手的，这个问题我已经考虑很久了，我希望你能找到更适合你的女孩子，希望你也能祝福我找到自己的下一段幸福。"曹雪很坚决地说。

赵天宇见曹雪语气决绝，还是舍不得放手，他仍打算为挽回这段恋情做最后的努力："我知道自己脾气不好，让你受委屈了，我的性格一直都这么直来直去的，大脑不会转弯，说话不好听，也许是伤到你了，请你再给我一次机会，以后我会改的。"曹雪见他态度诚恳，险些心软，可是回想起一年来自己受过的种种委屈，她不想再延续这段痛苦的恋情了，于是仍用冷静地口吻说："对不起，我们还是分开吧，这样对彼此都好。"说完，抓起自己的背包转身离去。

赵天宇望着女友离去的倩影，两人的甜蜜往事一幕幕在脑海里回放，他回忆着她的一颦一笑，回想着自己说过的那些刺耳的话语，感到后悔极了，可是一切已经太晚了，他满怀心事地把自己埋在沙发里，发现自己哭了，当他意识到无论多少悔恨的眼泪也不能换回曹雪的回心转意时，留下了更多的眼泪。

恋爱从来都是两个人的事，如果你只尊重自己的性情，而完全忽略对方的感受，总是用最直接的方式来伤害自己的恋人，那么这种爱就成了一种虐恋。如果是真爱对方，就会因为对方的快乐而快乐，因为对方的幸福而幸福，并能对对方的痛苦感同身受，如能做到这点又怎么可能无所顾忌地对昔日的恋人放狠话、发脾气？性子直不是错，可是不能隐藏自己的弱点，不能把控自己的行为，又怎可能收获美满的爱情？每个人都曾憧憬过天长地久的爱情，可是谁又愿意与不关心自己内心感受的人携手一生呢？所以，如果你是一个标准的直性子的人，无论是在恋爱关系中，还是在婚姻关系中，要学会控制自己的言行，把对对方的伤害降到最低，千万不要等到失去了挚爱才开始追悔莫及。

8.　一条路走到黑，人生必将被"逼"入死胡同

直线思考的人，欠缺灵活性，不懂变通，在实际工作中不知道迂回应变，总是认死理、一根筋，有时还明知不可为而为之，浪费时间和精力，最终连最简单的问题都可能解决不了。世界是多元的，任何事物的发展都不是一条直线，聪明人一眼就能看出直中之曲和曲中之直，敢于求新求变，灵活应对各种难题，而直性子的人虽有那么一鼓作气的冲劲，可是方向错误，结果自然是劳而无功，这样下去必然严重影响个人的发展。

俗话说：树挪死，人挪活。一棵树一旦有了根基，当然不能轻易移动，可是人就不同了，人不但可以自由奔跑，还有灵活的大脑，遇到问题应该学会多角度考虑问题，不能按照惯性思维一条路走下去，

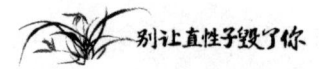

因为那种盲目的执著必然会把人引入歧途。遇到障碍，绕路而行，并不意味着你面对人生的红灯选择了退却，而是为了审时度势，选择更优的路线。英国军事家利德尔·哈特曾经说过："在战略上，最漫长的迂回之路，常常是达到目的的最短途径。"总想走直线，走不通依旧强求，往往耗费更多的心力也达不成目的。

两个资历差不多的年轻人在同一家公司工作，免不了竞争，郝南臣觉得论能力和才干自己都在李明之上，可是老板有什么重要工作却更喜欢吩咐李明去做，这让他大为不解，难道老板不信任自己？公司有什么大事，老板也更乐于和李明商量，很少向郝南臣征求建议，因为李明插手了更多公司的事务，自然更容易得到提拔，有一次公司的主管职位出现了空缺，结果老板把这个重要职务给了李明，郝南臣很不服，但是又不清楚自己被冷落的原因。

后来郝南臣接手了一项非常有挑战性的工作，他充分发挥自己的聪明才干，干脆利落地把事情办得妥妥当当，老板十分高兴，还说："你的能力比李明要强。"郝南臣心想：可惜，你却更欣赏李明，选择对我视而不见，有才能又怎么样，你又不懂得慧眼识珠，我还不是要被埋没？老板似乎看出了他的心思，对他说："其实我还是很看好你的，不过你的名字太绕口，尤其是中间那个'南'字，我是南方人，发不好那个音，总把它说成'兰'，你又对自己的名字很在意，而我没办法准确说出你的姓名，跟你沟通有些费力。"郝南臣这才明白老板喜欢接近和重用李明的原因，原来就是因为名字引起的。因为名字是在海外生活的父亲给自己取的，对于只见过父亲几次面的郝南臣来说，这个名字似乎是父子俩唯一的联系，因此特别讨厌别人把自己的名字叫错。"不如这样吧，我以后叫你小郝行吗？"老板又问。郝南臣不喜欢这种叫法，于是直接拒绝了，回答说："你以后就直接对我喊一声

'喂'，让我知道是在叫我就行了。""这样多不礼貌呀。"老板对于这个谈判结果显然很不满意。

由于郝南臣的固执，老板和他的交流越来越少，私下里老板不止一次地和其他员工说，自己活了大半辈子，从来没见过这么执拗的年轻人，一点也不知变通，平时他对其他员工不也是小张小李那样叫着吗，别人也没有不高兴呀，偏偏姓郝的小伙子名字取得这么拗口，还非得让别人叫全名，这不是难为人吗？

在日常工作中，"一根筋"不但不利于解决问题，还会影响和他人的合作，如果一味凭着自己的习惯和喜好行事，就会因为微小的隔阂引起沟通上的巨大障碍，从而影响到分工合作的效果。所谓"思路决定出路"，一条路走到黑就会无路可走，在复杂的情况下，你必须学会让自己的大脑转弯，否则一意孤行下去就会把自己逼入人生的死胡同。

有一种长得非常好看的鱼，名字叫做马嘉鱼，它长着银鳞燕尾，眼睛大大的，大部分时间都栖息在深海中，只有在春夏之交的季节会溯流产卵，游到浅海里。渔民用一种十分简陋的装置就能轻松捕获马嘉鱼，因为他们掌握了这种鱼的致命弱点，马嘉鱼"个性"很直，不爱转弯，就算落入罗网之中也不知后退，还是拼了命地向前冲。

根据马嘉鱼的这个特点，渔民仅用一个下端系了铁的竹帘就做成了拦截鱼群的渔网，一条条马嘉鱼横冲直撞地陷入了竹帘的孔中，它们只知道向前冲，却没想过转弯，竹帘越缩越紧，它们火气越大越大，于是更加用力地往前冲，结果被牢牢卡在了竹帘孔中，不得脱身，最终成了囚徒，进而被摆上了餐桌。

个性太强太直，严重时真有可能酿成灾难性的后果。所谓："穷则

变，变则通。"无路可走时，还是不肯变通，结果是可想而知的。常言道：条条大路通罗马。何必执著于一条根本就走不通的路，勉强走下去只会让自己变成失败的跛脚鸭，将人生带进毫无希望的悲剧。

9. 偏执人性，事业就会毁于一旦

有人说直性子的人个个真性情，不虚伪、不逢迎、不矫揉造作，洒脱超然，认准一条路就会义无反顾地走下去，即使跌跤跌得伤痕累累，碰壁碰的头破血流，也会执迷不悔，更不会考虑回头。毫无疑问，直性子的人有不少优点，这种不撞南墙不回头、撞了南墙仍不掉头的性格，看似颇有英雄气概，却要付出沉重的代价。他们像偏牛一样顽强地对抗世间法则，一不小心就成了鲁迅笔下"真的猛士"，时常要"正视淋漓的鲜血，直面惨淡的人生。"

每个人都想活得真实和本色，直来直去的人显然活得更率性更写实，可是面对眼前微妙复杂的世界，真有必要裸呈自己的灵魂吗？将自己的美好和瑕疵一起放到别人的放大镜下是危险的，你可以不在乎别人的评头论足，可是如果全世界都拒绝了你，你还会有光辉美好的未来吗？仔细观察你会发现，那些春风得意、年轻有为的人思考问题从不用直线思维，讲话也是温婉含蓄的，做事懂得给别人留有余地，提起他们的名字，人们莫不交口称赞。而直性子的人呢？人们普遍认为他们属于不谙世事的愣头青，讲话不经大脑过滤，不是说蠢话，就是语言刻薄，三言两语便觉话不投机，有时还免不了弄得面红耳赤、尴尬收场，这类人还有一个最大的特点是，办事不按常理出牌，向来我行我素，经常得罪了别人还毫不知情，敌人永远比朋友多。

直性子的活法固然彰显了个性，活出了个人特色，然而赔掉的却有可能是整个人生。古往今来，多少才华横溢、怀才不遇的人都毁在了偏执的个性上。诗仙李白恃才傲物，一辈子报国无门，只能纵情山水，吟念着："抽刀断水水更流，举杯消愁愁更愁。""人生在世不称意，明朝散发弄扁舟。"显然，直性子的人的人生注定是一场孤独的旅行，更可怕的是前路漫漫，九曲十八弯，稍有不慎就可能前途尽毁，留下终生遗恨。

吉米向来以强硬和专制著称，他是一流的设计师，很多最受年轻人青睐的电子产品都是出自他的奇妙构想，同时他又是出色的企业家，在业界具有牢不可破的地位，他确实掀起了一阵又一阵时尚风潮，为广大消费者设计出了一款又一款又酷又炫的产品，他做事仅凭个人直觉，有着属于自己的一套处世哲学，可是却被自己投资的公司无情地踢出了局，这足以说明他的处世哲学有着致命的弱点，他本人被自己倾洒了无数心血的公司无情流放就是其个人直性子和残酷的现实世界发生惨烈碰撞的结果。

毫无疑问的是，吉米是个直来直去的人，他的字典里从来就没有"拐弯"和"妥协"一类的词，委婉从来就不是他的风范，批评别人时他总是开门见山，而且一语就能让人无地自容，可以毫不夸张地说他的个性是让人难以忍受的，霸道得像个说一不二的君王。创业之前，吉米也曾在其他公司供职，由于太不合群，老板只好单独为他排班，尽量减少他和同事接触的时间，这样就可以最大限度地避免人际冲突。在吉米的创业神话中，最为人津津乐道的是他被自己的合伙人联合逐出商业王国的故事，这出带有悲情色彩的戏剧，多少能为他赢得不少同情分，同时人们会对合伙人的卑劣行为感到无比愤怒，可是真相却

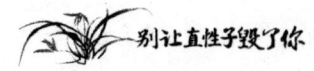

远没有那么简单。

　　吉米和合伙人的不合早已有之，其实无论是竞争对手、商业伙伴还是内部同事都觉得吉米不好相处，他个性直接，又有着强烈的控制欲和支配欲，致使反对他的人越来越多。因为个性不合以及利益摩擦，有一名为公司立下过汗马功劳的合伙人黯然离去，随后吉米和前头合伙人的关系越发紧张，冲突也更加激烈。当时的公司正面临着危机，新研发的主打产品并没有获得预期的反响，竞争对手又迅猛地压缩了公司新产品的市场空间。可是吉米仍很自负，听不进任何人的意见，和领导层的沟通陷入了困境，事实上没有人能使那个个性鲜明，完全属于直线型的人才改变主意，就连以前一直力挺吉米的人也开始公开反对他了，显然能和他站在同一条战线上的人有多么寥寥可数，他被排挤出公司并不是一个意外，而是偶然之中的必然事件。

　　吉米的人生跌宕起伏，具有传奇色彩，他少年得志，事业如日中天之后突然跌到低谷，一夜之间失去了一切，以前他作为成功的企业家常常出现在商业杂志封面上，而今作为失败的企业家，商业杂志仍热衷于对他的解读和报道。他曾是聚光灯下的时尚宠儿，也是媒体竞相追捧的对象，然而却一直与媒体交恶，当然不少媒体人领略过他直来直去的威力。他奉行极简主义，正如他对产品的追求一样，他对待外界也一直保持着我行我素的统一风格，他人生的失利和挫败多半也源于此。

　　吉米的经历非常引人深思，如果他没有这样或那样的性格缺陷，不那么偏执，不那么直接，不那么爱得罪人，他根本不会以惨败收场，他的人生也不会经历那样的大起大落。

　　其实做人没有必要过于执拗，直白、直接、直来直往都是一种任性的选择，和别人争到鱼死网破，把世界搅得天翻地覆又能如何？性格太直的人往往人生就会变成曲线，缺乏弹性的人，往往会把最短的路程走得复杂而曲折，这都是固执造成的后果。世间的对与错并没有统一的标准，如果世人皆不认同你，你的人生就会处处碰壁，职业发展也会时时遭遇暗流浅滩。可能你会觉得口蜜腹剑的人更容易小人得志，而命运对自己是如此不公，仅仅因为自己不愿意和世事妥协，就处处受冷遇。这种想法是太过偏激了，真正成大事者并不是那些花言巧语的伪君子，而是宽容豁达、懂得欣赏别人，能够处处照顾别人感受的人，这样的人从来就不会摆出一副直来直去的冰冷面孔，他们凡事考虑周全，圆融通达，与之相处令人身心愉悦，这样的人当然更容易被提拔，也更容易受到重用，事业发展一向顺风顺水。

直性子的人就像逆风行驶的船，就算拼尽全力也未必能达到理想的彼岸，因为不占据天时地利人和的优势，当一切都在和你作对时，你又凭什么觉得自己一定会赢？

10. 别太单纯，也别太不单纯

有人说：婴儿的眼睛是最美的，因为那双单纯的眼睛是那么纯净无暇，不染尘埃。单纯往往和赤子情怀联系到一起，它是人性的闪光点，直性子的人多半都具有这种闪光点。做人单纯点确实无可非议，可是过于单纯便会使自己处处被动。做人太单纯往往容易受到欺侮，有时还会被利用被欺骗，性子直、心地单纯的老实人当然不会了解人心的叵测，免不了要吃各种小亏和大亏。

除了容易受到外界的伤害外，太单纯的人因为自身能力的局限往往难以有大的发展。他们过于木讷和偏执，习惯了逆来顺受，凡事不主动，缺乏魄力和胆识，又不懂得利用各种社会资源，难以树立自己的威信，只能眼睁睁地看着机遇与自己擦肩而过，最终平庸一生。

杨华在同一家公司工作有三十多年了，他从一个风华正茂的小伙子变成了一个两鬓染霜的中年人，眼看就快要退休了，却仍做着最底层的工作。他为人单纯厚道，做事也勤勤恳恳，是个直性子，向来有什么说什么，不欺瞒别人，公司有几次都想重用他，可是觉得他太单纯了，怕是管不好下属，而且性格太直，恐怕也处理不好复杂的事务，总之认为他难当大任，所以不敢提拔他，只能继续让他扮演任劳任怨的老黄牛角色。

杨华就职的公司有专门为员工做饭的厨房，公司免费为全体员工提供午餐。厨房设在公司大厦的一楼，在二楼上班的员工中午用餐时，都会跑下楼拿自己的那份。杨华也在二楼上班，出于一片好心，他总是独自把二楼所有员工的饭菜都提上来，刚开始，同事很感激他，后来大家渐渐习惯了他的免费服务，认为给大家送饭是杨华应该做的，有时一到午餐时间，员工们就吆喝起来："杨华，到吃饭时间了，你下去给大家提饭吧。"杨华并不计较，依然默默地为大家服务着，即使根本没有一个人领情。

久而久之，同事习惯了对杨华呼来喝去，有的人还得寸进尺，吃完饭后直接把碗放在杨华的工作台上，让杨华带下楼去清洗。杨华觉得这也没什么，自己本来也要下楼，顺便带几个碗也不会太累，举手之劳而已，于是除了每天给同事们提饭外，还负责帮他们把碗筷送下楼。

有一天，同事们用完餐后照例把碗筷放在了杨华的工作台上，杨华感到有点困倦，就想先打个盹，打算过会儿再把碗筷送下楼。可是那天不知怎么搞的，他睡过了头，恰巧碰到老板和一家合作公司的老总过来视察，看到杨华办公桌凌乱，上面还堆满了未洗的碗筷，都忍不住皱了皱眉头。合作公司的老总觉得这家公司员工素质太差，不禁对这家公司印象大打折扣，于是终止了双方的合作。

老板非常生气，把责任都推到杨华身上，杨华本想澄清真相，可是刚说完一句就把接下来的话咽了下去，他想反正自己也快退休了，就把责任揽下来吧，于是表示甘愿接受处分，令他心寒的是竟没有一个同事替他说话，大家只是冷冷地看着他，一副事不关己的样子，最后老板把杨华辞退了。

杨华收拾东西时，老板说："老杨啊，你为公司服务了有30多年了，在这里没有一个人比你资历老，我本想多发给你一些奖金，可是你的表现太让我失望了，因为你公司那么重要的合作开发项目就这样泡汤了。你呀，没有什么大缺点，就是太单纯太木讷了，当时如果有一个同事肯提前叫醒你，这样的事也不会发生。"说完，长长地叹了一口气。杨华心绪复杂地走下了办公楼，不禁有些心酸。

单纯的人不争名不逐利，没有心机，能给他人带来安全感，可是却会给自己带来一系列不良后果。太单纯的人过于直率，不喜欢拐弯抹角，胸怀坦荡，可是却容易让别有用心的人长驱直入。单纯过度就会演变成一种性格弱点，我们常常看到很多单纯的人生存能力不足，又羞于争利，会错失不少发展机遇，而且经常受到不公正的待遇，难以维护自身的利益和权益，常常恼火烦闷，影响身心健康。脾气直、性格单纯的员工在职场上很难有大作为，多半都是拿着微薄的工资做着最基层的工作，这确实是人生的一大憾事。

做人不能太单纯，但也不能太不单纯，太不单纯就会让人觉得腹

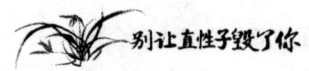

黑，难以赢得信任，容易给人留下口蜜腹剑的糟糕印象，太不单纯的人不会受到重用，而且遭人唾弃。太单纯和太不单纯属于两种极端，人生在世，不要城府太深，也不能一点人情世故都不懂，总之要把握好尺度，让自己无愧于心，又能悠然地行走于世。

第二章

找出"症结"，再开"药方"：
找出直性子者的心理"源头"

古希腊先哲在雅典达尔菲·阿波罗神庙的石板上刻下了这样一句流传千古的箴言——认识你自己。自人类有了文明以来，认识自己、发现自己就成为了永恒的哲学命题。时至今日，仍有不少人为此而困惑，我们该如何正确地认识自己呢？首先我们必须从心理的源头出发，找出我们思想和行为背后的秘密。

很多直性子者都清楚自己个性上存在的问题，可是却无法纠正自身的缺陷，这是为什么呢？因为没有找出问题的症结所在。一位心理学大师曾经说过，心理变，态度亦变；态度变，行为亦变；行为变，习惯亦变；习惯变，人格亦变；人格变，命运亦变。换句话说，一个人要想改变自己的命运，就必须纠正不良的性格，而一切都要从改变自身的心理状态开始。直性子者若要完善自我和超越自我，必须从清醒地认识自我开始，首要步骤便是找出自己性格缺陷的心理症结，然后对症下药，治好自己。

1. 直言不讳是优越感作怪

直脾气的人有的为无心得罪别人而苦恼，有的却满不在乎，这是因为这类人具有与生俱来的优越感，他们拥有足够的社会资源，家境殷实，年轻气盛，自以为无论走到哪里都是光芒闪耀的一颗星，看不起身边的芸芸众生，所以对人缺乏最基本的尊重和礼貌。

人一旦养成傲慢的习惯，就觉得自己具有绝对的话语权，免不了颐指气使，毫无顾忌地评论是非，由于高度自恋和过度自我膨胀，人就会显露出自私的本性，不会因为做了伤害别人的事或说了伤害别人的话而感到丝毫内疚。这类人天生蔑视规则，喜欢颠覆世人公认的法则，觉得自己完全没有必要依据世俗的标准而活，得罪了无足轻重的人又能怎样，又不会损害自己光鲜的生活，不过是把无趣的人驱逐出自己的社交圈罢了，而自己在志得意满时根本不会缺朋友，殊不知世事无常，一旦你的境遇发生了翻天覆地的变化，就会为自己过去的行为埋单。

夏小唯的父亲是一名房地产开发商，她家境非常好，从小就过着锦衣玉食的生活，父母视她为掌上明珠，她想要什么都会立即被满足。长大后她出落得亭亭玉立，总把自己想象成高不可攀的公主，而对智力、长相、经济条件都不如自己的人不屑一顾，动辄就嘲笑和挖苦别人，说话直来直去，从来不考虑别人的感受。有时朋友劝她改改大小姐脾气，她很不以为然地噘起嘴说："我天生这样，改不了，喜欢谁就跟谁亲近，讨厌谁就明显地表现在脸上，我不爱装假，也没有必要装假，反正这个世界离了谁地球都照样转，我又不需要别人帮忙，得罪了又怎样?"

工作之后，夏小唯由于心高气傲，讲话直来直去得罪了不少人。不过她一点也不在乎，公司换了一家又一家，她说自己只是想增加一些人生阅历，根本就没打算长期为哪家公司效力，如果感到不愉快，大不了在自家公司上班。果不其然，几乎她就职的公司，无论是老板还是上司都受不了她的脾气，纷纷选择将其解雇，夏小唯只能在父亲的公司任职。

身为董事长千金，所有的职员无论职位高低当然都不敢得罪她，夏小唯讲起话来就更加肆无忌惮，经常挑难听的话来刺激别人，任何人提意见她都会理直气壮地说："难道我说话还得打草稿吗? 我这个人就是这么直接，不爱听你们可以选择直接走人，我爸是很疼我的，什么事情都顺着我。我想辞掉的人，他绝对不会挽留。"大家也只好忍气吞声，有的人愤然地在私下里说："有什么了不起的，不就是人长得漂亮，家里又有钱吗? 俗话说，人无千日好，花无百日红，她也会老，也会有失势的那一天，商场就像战场，赢家也可能会输，在这个时代，破产的富翁还少吗? 又有多少千金小姐沦落成了灰姑娘?"

别人的一番气话没想到后来竟应验了，在夏小唯三十岁那年，他父亲的公司破产了，一夜之间她失去了一切，她不再是别人眼里金光闪闪的大小姐了，而且连工作也丢了，可是她的性情却丝毫没有一点改变，还是那副臭脾气，讲话仍然刻薄和直来直去。几乎在一瞬间，朋友们都远离了她。她想起了鲁迅家道中落的经历，又对比自己的生活，认为这不过是世态炎凉而已，错根本就不在自己。

待业了一段时间，夏小唯感到了生存的压力，她知道自己必须找份工作，于是开始马不停蹄地跑人才市场，由于讲话太过直接，在面

试时她屡屡和面试官发生冲突，错过了一次又一次机会。后来好不容易有家小公司聘用了她，她高高兴兴地办理了入职手续，认为自己将会有一个崭新的开始，谁知冤家路窄，她的上司竟是以前在自己公司里就职过的员工，以前她没少数落这名员工，而今两个人的地位发生了戏剧性的变化，那名上司笑着说："这真是风水轮流转啊。"夏小唯气得嘴唇发抖，但还是强忍了下来，因为她想保住这份来之不易的工作。

接下来的生活和夏小唯预料中的一样，上司不停地找茬难为她，而且乐在其中，她知道自己是不会被开除的，因为猫在玩够之前是不会吃掉老鼠的，总要有一段很漫长的前戏，为此她不知该哭还是该笑。

人生并不是一副静态的画卷，不能永远定格在光鲜明媚的画轴里，在本质上它更接近波澜壮阔的海洋，时时刻刻都处于动态的变化之中。哲学家赫拉克利特说："人不能两次踏进同一条河流。"生而优越不代表永远优越，生而任性不代表永远都拥有任性的资本，古往今来多少不可一世的人物，最终却遭遇了痛苦的惨败，功勋卓著的拿破仑兵败滑铁卢之后，人生也陷入了低谷，一时的春风得意不过是过眼烟云，它并不能成为永恒，所以人不可有傲气，更不能任凭自己直来直去得罪人，在任何时候，树敌都是对自己不利的，他们日后都有可能成为你前进道路上的绊脚石。

事事皆可改变，就像杰克·伦敦笔下的拳击手那样，年轻时傲慢得用数不清的牛排喂狗，年老体弱时却因为吃不起一块牛排而败给后起之秀。从长远来看，直脾气能改则改，即使自己真的是"江山易改本性难移"，也要适度收敛锋芒，隐藏自己的棱角，做事三思而后行，说话之前要再三考虑，不要以为自己处境优越就可以任性妄为，学会尊重别人和他人和谐共处，你的人生之路才能更顺畅，即使跌入低谷，有志同道合的朋友愿意慷慨相助才更容易遇见柳暗花明，在痛苦的逆境中再度崛起。

2. 褪去稚气的"外衣"，需要增加你的阅历

我们常看到迷路的蜻蜓在房间里横冲直撞，它们一次又一次地撞向明亮的玻璃窗，挣扎好久才开始停止这种鲁莽的举动，其实它们只要在房间里飞上一圈，就能找到出口，飞向外面广阔的世界。蜻蜓碰壁而不知折回，不懂绕弯根本原因在于它们没有经验。很多直性子的人就像那些没有阅历的蜻蜓，只有撞上撞痛自己，才能吃一堑长一智。

有人认为性格将伴随人的一生，其实随着阅历的增加，任何一种偏执的性格都会或多或少地发生一些改变。大部分人都不是天生沉稳睿智的，现今风度翩翩、儒雅谦卑的成功者年少时也是鲁莽和冲动的，也许性格也很直，为此吃过不少亏，得罪过不少人。在学生时代，我们稚气未脱，都很任性很天真，喜欢凭着自己的喜好和直觉做事，做错了也不愿回头，由于校园环境很单纯，我们并不会为此付出怎样的代价，可是社会却是另一番天地，当我们还是坚持自己直来直去的风格，就会发现各种各样的问题接踵而至，复杂的职场环境要求我们变得更加成熟、沉稳和灵活，否则我们的职业生涯就会毁在天真的直性子上。

狄德罗曾经说过："知道事物应该是什么样，说明你是聪明的人；知道事物实际是什么样，说明你是有经验的人；知道怎样使事物变得更好，说明你是有才能的人。"初出茅庐的年轻人由于不谙世事，不知道事物的本质，也不了解表象和实质的区别，而且没有能力去改变世

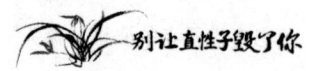

界，因此既不属于狄德罗所说的聪明人，也不属于有经验的人和有才能的人，年轻人有的只是一腔热血、一份纯真和直来直去的真性情。唯有丰富的阅历能打磨掉人的棱角，使急躁的人变得心平气和，使口不择言的人变得谦虚谨慎。直接、固执、认死理、说话办事不经大脑，是因为年少气盛，没有受过伤，频频跌跤之后，考虑事情就会变得全面了，以往的锐气也将不复存在，取而代之的是圆融和通达。

胡晏翔从小没有经历过什么挫折，顺利地考取了重点中学和名牌大学，个性直率，有什么说什么，从来就不拐弯抹角，他讨厌寒暄，更不愿意和表里不一的人接触。他的人生哲学是做人就不应该伪装，为此曾经和自己早早踏入社会的朋友有过一番激烈的争论。胡晏翔说："难道别人指鹿为马，你也愿意和他们一样？"朋友说："我觉得做人不能太直，并不是说我们应该违背自己的良心和道德去装假，而是说我们做事情和想事情得考虑后果，想想别人会有什么反应，免得伤了和气。"

朋友并没有说服胡晏翔，他仍然按照自己的性情来处事，进入职场后惹了不少麻烦，由于他快人快语，经常说出让别人没面子的话，同事们都开始讨厌他了，上司和老板也不看好他，觉得他只是个没有头脑的愣头青，成不了大器。他和客户的关系也非常差，这直接影响到了他的个人收入。和客户交涉时，他经常和客户吵架，如果他不喜欢一个客户，或是对客户的话不认同，立刻就会直接否决客户的观点，有时一句话就让双方的谈话进入冷场，为此他收到了不少投诉，有的客户气冲冲地对部门经理说："那个姓胡的销售代表是怎么回事？说话办事像小孩子一样意气用事，一个二十多岁的小伙子有时办事还不如一个孩子呢！"

毕业一年之后，不少人受到赏识得到了领导的提拔，可是胡晏翔却还在原地踏步。有时和同学相聚时，他发现他们和在校时已经大不一样了，人成熟了很多，讲话也不像以前那样随意了，只有他自己还保留着学生时代的青涩。他在感慨物是人非的同时生出了愤世嫉俗的情绪，他不明白长大的含义，难道长大成熟就意味着扭曲自己的本性，带上面具来伪装自己吗？他和自己最要好的朋友说下了这样一番话。朋友回答说，成熟不是扭曲自己的心智，而是修正我们天性里的某些缺陷，比如我们小的时候想怎样就怎样，有时会直接或间接地让别人不便或感到不舒服，长大后我们更加全面地看待问题，不再那么自我，所以做法自然就不一样了。

胡晏翔想，朋友的说法也有几分道理，以前他做事都是凭自己高兴，从来没有考虑过公司的利益和客户的感受，虽然他本人活得很真实，可是却没有人认同自己的做法。想到这里，他问朋友是如何实现成长蜕变的，朋友说，经历的事情多了，自然就成熟了。胡晏翔点点头，觉得是时候转变自己了，他想要成为一个成熟有风度的男人，摆脱冲动任性的青年的角色。

精神分析大师认为人格分为自我、本我和超我三个组成部分，本我是最原始的我，是潜意识下的自己，反映人性中本能的欲望和冲动，比如食欲、贪欲等；自我是在现实环境约束下的我，受到道德、法律、文化观念等条件的约束；超我是在完美原则支配下的高尚人格，是一种理想化的形象。

在幼年时期，人的本我占据主导地位，所以小孩子是最单纯的，难过就号啕大哭，高兴就哈哈大笑，见到好吃的东西就大快朵颐，可以无忧无虑地顺从自己的天性生活，可是人在长大步入社会以后，自我就会压制本我渐渐占据上风，只有这样才能使自己的行为不触犯别人的利益，并且符合社会公认的价值观念，潜意识下的本我会因此而

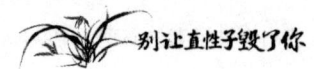

感到痛苦，这就是成长的阵痛。直性子的人害怕改变，用各种理由维护现状，就是潜意识下的本我在作怪，它不想由理性的自我来取代自己的位置。人是感性的动物，但是不能没有理性思维，阅历会逐渐填平理智和情感之间的沟壑，让幼稚的本我退出舞台中央，使理性、成熟的自我渐渐焕发出迷人的光彩。所以不要害怕自己失去了幼时的个性和纯真，这种蜕变是一种必然，褪去稚气的"外衣"并不绝对是一件坏事，对你而言反而是一种机遇，改变自己、完善自己、超越自己你才能获得真正的新生。

3. 别轻易启动自我保护"装置"

有心理创伤的人，内心世界是封闭的，在痛苦无助时，会用愤怒的矛头直指自己，也可能将其刺向别人。直性子的人大多有一定的攻击性，其中一部分攻击是源自不可遏制的愤怒。并不是所有性格偏执、直来直去的人都有心理阴影，但有严重心理阴影的人其个性有可能与直性子有多种重合，有些人甚至直接转化成了直来直去对外进攻的人格。

直性子的人很自我，过于自我的人有可能源自骄傲，也可能源自过度的自我保护，当一个人对外界充满不信任时，对他人便不会持开放和友好的态度，讲话自然直接甚至刻薄。《红楼梦》中的林黛玉楚楚可怜，美丽孤傲，说话尖酸刻薄，她的性情属于典型的直性子，而她之所以形成了这样的人格是因为其幼年丧母、寄人篱下、安全感匮乏。很多直性子的人并非大大咧咧，相反他们敏感细腻，极易受到伤害，对外界充满抗拒，随时都准备启动自我保护"装置"。

充满攻击性的言谈方式其实属于一种语言暴力，这是由心理创伤引发的人格障碍。有的人在人生早年尤其是童年时，由于受到过重大打击而成为坚定怀疑论者。他们不信赖别人，也不愿对他人投入情感，总用冷言冷语置他人于千里之外，用防卫的姿态来隔绝自己真实情感的表达。

在电影《心灵捕手》中，主人公威尔就是一个直性子，他是一个不幸的数学天才，也是个麻烦缠身的问题青年，他可以毫不费力地解开数学家泰斗人物花费很多心血才研究出来的数学难题，却被现实的生活压垮，他的聪明没有用在学业上，相反却用在了对他人直来直去的攻击上。

蓝波教授爱惜威尔的才华，不忍心看到一个青年才俊沉沦堕落，于是请求自己的好友心理学教授尚恩对其进行疏导治疗。尚恩仔细研究了威尔的经历，得知他是个孤儿，从童年时期开始一直过着暗无天日的悲惨生活，经常被收养家庭虐打，肉体的伤疤可以结痂淡褪，可是心灵的伤疤却深深地镌刻在了他的人格之中。

尚恩第一次和威尔见面，就被威尔的粗暴无礼激怒了。当时威尔观察了一下尚恩的画作，刻意发表了一番有攻击性的言论。那幅画画的是波兰滔天的大海中，有一个孤独的人在划船。威尔看着画面说："第一，你当时正在暴风雨中；第二，你娶错了女人。"尚恩立即被激怒了，他警告威尔说，不要侮辱他挚爱的亡妻。当威尔又说了一次："没错，你的确娶错了女人"，尚恩暴跳如雷，冲上前去掐住了威尔的脖子。

虽然第一次见面非常不愉快，尚恩仍旧没有放弃威尔。他对威尔说："看到你，我没有看到聪明自信，我看到的是一个被吓傻的狂妄孩子。"在尚恩眼中，威尔的狂妄自信和攻击性都不过是对痛苦的防御罢

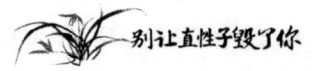

了，他说："你只是个孩子，你根本不晓得你在说什么。问你艺术，你只会夸夸其谈地谈论一些粗浅的论调，有关米开朗琪罗你又知道多少？谈论战争，你可能会向我背诵莎士比亚的名句，可是你却从未把挚爱的战友的头搂在怀里，看着他咽气。问你爱情，你可能会吟风弄月，但是却从未全情投入对谁真正倾心过，更不懂得痛失挚爱的感受……"尚恩让威尔意识到自己从未对任何事物或任何人投入过炙热的情感，他所表现出来的桀骜不驯和挑衅不过都只是一种固执的防御。

尚恩的一番话深深地刺痛了威尔，也让他感到无比震撼，一直以来，他拒绝让别人了解自己，把真实的自己包装在肢体暴力和语言暴力之下，他没有想过要对任何人坦诚相待，可是尚恩却似乎看穿了他。当尚恩一遍又一遍地告诉威尔他童年所遭受的痛苦都是他的过错时，威尔一次次痛苦地回应："我知道。"其实他表面知道，但内心深处并不知道，当尚恩一遍遍唤醒他时，他最后的心理防线终于崩溃了，趴在尚恩的肩头像个受委屈的孩子一样大哭起来。在尚恩的帮助下，威尔最终卸下了所有的防御和武装，打开了心结，消除了人际隔阂，找回了自我和爱情。

伤害会在一定程度上引起人格变异，让人对外界感到无端的愤怒，对所有人充满敌意和排斥感，难听的直言充当的就是一种逐客令，而粗鲁过激的行为则能在短时间内与他人划清界限。有些直性子的人是在无意之中做错事、讲错话，而有些人则不然，他们是蓄意为之，故意用让人反感的方式来激怒和喝退别人，一切的剧目都是由他们自编、自导和自演的，不过他们并不感到享受，反而会越发痛苦。其实这类人在本意上并不想伤人，他们只是需要发泄负面情绪而已，有时只是为了驱散喧哗，清净地唱属于自己的独角戏。

时间虽然不能抚平所有的伤口，但是却可以使伤疤不再那么尖锐地疼痛,即使受害者心灵深处仍存在隐痛,但只要打开心扉,接受阳光和爱的抚摸,学会相信别人,包容别人,用一颗赤诚的心感受人世间的真善美,就会放下锐利的直言的武器,用更柔和的方式来对待他人。毕竟爱比恨更强烈,比伤痛更刻骨,黎明前的黑暗终归会被曙光驱散,尘封的冰雪终归会因暖阳消融,不要再轻易启动自我保护"装置",用直来直去的方式去攻击任何人,因为友好地对待别人就是善待自己。

4. 都是"完美主义"惹的祸

深度心理学认为,每个人的内心深处都有一个潜意识的"小孩儿",这个"小孩儿"人格形成于人的童年时期,并不会伴随着年龄的增长而发生改变。直性子其实就是"小孩儿"人格,因为种种原因而停滞成长,当这种个性特征和完美主义撞击在一起时,就会演化成一种遭人嫌弃的挑剔和偏执。

直性子和完美主义存在诸多的联系,可以说几乎所有的完美主义者都是不折不扣的直性子,完美主义者会毫不留情地指出别人的缺点和错误,根本不会采用兜圈子的方式和别人交流。因为在完美主义者眼里,一丝一毫的偏差都是不能容忍的,所以他们不会用客气的方式来对待做事不合乎要求的人。

完美主义和直性子一样,几乎是一种根深蒂固的人格,凡事追求完美的人,讲话的风格必定是直言直语的,他们对细节精益求精,对人和事物百般挑剔,因为过于吹毛求疵,无法引起周围人的认同感,甚至引发敌意。个性直率的完美主义者个性冲动,行为偏激,把任何

事物都看成绝对对立的两极，非黑即白地评价别人，当然会引起别人的不快。

沈薇是个地地道道的完美主义者，性子又特别直，有什么看不惯的立即指责别人，同事都觉得她是一个喜欢指手画脚的人，所以对她十分排斥，不是刻意躲闪，就是直接和她吵得面红耳赤。中午就餐时，她只能一个人静静地用餐，无论选择坐在哪里，旁边的人都会挤挤眼睛离开。在工作时间，同事们也都避免和她进行眼神接触，每次谈及工作都是一副公事公办的冷淡态度，似乎在表明自己不想和像她这样的人有任何瓜葛，不过即便如此大家仍和她冲突不断。

有一次，有一个叫苏杰的同事在写报告时，有一小行字用错了字体，她竟然立即大声惊叫起来："这行字字体不对呀，一眼看去就参差不齐的，这要让主管发现了，岂不成了笑话？工作不认真的人真是什么事都做不好。"苏杰红着脸低声说："我马上改过来就是了。"沈薇还是不依不饶："人生可不是剧本，可以随意涂改来涂改去，该做的事情一次不做好，改完下次不是还会犯吗？"苏杰气恼地回应道："主管还没发话，你有什么资格说三道四，你以为自己是谁？你自己就一次错都没犯过吗？""至少我不会犯这种低级错误。"沈薇语露嘲讽地说。后来主管听到了争吵声，问清事情的缘由后，说道："字体的选择没必要过于死板，我们做的是创意策划，就算在给客户演示PPT时偶然有一行字大小和其他字体不一致，客户也不会怪罪，重点是苏杰的想法很好，抓住了营销的核心，所以没有必要太过吹毛求疵。"沈薇觉得主管明显偏袒苏杰，气得一言不发，后来苏杰的策划案果然深得客户和老板的表扬，沈薇就更加不解了，像苏杰这样对细节处理一点都不妥当的人为什么会博得这么多认可呢？

沈薇并不明白在有些情况下不该过于拘于小节，苛求细节有时完全是多余的,批评别人并不能让别人信服,有时还会让人觉得是故意找茬或无理取闹。有一天,沈薇和主管一起到外地出差,她们在去订当地酒店时,只剩下了一间房间,当时天色已晚,附近也没有别的酒店,两个人只好入住一个房间。沈薇爱挑剔的毛病让主管大为不悦,她一会儿说主管睡觉的姿势不科学,一会儿说主管脸有点脱皮,都是平时晚上不爱洗脸、保养不当导致的,一会儿说主管连睡衣都能穿出职业味,太没有女人味了。主管气得忍无可忍:"既然你觉得我处处不如你,那么你为什么还要屈居在我手下做事呢?"沈薇见主管生气了,马上说:"我没有觉得你处处比不上我呀。"此后,主管和沈薇的关系一落千丈,沈薇在公司的地位越发岌岌可危。

没有人喜欢被别人挑剔,高标准要求自己只会把压力带给自己,高标准要求别人则会引发众怒,人在天性上都讨厌被他人控制和支配,喜欢直言的完美主义者偏偏反其道而行之,三言两语指出别人的不足,劈头盖脸地攻击别人的弱点,这样做自然突破了别人的心理底线,与人交恶在所难免。作为完美主义者,可以把追求完美当做驱策自己不断上进的动力,但是千万不能把完美情节带到各种人际关系中,完美就像一枚枚炸弹,将炸毁友谊的桥梁,毁掉各种合作关系。我们不妨试着把完美的情节锁进心底,不要通过直言的方式把它释放出来,因为那样会造成许多直接伤害,如果不能成功控制自己直来直去的性格,那么可以选择在嘴巴上上把锁,将尖刻的话语过滤之后再出口,这样杀伤力就会大大削弱,由完美情节引发的种种烦恼也将烟消云散。

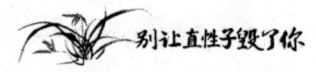

5. 失败的家庭教育孕育失败的人格

父母是孩子的第一任老师，也是人生最重要的一任老师，家庭教育的影响将伴随人的一生。遗憾的是，父母并不是完人，家庭教育又非常容易出错。部分直性子的人是失败的家庭教育的产物，其中有五类家庭会使孩子性格偏执，导致行为不良。

第一类是批评型家庭，家庭成员总是互相挑剔和责备，脾气都较为暴躁，耐受力低，孩子长大后就会延续这种行为模式，动辄直接责备他人和发脾气，不会婉言婉语，也不顾忌他人颜面。

第二类是恐惧焦虑型家庭，父母过度焦虑紧张，不能给孩子提供正常的安全感，孩子活在恐惧的阴影之中，长大后性格变得敏感自闭，说话词不达意，做事没有章法，常常直来直去，无法和他人正常相处。

第三类是厌恶式家庭，父母感情破裂、貌合神离，为了给孩子一个完整的家勉强在一起生活，在这样家庭环境下长大的孩子感受不到家庭成员之间的爱意，易于产生情绪障碍，对外界比较抗拒，有时会忍不住用直白刺耳的语言来挖苦、讽刺别人。

第四类是扼杀快乐型家庭，父母思想消极，长期情绪低落，家庭氛围沉闷，到处都弥漫着负能量，在这样的家庭环境中长大的孩子通常郁郁寡欢，自己不快乐，当然不能把快乐带给别人，也不可能过多顾忌他人的感受，因此常常会用一些不中听的话来刺激别人。

第五类是天真型家庭，父母都是周伯通式的人物，拥有成人的相貌和孩子式的思维，天生属于直通通的性格，一切随心随性，这样的父母教育出的孩子只会成为自己的复制品，同样无法理解人情世故，同样的率真和直脾气，适应社会环境的能力较差。

在同一个办公室里，有两个年龄相仿的女孩，一个叫小麦，一个叫小冉。小麦心智成熟，温婉善良，不但工作认真，人际关系也很好，上到领导下到同事都很喜欢她，觉得和她相处既轻松又愉快。小冉则敏感任性，情绪大起大落，喜欢随心所欲地指责别人，讲话非常直接，经常让别人下不了台，同事们都觉得她性情乖戾，难以相处，几乎都很讨厌她。

这两个女孩都属于冰雪聪明的类型，工作能力不相上下，可是小麦更受倚重，同事们也乐于配合她的工作，而小冉则总是一个人闷头工作，没有人愿意为她提供任何帮助。小麦和小冉性格截然不同，主要因为她们的家庭背景大相径庭。小麦生在一个和谐幸福的家庭里，她的父母恩爱有加，对她又甚是疼爱，而小冉则生活在一个矛盾重重的家庭环境中，父母经常吵架，时不时用最难听的话来攻击对方，小冉早已习惯了父母的火药味，长大后不知不觉就把同样的火药味喷向了别人。

生性敏感的小冉当然知道周围的人都不喜欢自己，可是她很难改掉自己的脾气，认为扭曲的性格就像 DNA 一样深入到了自己的细胞之中，构成了自己的生命密码，支配着自己的一切，她尝试过抗争，可是并没有成功，觉得自己注定要成为一个人人讨厌的可悲女孩，永远都不可能像幸运的小麦那样获得大家的好感。

一个人成年后的行为，都可以在其孩童时期的家庭环境中找到相关答案。每个孩子来到这个世界上时，都是不染尘埃的白纸，是家庭环境把他们塑造成了不同的色彩。孩子的性情和命运往往和一个家庭的教育方式紧密相连，这一结论已经被心理学界所证实。那么是否说如果一个人已经被塑造成了与世界格格不入的直性子，就终生都改变

不了了呢？当然不是，任何事情都不是绝对的，环境和阅历是人格的再造师，适宜的环境、丰富的阅历都可以实现人格的重塑。

乔治五世的次子艾伯特7岁时就有了口吃的毛病，他的口吃并不是先天性的，而是强势的父亲给他带来了巨大的心理压力，促使他产生了严重的语言障碍。生于王室的艾伯特童年缺少欢乐，父亲严厉刻板，经常斥责他，在父亲面前，艾伯特高度紧张，以至于有时说话不流畅，这时父亲就会冲他大喊大叫。艾伯特天生是个左撇子，父亲便强迫他用右手写字，因为有O型腿，腿部被绑上了矫正器，他甚至在吃饭的时候都无法放松，由于用餐时总是过度紧张，很小的时候就染上了胃病。

艾伯特是个自卑的孩子，他的哥哥聪明自信，备受称赞，生活在哥哥的光环之下，他的挫败感更加强烈，口吃也更加严重，一度无法与人正常交谈。可是长大以后，他却成功战胜了自己的缺陷以及童年时代的恐惧，在了语言治疗师的帮助下，他慢慢恢复了自信，不但能当众发表激动人心的演讲，为国人鼓舞士气，而且成为了英国历史上以勇敢、坚毅著称的一代国王，他的故事被改编成电影《国王的演讲》，打动了无数的观众。

一个结巴、怯懦、毫无自信的国王发表了英国历史上最为震撼人心的演说，他挑战自我的勇敢精神至今鼓舞着许多身处困境中的人。这说明即使不好的家庭环境把我们塑造成了有缺陷的人，我们仍然有希望改变自己，矫正直性子的个性比矫正严重的口吃要容易得多，我们更应该树立信心，相信自己有能力改变个性上的缺点。

6. 自尊心在作祟:别让自己成为带刺的"玫瑰"

直来直往的人,自尊心都很强,他们自认为是真诚和率直的代表,非常渴求外界的尊重,可是残酷的现实总是给他们当头一棒,有的人欣赏他们,可是更多的人反对他们,而被否定则会挫伤他们的自尊心,使其产生攻击性。

直性子的人往往怀才不遇,在一定程度上是因为他们把赢得尊重比获得发展看得更重要,在没有出人头地之前,他们无法接受妥协和忍耐的煎熬,只要有人伤及了他们敏感脆弱的自尊,他们轻则反唇相讥、引发口水战,重则负气出走,总之坚决拒绝忍受胯下之辱。有的人苦苦奋斗数年,依然默默无闻,当时间磨平了年轻时的锐气,他们已成为了失意的中年人。

张爱玲说:"日子过得真快,尤其对于中年以后的人,十年八年都好像是指顾间的事。可是对于年轻人,三年五载就可以是一生一世。"是的,人到中年以后更能察觉出时间的飞逝,十载时光有时就是弹指一挥间,而对于初涉职场的年轻人而言,年轻就是最大的资本,有时几年的时间就能决定自己一生的命运。人在年轻气盛时,性子比较直,自尊心强烈,不能容忍别人对自己有一丝一毫的冒犯,为了维护自己的自尊心,甚至愿意不惜一切代价,一辈子的大好机遇就是在这样的冲动之下化为泡影的。

张琦在大四时有幸到一家大型房地产公司实习,同学们都很羡慕他能得到这样的机会,因为他实习的公司待遇优厚,效益很不错,在业界也小有名气,如果张琦表现出色,很有可能被聘用为正式员工。

张琦学的是市场营销专业，因此实习岗位主要也是和销售有关，部门经理告诉他跟客户打交道，服务态度很重要，只要能给客户留下好印象，就不愁签不到大单。

实习了一段时间，张琦发现，许多客户喜欢无理取闹，为此他感到不胜其烦，他觉得签单固然重要，可是做人不能没有底线，到了"是可忍孰不可忍"的地步，他有必要据理力争维护自己的自尊。看到同事整天笑容满面地接待客户，无论客户说什么都点头称是，他心里就有些不屑，他想他绝不能容忍别人把自己的自尊当抹布，想怎么踩就怎么踩，如果有人向他吐了口水他绝不会微笑着擦掉，而要坚持让那个无理的人向自己赔礼道歉。

有一天，张琦联系了一个大客户，很有可能卖掉位于城市黄金地段的一栋豪华房屋，经理很高兴，在开会的时候表扬了他，还对他说如果能签下这笔大单，以后公司会重点培养他，他将成为一个前途无量的年轻人。可是在签单时，张琦却把客户得罪了，起因是客户在交谈时对他的声音和相貌进行了一番评价，说他的声音低沉，听起来像三十多岁的人，可是却长着一张稚气的娃娃脸，这非常有趣。张琦一听，顿时热血上涌，以前很多人说他是公鸭嗓子，为此他不知和别人吵过多少次架，他更讨厌别人说他是娃娃脸，他觉得客户这番话是对自己人格的羞辱，气得嘴唇都有些颤抖，当场他便毫不客气地说："你是我见过的最没有素质的一位客户。"客户先是一愣，之后也恼了，一笔生意就这样泡汤了。

事后，经理严厉责备了张琦，张琦还是很不服气："你知道他对我说了什么吗？我也是有自尊心的，他不尊重我，我凭什么尊重他？"因为客户还是非常看好那栋市中心的房屋，公司派其他员工进行一番安抚之后，客户才肯回心转意，签下了那笔合同。那位客户说，他没有说什么不得当的话，只是说张琦声音很沉稳，长得却非常年轻，不知为什么张琦会突然发火，直通通地把自己骂了一顿，现在的年轻人脾气又直又臭，真是古怪得很。

张琦听到客户跟同事正在解释，忍不住又发了一通火，他一个箭步冲过去，语气生硬地说："如果我说你谢顶、大腹便便，声音聒噪得像汽车喇叭，你爱听吗?"这位客户确实头发稀疏、肚腩凸起，说话声音非常洪亮，听完张琦的一席话，气得脸色发白："你这小伙子，怎么说话呢?""我怎么说话? 你刚才是怎么说话的?"张琦瞪着眼睛，一副要打架的姿势，好在同事及时拉开了他，又花了很长时间安抚客户，这件事才算平息下来。结果实习期尚未结束，张琦就被公司辞退了。

每个人都有自尊心，自尊是人的一种可贵品质，自尊的人才能自爱和自强，可是直性子的人自尊心过强，脾气急、耐性差，又总爱对号入座，容不得别人说一句让自己不舒服的话，常采用具有攻击性的语言来回击别人，这是典型的心理脆弱表现。在职场上，没有人会因为坏脾气和消极心态而获得奖励和晋升，自尊心过强，就会让自己变成带刺的玫瑰，在自我保护的同时不小心便刺伤了别人，这对双方关系的发展是很不利的。有时一时的忍耐是必要的，只有善于忍耐的人才能得到更多的机会，取得更大的成就，如此才能备受尊敬，如果因为一时的口舌之争就拂袖而去，错过的可能就是改写命运的关键机遇，导致自己在庸庸碌碌中度过苦闷的一生。

7. 高处不胜寒，自命清高就会成为孤家寡人

徐悲鸿说："人不可有傲气，但不可无傲骨。"直性子的人几乎个个都认为自己有铮铮的傲骨，凡事有自己的一套行为准则，蔑视世俗，骨子里透着一股天然的清高。然而清高并非超凡脱俗，过度的清高有时也会演化成一种自我粉饰，总以"众人皆醉我独醒"的姿态穿行于世，难免让人觉得高冷或者惺惺作态。

直性子的人多半喜欢这样自我标榜："我这个人不爱装腔作势，向来真实，直来直去。"于是所有难以入耳的话都有了体面的说辞。直性子的人在现实的打击面前仍愿意坚守自己的本性，其根本原因就在于骨子里的清高。"清"代表着纯净；"高"代表着高处不胜寒，所以但凡清高者都会被世人孤立，他们认为是世俗容不得自己说真话，容不得自己直言快语的真性情，其实是他们自己选择了鹤立鸡群，不爱与人同乐，这样自然免不了被众人疏远。

秦海峰已经年过三十，可是事业却没有任何发展，辛辛苦苦地加班加点工作，并没有换来领导的青睐。有一次他和朋友小酌，酒过三巡后，提起了自己内心的苦闷，朋友说："你这个人做人踏实肯干，也有工作能力，就是太清高了。"秦海峰没想到朋友会这样评价自己，他个性一向很直，喜怒哀乐都写在脸上，私下里和好友愿意推心置腹，在工作场合有什么意见和不满会立即提出来，他什么时候清高了？

秦海峰觉得朋友用这个词来形容自己，语含贬义，心里有些不高兴。朋友又接着说："很多人你看不惯，很多事你也看不惯，可是你没有必要那么明显地表现出来，这个世界本身并不完美，你喜欢纯洁的东西，可是宇宙中仍然存在尘埃，这是你改变不了的事实。""你的意思是我应该韬光养晦或者溜须拍马？"秦海峰情绪有些激动地说。朋友知道他的脾气，马上解释说："我不是这个意思，我是说人不能眼睛里不容沙子，因为那样自己活得累，别人也觉得累。我打个比方说，蒸馏水是不含杂质的，可是却不适合滋养万物，而我们的生命之源，就是能包容矿物质、泥沙和各种杂质的水，却从真正意义上改变了这个世界。蒸馏水清高，对所有物质不屑一顾，而有杂质的水就不同了，它愿意放低姿态，容纳世间所有有缺陷的事物，让生命焕发生机。"

　　秦海峰似乎明白了朋友的意思，开始试着用另一种方式来解读自己周围的人和事。他发现自己好像从来就没有深入地了解过别人。比如小王，喜欢开玩笑娱乐众人，以前他觉得这完全是哗众取宠，这样做无非是为了讨好别人，达到自己的某种目的，后来他发现小王天生爱说笑，不但在办公室爱逗同事和领导笑，在私下里也喜欢把欢乐带给和自己没有利益牵扯的人。就连平时最看不惯的小孙，他也有了新的看法。以前他总觉得小孙爱拍领导马屁，工作能力不足，是靠溜须拍马才被提拔上去的，后来他发现小孙工作很勤恳，而且喜欢赞美所有人，经过沟通他才知道小孙在一个管教严格的家庭里长大，从小接受的是批评式教育，因此长大后他对批评非常反感，从来不轻易说伤害别人的话，因为他不想让别人承受和自己一样的痛苦，无论别人做得好与不好，他都想鼓励几句，就像鼓励童年时期的自己。

　　秦海峰改变了想法以后，开始尝试着和同事打成一片，他觉得自己在办公时心情更舒畅了，领导也觉得他说话不像以前那样总带刺了，对他也不像以前那么排斥了，工作那么多年，他突然感到轻松了许多，少了一些不必要的麻烦和人际冲突，工作起来更加顺风顺水了。

　　所谓"木秀于林，风必摧之"，任何的个体如果拒绝与群体保持一

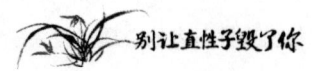

致性，群体的反应便可能是厌恶、排斥和打压，所以清高之人最容易被排挤在外。直性子的人在被劝说放下清高的架子时，往往会说："那不是我的性格，我不愿与庸俗之辈共事！"他们像愤青一样看待所有的人和事，保持高高在上的架势，结果只能在孤独和落寞中一个人品尝苦酒。

其实平易近人一点，沾染一点尘世的烟火气并没有什么不妥，这和做人的原则无关，你可以看不惯不公正和非正义的事情，但是千万不要在自己和他人之间构筑起一道不可逾越的高墙，用刺耳的直言切断与他人的联系，使自己陷入孤绝的境地。作为直性子的人，有必要反思自己言行的正确性，你对他人的评价是否绝对客观和中肯呢？如果你是一个非常清高的人，也就意味着你和别人保持着很大的距离感，在重重的阻隔之中，你又是如何一眼看透别人的呢？有时你认为自己完全看透了世俗，很多时候都是雾里看花，因此不要轻易下结论，不要扮演孤高的判官角色，感受一下市井生活的明媚与美好，即使看到了阴影，也不要否决阳光的存在。

8. 别轻易向人释放你的"负能量"

部分直性子的人具有偏执型人格，表现为敏感多疑，情绪极不稳定，自控能力差，容易冲动，易受激惹，听到一点不顺耳的话就会燃起硝烟，大声呵斥别人，乱发脾气成了家常便饭。脾气暴躁是直性子的一大特点，他们就像易燃的火药桶，随时都有可能爆炸。坏脾气比恶劣的天气更令人苦恼，英国生物学家达尔文曾经说过："人要发脾气就等于在人类进步的阶梯上倒退了一步。"的确，人在盛怒之下，就会撕裂文明的外衣，用最直白最富攻击性的话语来表达自己愤怒的情绪，是一点风度都保留不住的。

直性子的人为什么控制不了自己的言行呢？虽然他们事后也会后悔，主要原因在于他们糟糕的脾气，有时他们受控于自己的负面情绪，无法和和气气地和别人进行交流，任凭聚集在体内的负能量以剧烈的方式释放出去。

何贵申是一个直性子的人，脾气急躁、易怒。自从当上业务主管，他就被冠上了"暴君"的名号，每次发火他都对下属强调自己对事不对人，他说自己虽然批评人很直接，话说得难听，但绝不夹杂着私人情绪，希望大家能改正自己的缺点、错误，把工作做得更好。然而下属们却不这样认为，他们觉得何贵申是一个脾气很糟糕的领导，从来不懂得如何尊重别人，常常为一点小事大发雷霆，总是不分青红皂白地骂人。

每次下属汇报工作时，何贵申都是目光如炬，眼睛里似乎随时都能喷出火来，搞得下属战战兢兢、如履薄冰，越来越没有自信心。何贵申平时讲话非常伤人，几乎每句话都像利刃一样锋利，他又缺乏自省和反思的精神，认为一切错在下属，有的人越骂出错越频繁，这让他更加大动肝火。

何贵申很少体谅别人，觉得下属把工作做出色只是尽了自己的本分，而做错事就绝不能姑息，就算有的下属做事一丝不苟，工作上很少出现失误，他仍忍不住挑剔，甚至当着全体员工的面高声训斥自己不喜欢的下属。有的人受不了这样的高压环境，选择辞职走人了。留下来的人每天面对着这样一位情绪化的上司，几乎时刻都噤若寒蝉，由于大家工作积极性不断受到打击，公司的效益一再下滑，绩效评估过后，公司高层觉得主要原因在于何贵申管理不利，导致员工情绪不

佳，直接影响了公司业务的增长，因此对他做出了降职处理。

何贵申事业遭遇挫败后，脾气变得更差，他把所有的怒火又转向了妻子和朋友。有一天他莫名指责妻子做的饭菜不合口，说她是个笨手笨脚的家庭主妇，妻子气急了，直接把饭菜倒进了垃圾桶，冷冷地对他说："你的手脚更灵便些，厨艺也比我好，以后就自己动手丰衣足食吧。"何贵申说："我不过是提提意见，你何必那么大反应？"妻子说："你提意见的方式没有人能接受得了，你在公司的事我早就听说了，你总朝员工发火，现在又开始朝我发火，以后在熄灭怒火之前，你最好不要跟我讲话。"此后，何贵申和妻子陷入了冷战。

在和朋友打保龄球时，何贵申心情突然烦躁起来，朋友的球技太差了，好几次都打不中，他实在看不下去了，忍不住说："你打球的技术真是烂到家了，我真没有见过像你这么笨的人。"朋友一听，气冲冲地说："好，我笨，就你了不起。""你自己技术不到家，还不允许别人说？"何贵申声调渐渐高了起来。"我真是受够了你这张乌鸦嘴，行了，咱们别在一起打球了，最好以后也少来往，免得见了面互相烦。"说完，头也不回地离开了，何贵申怔在原地，似乎不敢相信多年的故交就因为几句气话断交了。

脾气暴躁的人大多说话冲动，喜欢凭借自己的感性认识来处理问题，在各种人际关系中，扮演的皆属毒舌君的角色，评论他人过于主观，而且抑制不住自己的坏脾气，只要别人的做法偏离了自己的意愿，就会暴跳如雷。有的人性情暴躁，是因为本身性格如此，有的人则是因为长期情绪不佳，所以会把任何一个人当成自己的出气筒。无论是何种原因导致了自己的坏脾气，直性子的人都不会选择压抑或隐藏自己的真实情绪，他们不会选择像鲁迅说的那样"不在沉默中爆发，就在沉默中灭亡"，而会让自己发出惊天动地的响动，以犀利的言语和过激的行为来宣泄自己的不满。

　　直性子的人不爱欺瞒，怒气几乎全部写在了脸上，铁青的脸色暴露了他们的急躁和不耐烦，而紧锁的眉头则聚集了万千的怨恨，多数人见到这类人会选择绕道而行，即便是非常有修养的人，也无法容忍一次次充当别人的发泄道具。直性子的人常说："我脾气不好，个性天生直。"似乎在对外界宣布所有人都该理所当然地容忍自己个性上的弱点，如果做不到这点，问题出在别人身上，与自己无关。这种态度当然是不负责任的，每一个人都应该为自己的所作所为承担后果，成熟智慧的人一定会想方设法来纠正自己的缺点，而不是任由怒火蔓延到任何一个自己经过的角落。

9. 可以"心直"，但切勿"口快"

　　不是所有直性子的人都有阴郁型人格，有的人虽是一副直肠子，可是性格活泼开朗、热情大方，其特点是没有私心杂念，各种顾忌较少，说话符合"实事求是"的精神，百分百心口如一，可是这也意味着他们说话从来就没有经过大脑考虑，常常为了"过嘴瘾"而在无意间伤害了别人。这类直性子的人是典型的粗线条，为人大大咧咧，头脑比较简单，说话做事不讲究分寸，对人情世故一窍不通，这是天性使然，有的人便为其辩护说："他这个人天生直肠直肚，心无城府，原谅他吧。"直肠子的人也会为自己辩白，说自己喜欢直言不讳，有什么都会放在台面上来说，不会在暗地里中伤任何人，希望大家不要怪罪。

　　直肠子直来直去主要是因为"心直"，他们的内心世界里没有那么多的弯弯绕绕，想法比较简单，所以讲话才会脱口而出，可是这样的

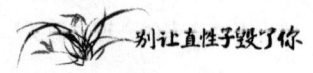

人能够被人理解和接受吗？事实证明不能。任何一个被戳到痛处的人都会感到义愤填膺，并不会因为别人头脑扁平化而轻言原谅。直肠子的人思考问题缺乏深度，看待事情自然不能"入木三分"，有时言论难免有失偏颇，而有时却总扮演《皇帝的新衣》里说真话的小孩的角色，在所有人都清楚真相但不便言说的情况下，他偏偏要捅破这层窗纸，让人难堪。在这种情况下，别人又当情何以堪呢？

小贝是个风风火火的女孩，天生直肠子，是标准的"我行我素"的类型，她主修的是国际贸易专业，毕业后进入了外贸行业，可是由于外语学得不好，她选择了转行，后来她成了一名数据录入员，主要工作便是把各种表单的数字录入公司系统，虽然待遇不高，但是工作比较轻松，她对这份工作还算满意，可是刚换新工作不久，她就因为自己的快言快语惹了祸。

有一天公司的女老板高跟鞋的鞋跟折断了，同事们纷纷向她推荐最近新上市的时髦鞋子，激起了女老板的购买欲望，可是看着自己的爱鞋在这么短的时间里就坏掉了，不免有些可惜，同时对商家感到不满："这么贵的鞋说坏就坏了，当时售鞋的营业员还说这款鞋子质量一流，穿多久都不会坏，结果还没到一个月鞋跟就断了，虽说有保修服务我也不想修了，干脆买一款更好的算了。"职员们纷纷附和说旧的不去新的不来。小贝却忍不住插话道："依我看，这不是鞋子的问题。这鞋跟又细又长，是专门为身材苗条的女士设计的，而老板您呢，您就该选择鞋跟更结实一点的鞋子，像这款高跟鞋根本承受不住您的体重，鞋跟断掉也是情理之中的事。"

"你的意思是说我太胖了，把鞋跟压断了？"女老板气得脸都涨红了，她确实是个身材臃肿的中年女性，可是偏偏喜欢追赶潮流，尤其对鞋跟细长的高跟鞋青睐有加，被小贝当场揭穿她感到分外没面子，气得直嚷起来。其实几乎所有在场的员工都知道女老板不适合这款高跟鞋，也都清楚鞋跟的断裂是和女老板的体重有关，可是谁都没有点破。"我不是这个意思。"小贝也不知道该怎样圆场好，只好低声说，"我只是建议您能选择更适合自己的鞋子，这样您穿着既舒适又安全。"女老板想起自己在众目睽睽之下因为鞋跟断裂险些跌跤的尴尬场面，听了这句话更是火冒三丈："我还用你教我该怎样穿鞋？我走过的路比你吃过的盐都要多。"小贝低下头咕哝着："我只是好心提醒，没有别的意思。""你的意思是我还得谢谢你当着这么多人的面嘲笑我了？"女老板越说越生气。

小贝百口莫辩，低声说："我没有嘲笑您的意思，只是给您提了一个建议，如果您觉得不能接受，就当我没说过好了。""小贝，说出去的话就像泼出去的水，是收不回来的，你刚才说了那么多嘲弄我的话，所有员工都听见了，我能假装没听见吗？"小贝还想说什么，同事悄悄拉了一下她的衣角，示意她不要再说话了。小贝这才住了口，女老板并没有辞退她，但是把她调到了仓管部门，理由是这样两个人可以减少见面的机会，免得双方都不愉快。

有的人喜欢快人快语，缺点被指出后能虚心领受，而有的人则认为当面指出他的错误，就是故意让他出丑，所以"直肠子"们不能不分对象和场合地直言直语，"心直"是好的，可是"口快"就未必好，不要以为所有人都会念及自己没有城府而谅解自己的无理冒犯，在大多数情况下，慎言慎行是必要的。"直肠子"们绝不能为了自己畅快淋漓地表达观点而信口开河，在"心直"的状态下，还要考虑认清的因素，不但要使自己言之有理，还要言之有益，让别人在轻松愉快的氛围中接受自己的一番好意。

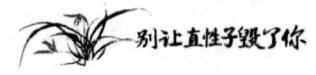

10. 把自己当成"宇宙中心"，
永远不可能了解别人的感受

如果一个人过分以自我为中心，就会完全忽略他人的感受，对别人的喜怒哀乐表现得漠不关心。直性子的人一味延续自己的做人风格，主要原因是因为他们都非常自我。人在过度注重自我感觉时，就会为了满足自己的欲望而把别人的需求置之于度外，强烈地要求别人认同和尊重自己，却从来不知道该如何尊重别人，这就是典型的个人主义。

不少直性子的人有一种错觉，即自己可以轻而易举地了解别人，而别人却完全不了解自己。他们常爱说的一句话便是"其实你不了解真实的我。"但是他们却固执地认为自己可以根据他人的步态、穿着、声音和喜好等信息完全看透一个人，所以才喜欢无所顾忌地论断别人，指出别人的各种毛病。他们以为自己已经练就了"火眼金睛"的本领，却不了解自身的肤浅，大量的事实证明任何的主观臆断和事实真相存在着巨大的偏差，而在完全不考虑他人感受的情况下肆意评价对方则是一种荒唐的举动。

美国斯坦福大学曾经做过一项别开生面的实验，旨在向人们揭示以自我为中心的判断究竟有多么愚蠢。在实验中，大学生们两人结为一组，其中一人通过敲击桌子的方式让对方猜测自己演奏的是那首歌曲，表演者不能说出歌名，也不可以哼唱，只能用手指在桌子上打拍子。

实验进行了多次，结果显示，当时至少有一半的人认为搭档在听完自己的演奏后能猜出歌名，可是能猜对歌名的仅有 2.5%，这个结果当然令人大失所望，人们不禁要问是因为演奏者敲击的节奏不够准确造成的吗？答案显然没有那么简单。当一个人用手指敲打桌面演奏时，脑海里会不断回放自己正演奏的音乐，冥冥之中似乎能听到各种乐器的声音，比如钢琴声、架子鼓声、贝司声等，自以为可以根据音乐本身的节奏奏出乐曲的旋律，在柔声部分轻轻敲击，在昂扬部分敲击得铿锵有力，在高潮部分则强力敲打，觉得音乐的节拍和其中蕴含的情感意境完美融合在一起了，这是一场堪称完美的演出。

那么作为搭档或是其他观众感觉又如何呢？在不知道曲目的情况下仅仅凭借单调的敲击声来猜测歌名，没有歌词、没有哼唱、没有乐器伴奏，仅能听到时轻时重的敲击声，丝毫无法感受演奏者的情绪，无论怎么费力地去揣摩，仍没有办法了解对方想要表达的究竟是什么，耳畔传来的啪啪声只是没有任何意义的敲击而已，而演奏者却天真地认为搭档能感同身受地享受美妙的节奏，而不明白他们给予别人的仅仅是自己头脑中幻想出来的节奏。所以能有2.5%的人猜对曲目已经很不容易了，绝大多数人都不可能仅凭着如此简单粗糙的演奏知晓歌曲的曲目的。

这个实验说明，人一旦进入到以自我为中心的框架中，就会固执地认为自己的意志完全是客观和正确的，甚至认为别人的想法和自己能达成某种程度上的共识，这种现象被称作"错误共识效应"，人的思维进入这种模式以后，就会把自己的意见、偏好强加给别人。直性子的人为什么理所当然地认为自己掌握着话语权，可以凭借自己的好恶随意地评判别人？原因就在于他们认为别人的看法和自己相差无几，却没有认清这样一个事实，即人的观念是有差异性的，很多人的观念甚至会和自己完全相反，代表群体来发言不过是一种一厢情愿的想法而已。

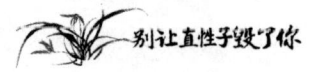

在评价他人时，直性子的人往往会将自我意识投射到他人身上，比如他们用"聪明"或"愚蠢"来评价别人，反映的是其个人的价值观念，即把人的智力和能力当做评判的标准，再比如他们用不屑的口吻说某个人没有考进好大学，反映出他们把一个人的学历和文化水平看得非常重要。他们以为所有人都持同样的观点，所以觉得可以义正言辞地指责自己看轻的人，殊不知他们的评价其实是受到大多数人抵制的。

直性子的人由于过于自我，总以自己为蓝本揣摩别人的内心世界，误以为自己的所知所感是绝对真实的，甚至极端地认为别人都没有发表真正的看法，唯有自己是仗义执言的人。他们一再强调自己绝不虚伪，从另一个角度暴露出了他们对外部世界的看法，他们认为除自己以外的绝大多数人都是不肯说真话的伪君子，大部分人都披着伪装的外衣，有着很多不可告人的秘密，或者各种其他的用心，有些人其实想法和自己一致，但是却选择口是心非。其实一个人看到的世界只不过是其自我意识的产物，你想看到什么就会有什么样的幻象，无论是海市蜃楼还是光怪陆离的冷酷世界，都不是真实的，正所谓"雾非雾花非花"，只有抛开以自我为中心的执念，你才能知道自己的"直"并非总是那么名正言顺，而学会尊重、关心他人，加强自我修养，摒除各种偏见是多么重要。

第三章

心中开"窗户"，嘴上装"阀门"：
别让你的交际"亮红灯"

有人说，做人就得学洋葱，狠心把自己一层层剥开，把自己最真实的一面坦露给世人看。可是面对复杂的社会环境，大多数人都成为了包裹严实的洋葱，心窗紧闭，不轻易对任何人开放。这些个性自闭的人多半没有正常的社交，交际频频亮红灯。而直性子的人完全与之相反，他们从不刻意包裹自己，性格直率，愿意对任何人吐露心声，可是为什么在交际方面也是一路亮红灯呢？原因在于他们不懂得在嘴上装"阀门"，为了逞一时的口舌之快而频频得罪人，以至成为了人人讨厌的大嘴巴。

有人说，只要在心中开一扇窗，勇敢地敞开心扉，对人以诚相待，就算是再铁石心肠的人也会被感动。这当然是一种处事哲学，可是人与人相处，光有心诚是不够的，嘴巴不饶人，就算有一颗像豆腐一般柔软的心，也会伤人于无形。直性子的人主要败在嘴上，若想让自己在交际场上一路绿灯，就必须管好自己的嘴巴。

1. 曲径才能通"幽"，婉言沟通更有效

在人际交往中，性情直的人喜欢直言快语，他们对人是非常坦诚的，可是沟通的效果却不理想，轻则惹人不悦，重则破坏人际关系的和谐。多数直性子的人都认为待人处事要绝对真诚，不能有丝毫的掺假，所以讲话向来直来直去，而且把直来直去当成了自己的一种风格，在评价自己时他们会这样说："我个性豪爽，喜欢直来直去。"事实上，人人都喜欢中听的婉言，而对不留情面的直言皆分外反感，不经修饰和润色的语言固然能体现人的本色，让言者痛快之极，可是却会让听者心里不痛快，有时一句伤人自尊的话会毁掉多年建立的情谊，引得朋友反目、亲人疏离。

当别人的所作所为不符合你的要求时，婉言相劝比直面指责更具有说服力，采用迂回的谈话策略能迅速消解对方的抵触情绪，使双方在愉快的氛围中达成共识。婉言的谈话效果为什么胜过直言呢？因为它更温和，也更善意，能起到润物细无声的效果，所以更容易被接受。而直言呢？攻击性太强，即使是中肯的劝慰，冷静之中也不乏一丝火药味，难免会让听者尴尬或气愤，性情刚烈的人还有可能拍案而起。说话一针见血或杀人不见血是不足取的，充满诚意的语言也应该经过细致的加工和包装，让听者在温和含蓄的劝说中领悟到发人深省的道理，这才不失为一种沟通的艺术。

在一家格调高雅的国际化大酒店里，一位客人在一个灯光柔和的角落里自斟自饮，在用完最后一道餐点时，他已经有点醉意了，盯着做工精美的小碟欣赏了良久，口中还喃喃自语。小碟通体白色，晶莹如玉，上面饰有笔触细腻的彩色花纹，既有几分古韵又糅合了几分现代风情，颇有一番美感。那位客人从钱包里掏出几张大钞，爽快地说："这碟子真好看，我买下了。"说完就把小碟装进了西装口袋里。

　　站在一旁的服务员走上前去，客人的几张大钞只够付饭钱，他刚才笨拙地掏钱包时，服务员看在眼里，这些是他仅剩的钱了，而这小碟是酒店订制的，由于做工精良，每一只都价格不菲，她刚想说什么，却被酒店经理拦下了，酒店经理不动声色地对那位客人说："先生刚才在用餐时，对这只小碟爱不释手，看得出您对这种做工细致的工艺品具有很强的鉴赏力，这让我很感动。为了表达我们的感激之情，我代表酒店把这只图案精美的小碟送给您，不过这小碟需要经过严格的消毒处理才能使用，不如等我们做完消毒工作，过几天再给先生送到府上。"

　　那位客人此时酒就已经醒了大半，他立刻听出了弦外之音，什么餐具必须经过严格消毒处理，酒店经理不过是想阻止他把小碟带走罢了，想必这东西很贵重。客人马上向酒店经理表达了歉意，他解释说自己刚才多喝了几杯，有点喝醉了，所以才误将小碟装进了衣袋里，他见别人给了自己台阶下，便顺势说："既然小碟不消毒不能用，那我就以旧换新吧。"说完，就把精美的小碟从衣袋里掏了出来，小心地放回到了餐桌上，然后不失风度地结了账。

　　那位客人原来是一家皮具公司的老板，那天他酒后失态，事后还觉得有一点尴尬，他在私下场合里真诚地向酒店经理表达了谢意，很感谢酒店经理没有让他当众难堪，作为回报，公司每次聚会庆祝他都会请全体员工来这家酒店消费。事后酒店经理对全体服务员说："以后如果你们觉得客人的做法有什么不妥，要想着怎样用合适的方式让他们意识到自己的错误，一定要让对方保持应有的尊严和风度，不能直

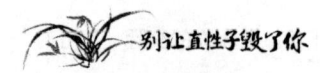

接指责别人，这是最基本的待客之道，也是我们酒店服务的宗旨，同时也是沟通的一门学问。"

每个人都有一定的自省能力，在有些时候，我们没有必要把事情点破，试想一下，如果酒店经理直话直说，那名客人当时会有多么尴尬，人非圣贤孰能无过，别人做错了事，用委婉的方式让他们认识到自己的错误便可以了，何必采取伤人的"直线"方式呢？沟通不是为了显示自己强烈的正义感，没有必要站在道德的制高点来面责别人，是非曲直并不重要，重要的是你是真心想帮别人改正了缺点、错误，还是仅仅为了逞一时的口舌之快。

热衷于直言的人总以"我是为你好"的名义，不分场合地评判别人，这样做当然会让人反感，没有人喜欢坐在被告席上被审判，即便有人口口声声说是为了自己好。一个人的说话方式不仅仅能展现出人的个性特征，同时还能体现出人的修养和内涵，任何一个温文尔雅的人在与人交谈时，都会选择走柔和的曲线策略，绝不可能用直言快语撕扯别人的心弦。不要固执地认为温言软语没有力度，拐弯抹角就是虚伪，而应该学会设身处地地为对方着想，照顾到别人的感受，刺耳的直言是伤人的武器，而真正的温玉良言通常是没有杀伤力的，它能给人以一种如沐春风之感，达到真正意义上的劝化目的。

2. 说话留余地：人情留一线，日后好见面

物极必反是一种自然规律，所以凡事都要留有余地。行不可极处，言不可称绝对。直性情的人偏偏喜欢走极端，遇到意见分歧，就会口不择言，甚至咄咄逼人，把别人逼得无路可退，如此待人处事怎能不

惹人恼恨呢？

　　明代文学家高景逸曾经说过："临事让人一步，自有余地；临财放宽一分，自有余味。"这句话向我们揭示的是一个极为朴素实用的道理：为人处世，凡事都要留有余地，人情留一线，日后好见面。富兰克林也不赞成妄下断言的做法，他要求自己把"当然""一定"等绝对的词汇从自己的日常用语中删除，而该用"也许""我想"等带有回旋余地的词汇来代替。因为他知道盛气凌人的语气必定伤人，话说得越直白越让人抗拒。再智慧的人也不可能完全正确，再伟大的人也不可能获得全世界的认同，给别人留一点质疑的空间，方能体现自己的雅量。

　　世间万物本是复杂多变的，世上根本不存在什么放之四海而皆准的真理，由于历史文化、人文环境、风土人情等种种的不同，在不同的地域和不同的时空上，人的观念呈现出巨大的差异性。例如热情奔放的民族认为给客人一个大大的拥抱是友好的表达方式，而理性拘谨的民族偏好私人空间，却觉得亲密的身体接触是对自己的一种冒犯。我们的观念与古人截然不同，古时的很多权威理论现在都已经被推翻，站在进步文明的阶梯上，我们可以标榜自己的价值观，可是千年以后，我们的观念同样会被视为落伍的陈词滥调，成为不堪一击的笑谈。

　　既然世上没有绝对正确的观点，我们又何苦在谈话中把别人逼向死角，不给对方留有一点回旋余地，非要迫使对方承认我们观点的正确性呢？不给别人留余地，是一种自以为是的表现，这种冷酷决绝的谈话风格会给人带来强烈的压迫感，只会引起更多的争论和敌意。

　　18世纪后期，一块巨大的陨石划破长空，降落到了法国小城儒里亚克，惊天动地的响声把居住在周围的加斯可尼人吓坏了，当时人们天文学知识匮乏，看到教堂旁的房子被砸开的大洞，感到既惊异又恐

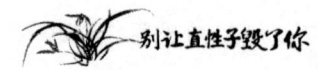

慌。人们认为这块从天而降的巨石具有某种魔力，觉得它可能会飞回天上去。

由于担心巨石会飞走，人们在上面凿开了一个洞，然后将石头用铁链锁在了教堂门口的圆柱上。之后又给法国科学院写了一封信，对这块来历不明的怪石描述了一番，表示期望科学家能来小城对怪石进行鉴定和研究。儒里亚克非常重视此事，他郑重地在信上签下了自己的名字，证明市民所言全部属实，并派人送信到巴黎。

巴黎法国科学院的科学家们，却把儒里亚克的来信当成了笑谈，人们议论纷纷，嬉笑不断，有的人笑出了眼泪，还有人用讥笑的口吻说："加斯可尼人可真会吹牛，居然说天上掉下来一块大石头，也许再过几天他们又会说天上掉下了 5 吨牛奶和 1000 块香喷喷的牛排……"科学家们听完，笑得前仰后合，似乎听到了史上最可笑的笑话，在尽情嘲弄完儒里亚克市民的无知之后，他们以科学院的名义，发表了声明，指责儒里亚克撒下弥天大谎，并对市长的愚蠢表示遗憾，同时对其他科学家说，千万不要相信这封荒唐可笑的报告。

后来，作风严谨的科学家到儒里亚克实地查看了那块巨石，证实了它确实来自遥远的太空。巴黎法国科学院的科学家们自认为无所不知，觉得自己掌握了绝对的真理，对儒里亚克市民的目击报告冷嘲热讽，一度嘲笑他们的愚蠢可笑，可是在真相被揭开的那一刻，却暴露了他们的无知和愚昧，天降陨石不过是一种寻常的天文现象，在那个时代人们自然无法对其马上做出科学的解释，但是巴黎法国科学院的科学家没有经过任何考察，就断定那是完全没有可能的，甚至把别人亲眼目睹的事实当成人间笑料，这样的自负和霸道足以证明他们自身的愚蠢。

当你百分之百地断定别人一定是愚蠢时，恰恰暴露了自身的狂妄自大和愚蠢，每个人在认知上都有一定局限性，就算站在科学前沿的领军人物也不例外，凡事皆有例外，总有些情况是超乎常规之上的，在没有对别人的观点做出深入的解析，又不能找到足够的论据来佐证自己的观点时，你又凭借什么来证明自己的绝对正确和别人的绝对错误？如果不能证明这一点，为什么要把自己不成熟的见解直接说出来并强加给别人呢？

谈话中留有余地，不仅会给别人提供喘息的空间，也为自己保留了从容转身的机会，让别人下不了台，逼迫别人改旗易帜双手赞成自己，实在是一种霸道而又不明智的行为。正所谓："弓满则折，水满则溢。"人应该保持一种谦虚谨慎的态度，话不可以说得太慢太绝对，也不可说得太直白太伤人，凡事留三分人情，对别人友善一些，双方才能和平共融。

3. 用"打太极"的方式绕开敏感话题

直爽之人之所以总爱得罪人，最主要的原因是总是踩到对方的雷区，别人忌讳什么偏要说什么，哪壶不开提哪壶，听者的第一反应当然是火冒三丈。有时即使没有恶意，语言不加讳饰，也会让人徒增反感。比如个头不高的人忌讳别人说矮，如果有人直接说出那个字眼，他必然感到愤怒。体态丰满的人忌讳别人说胖，最明智的做法是不要评价他的身材，或者用更合适的字眼代替。

其实，绝大多数人都有自己反感和忌讳的词，人皆有敏感和柔软之处，我们应该尽可能地回避这些区域，免得在伤害别人的同时又惹上麻烦。直性子的人在自己得罪人后总说自己有口无心，一切都是无

心之失，好像这样就可以用不知者无罪来为自己辩护。可是无心的伤害难道就不是伤害吗？其实只要稍加留意，我们完全可以了解对方的忌讳点，它们并不是隐藏在海面下的冰山，而是显而易见的突兀山峰，这时如果我们选择不明确表态，用"打太极"的方式绕过敏感话题，双方都会皆大欢喜。

玛丽刚刚在纽约市区买下了一栋房子，为此她花掉了不少积蓄，接下来便是为新家做装修，她想把房子布置得温馨而又有特色，不厌其烦地对请来的建筑工人述说着自己的要求。每次工人们都会对她说："放心吧，女士，我们一定按照你的想法来装修，丝毫不会有一点偏差。"玛丽当然不是不相信这些建筑工人，而是想把自己的想法说得更详细更具体，免得他们在实际工作中找不到方向。

玛丽热情好客，经常在装修工人休息时为他们提供清凉的饮品和可口的点心，工人们很高兴能遇到这么和善的女主人。有一天，工人们实在太疲倦了，没有及时清理碎木屑，玛丽下班后，看到庭院里到处都是木屑，她有点不高兴，可是并没有发作，而是仍对工人们说他们把房子装修得很好，自己为此感到满意。工人们并没有意识到自己做错了什么，众口一声地说一定不会让这里的女主人失望。

工人们离开后，玛丽一个人默默地把庭院里的碎木屑打扫干净，她执意请人打造别具一格的家具，虽然难免增加了一些垃圾，可是她仍觉得一切都是值得的。第二天正逢星期日，玛丽不必上班，一大早就见到了装修工人，她用愉快的口吻说："我很高兴庭院已经打扫干净了，希望能给你们带来好心情。"工人们这才想起自己昨天没有清理现场，把庭院搞得脏乱不堪，有位叫卡尔的工人很感激地对玛丽说："很感谢你没有说出那个字。""什么？"玛丽微笑地眯着眼睛问。"脏。"工人说，"上次，我们一起为另一户人家装修，也是犯了同样的错误，主人当场就大叫起来，说我们把屋子弄脏了，还说我们是邋遢的脏鬼，衣服脏，人也脏，手也脏，你知道吗，以前我做过垃圾工和泥瓦工，不能像你们那样保持整洁，所以最忌讳别人说我脏，这个字就像一盆脏水泼在我的头上，让我觉得自己受到了莫大的人格侮辱。"

玛丽当然知道卡尔避讳这个字，大家在一起交谈时，他总是有意绕过这个字，改用别的字眼代替，比如有一次他的同事把果汁溅到了衣服上，他没有说："你的衣服被果汁弄脏了"，而是说："你的衣服被果汁弄湿了。"还有一次，有个同事裤子上沾了油漆，他没有说："你的裤子被油漆弄脏了"，而是说"你的裤子被油漆弄花了。"所以玛丽有意避开了这个字眼，卡尔由此对他感激万分。

用"打太极式"的讳饰方法把不便直说的话语表达清楚，就不会使对方感到难堪，我们在和别人交谈时，应该避免使用刺激性的话语，尤其要避开别人的禁忌领域。比如我们可以用"娇小玲珑"来形容一个身材矮小的女孩，这样既能表达出女孩体态的娇美，又没有冒犯之意，对方听后也不会感到不快。我们可以用"体格健硕"来形容一个长相粗犷、体态笨重的男士，这样既避开了"肥"和"笨"等难听的字眼，又表达出了男性的阳刚气概，对方没有理由对此表示抗议，也许还会很认同你的看法。

有时也许你并不能感同身受地理解一句话或是一个词给对方带来的伤害和痛苦，只有自己被触痛时才会理解其中滋味。英俊而才华横溢的英国诗人拜伦，终生摆脱不了自卑和忧郁情结，就是因为年幼时，别人一次次指着他说"这个孩子很漂亮，可惜是个跛脚。"触碰别人的心灵雷区，无异于往别人伤口上撒盐，我们绝不能让自己扮演那么残忍的角色。也许我们天生性格很直，可是我们不能为了维护自己的天性，就用残酷的方式来对待别人，收住那些带刺的话，避开别人不喜

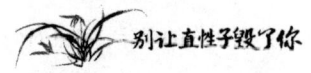

欢听的字眼，并没有什么太大的难度，这是一种善意的妥协，与自己要坚持的做人原则完全无关，千万不要让自己的舌头成为毒舌，即使不能做到口吐莲花，我们也要选择善意的表达方式。

4. 善意的谎言胜过残酷的实话

直性子的人最不能容忍的就是谎言，在他们看来谎言就是欺骗，善意的谎言也是谎言，它不过是披了道德的外衣的欺瞒而已，其本质上都有碍诚信，所以他们喜欢实话实说，直话直说。马克·吐温也说："当你拿不定主意时，就说实话，它将令你的对手感到困窘，令你的朋友感到释然。"多数直性子的人都认为绝不能对任何人扯谎，哪怕是善意的谎言。可是现代流行一种说法是"非常诚实有点毒"，可见诚实在某些条件下也能演变成一种罪过。

在什么情况下，谎言无罪而诚实有毒呢？比如面对病榻上时日不多的病人，是诚实地告诉他或她死亡将至，最好马上做最坏的打算，还是对他或她说好好养病，他或她依然有大好的人生？一对风烛残年的伴侣在餐厅就餐时，丈夫瞥了一眼对面青春靓丽的女孩，又看了看满脸皱纹、白发苍苍的太太，正感慨时光飞逝，妻子问他在想些什么，他用深情的目光望着太太，撒了一个小谎："我觉得你今天看起来气色真好。"太太听了，心情十分愉快。倘若这位丈夫实话直说效果会如何呢？难道他开口对自己的妻子说："我觉得对面的女孩很年轻很美，而你我都老了，你的脸上爬满了深刻的皱纹，显得那么疲惫和苍老。"他的妻子会感谢他的坦诚和直言？

不是所有的谎言都是阴暗的，事物的好坏很难用单一标准来衡量，善意的谎言虽是假话，但出发点是善良的，其目的是为了保护对方，它体现的是一种人文精神，而在某些特殊情况下，诚实的直言是裹着正义披风的撒旦，除了让别人心痛和流泪外，不能给人带来一点好处。任何事物都有两面性，矛盾是可以相互转化的，为人所不齿的谎言也可以变成播撒大爱的阳光，而被推崇备至的诚实也有可能成为令人心悸的阴影。

　　琼西是一个年轻但面色苍白的女孩子，她憔悴不堪，面无血色，身体孱弱得叫人怜惜，医生认为她的病只有百分之十恢复的希望，她也觉得自己不会痊愈了，病魔已经控制了她的躯体，打垮了她的意志，一点点地在蚕食她的生命。可是在她心中仍保留着一个美好的愿望，她希望自己有一天能有机会画那不勒斯海湾。

　　女友苏在给杂志画插图时，琼西一动不动地躺在床上，眼睛睁得大大的，望着窗外开始数数，她从12数起，过了一会儿数到了11、10，数到8和7时时间间隔非常短暂，这两个数字就像同时从她嘴里蹦出来一样。苏望向窗外，心想外面有什么可数的呢？她看到一个空荡幽暗的庭院以及不远处的一堵砖房的空墙，旁边长着一棵长春藤，这棵树看起来树龄很高了，枯萎的根纠结在一起，枝干攀附在砖墙上，仅剩不多的几片叶子在瑟瑟的秋风中摇曳着，光秃秃的枝条透出几分苍凉的味道。

　　苏问琼西在数什么，琼西已经数到了6，她抱怨说叶子越落越快了，三天前还有100多片，现在只剩下几片了。琼西看着窗外说又落了一片，只剩下5片了，语气充满惋惜之情。苏仍不明白琼西指的是什么，琼西说她在数长春藤上的叶子，等到最后一片树叶落下来，她将离开这个世界，三天前她已经获知自己得了绝症。苏感到一阵难过，马上安慰她说不要说傻话，长春藤的叶子与她的病情无关，医生说有

九成把握治好她的病，还鼓励她喝点汤和红葡萄酒。

琼西对葡萄酒和汤都没有兴趣，她只关心长春藤上不断飘落的树叶，她用悲伤的语调说现在只剩下 4 片叶子了，她想在天黑前看到最后一片叶子飘落，然后自己默默地到另一个世界去。苏劝琼西不要总盯着长春藤的叶子看，然后继续作画了。琼西闭上了眼睛，脸色苍白如纸，纹丝不动地躺着，就像一尊没有生气的雕像，她说自己已经等得不耐烦了，希望最后一片叶子赶快飘落，这样自己也会像那片疲倦的叶子那样获得解脱。

苏让琼西好好休息，然后去拜访了楼底层的画家贝尔曼。贝尔曼画了四十年画，可是仍没有叩开艺术的大门，他只是偶尔给商业广告做画，还兼职给年轻的画家们当模特，以赚取微薄的收入，尽管生活潦倒，他仍信誓旦旦地想要完成一幅杰作。苏打算让贝尔曼给自己当模特，并把琼西的胡思乱想告诉了他，她不无担心地说她害怕琼西求生意志越来越弱，会像长春藤的叶子那样离世飘走。

贝尔曼听说有人竟把长春藤落叶和死亡联系在一起觉得非常荒唐，但是对琼西充满同情，于是答应给苏当模特，并表示总有一天自己要创作一幅伟大的杰作。两个人上楼以后，琼西还在沉睡，苏拉下窗帘，示意让贝尔曼到隔壁的房间去。他们都紧张地盯着长春藤为数不多的几片叶子，它们可是琼西求生的希望，两个人都觉得必须为那个可怜的女孩做点什么。外面下起了雨，阴郁的天气让人的心情也格外沉重。贝尔曼穿着旧的蓝衬衣扮成隐居的旷工，摆好坐姿充当苏的模特。

第二天一大早，琼醒来后就要求苏把窗帘拉上来，她想看看窗外的长春藤，苏照做了，没想到经过一夜的风水雨打，砖墙上还挂着一片树叶，这是长春藤的最后一片叶子，尽管叶片边缘已经枯黄了，靠近茎部的部分还是那样苍翠，它傲然地挂在高高的藤枝上，像一面不朽的旗帜。到了傍晚，那片孤零零的叶子还是没有掉落，后来又刮起了北风，下起了大雨，可是最后一片叶子仍没有飘落。琼西的心态慢慢转好了，她不想死了，仍然希望有机会能去画那不勒斯海湾。后来医生对苏说琼西的病情大大好转了，有五成希望活下来。第二天又说琼西已脱离了生命危险，只需调养就能恢复健康。

苏知道支撑琼西活下来的是最后一片叶子，可是她也不清楚那片藤叶为什么经历风吹雨打仍不肯掉落，之后医生告诉她贝尔曼因为受凉得肺炎去世了，原来在那个凄风苦雨的夜晚，贝尔曼冒着大雨，站在梯子上用画笔在砖墙上画下了那片以假乱真的藤叶，这就是那片给了琼西生的希望的树叶，也是贝尔曼一生最了不起的杰作。

在这则故事中，苏和画家贝尔曼都欺骗了琼西，一个对这个病危的女孩说了谎，骗她说有九成的希望能痊愈，另一个则用画树叶的方式给了她继续活下去的勇气。这样的谎言与虚伪无关，因为它没有恶意的动机。一个人无论个性有多么直接，对揭露真相有多高的热情，在特殊情况下，也应该放弃道出真情，用善意的谎言来温暖人心。父母一句善意的谎言，可以让天真无邪的孩子笑靥如花；老师一句善意的谎言，可以让彷徨无措的学子重拾信心；医生一句善意的谎言，可以让生命垂危的病人鼓起勇气与病魔抗争……有时善意的谎言胜过残酷的实话，即使你是个不折不扣的直性子，在某些情况下，也应该学会保留实话，选择用善意的谎言来安慰和鼓励不幸中的人。

5. 别揭人之短，伤什么都别伤人面子

俗话说："打人不打脸，揭人不揭短。"意思是即使和别人大动干戈，也要顾及别人的尊严体面，不能揭露别人的短处。可是直性子的人大多脾气比较急，一旦和别人吵闹起来，许多陈年旧事都会一股脑地被倾吐出来，对方的短处和伤疤往往成了自己攻击的重点，这比在大庭广众之下直接打人耳光更伤人心。

直性子的人大多有不吐不快的特点，有时还会把别人说得哑口无言，这并不是因为他们是什么最佳辩手，而是讲话不顾忌情面、口无遮拦，让人无言以对。人活一世，皆以尊严立世，人常道："人活一张脸，树活一张皮"，人格尊严本身就是神圣不可侵犯的，法国著名作家安托万 DE－圣埃克萨曾经说过："我无权贬低他人对自我形象的认识。我怎样看别人并不重要，重要的是在于他如何看待自己。伤害他人的自尊等同于犯罪。"这说明故意伤人颜面、揭人老底是一种多么恶劣的行为。

中国人最讲究面子，给别人一个体面的台阶下，是尊重他人的一种表现，人生不易，不要当众揭他人之短，要尽量维护他人的自尊，口下留情，这既是一种风度，也是一种美德。真正的君子之交，即便有了隔阂不再来往也不会互相攻击短处，即使和别人没有交情，也不能随意地唾弃别人，伤及他人的人格尊严。

凯莉是一位明星销售员，她的业绩多年来在公司一直名列前茅，深受老板赏识，后来被委以重任，成了公司的骨干人员。然而凯莉并不适合做管理工作，有一次在负责对新产品的试营销工作时，由于管理不力，在关键环节出现了错误，为了弥补过失公司蒙受了一笔损失。她非常担心老板在会议上提及这件事，更怕有些人揪住此事不放，毕竟很多人都觊觎高管的职位。

凯莉和她的上司苏珊关系不太和睦，她认为自己已经被抓住了把柄，苏珊完全可以指责她没有做好管理工作，然后通过揭她的短让她在自己的下属面前出丑，这样就可以顺利把她赶走。轮到凯莉报告工作时，她感到不寒而栗，脑海里不断闪现着被苏珊当众羞辱的画面，她竭力保持镇定，声音还是微微有些发抖。她主动承认了自己在工作上的失误，发完言之后默默地坐了下来，等待着苏珊爆发。

会议室里顿时鸦雀无声，苏珊最后对当年的工作做了一番总结，在提到凯莉时，只是轻描淡写地说对于刚晋升不久的领导层来说在接受新项目时犯错误也是正常的，希望凯莉能从中汲取教训，把接下来的工作做好。全体员工都愣住了，大家都知道苏珊和凯莉不和，几乎所有人都认为苏珊会趁这个机会好好教训凯莉，没想到苏珊竟然为凯莉保留了颜面。

事后苏珊在私下里对凯莉说："你是个人才，论业务能力公司没人比得上你，可是你并不适合做管理工作，所以我想让你做高级销售顾问，职务的级别和现在相同，管理工作交给更适合的人去做，你认为如何？"凯莉点点头："我接受这样的安排。"在苏珊转身将要离开的时候，凯莉忍不住叫住了她："苏珊，对不起，我为以前的事向你道歉。"

凯莉和苏珊有一次在吵架时，凯莉毫不留情地攻击苏珊，说她是长短脚，苏珊曾经历过一次严重的车祸，伤势痊愈以后留下了后遗症，走路一颠一跛，仿佛两只脚一长一短不在一个高度上一样。苏珊气得全身发抖，凯莉却感到无比痛快。这次自己在工作上犯下大错，她以为苏珊一定会让她颜面尽失，可是苏珊并没有那么做。

凯莉望着苏珊的眼睛，真诚地说："我原以为你会趁着这次机会让我出丑，因为我曾经那样伤害过你。"苏珊语气平缓地说："苏珊，我只是想通过这件事告诉你，我和你不一样，不会为了逞一时的口舌之快而伤害别人的自尊，希望以后你也别那么做了，因为那种被当众羞辱的感觉真的很不好受。"

人人皆有短处，每个人都有自己的缺陷和弱点，内心深处潜藏着不愿提及的隐痛，如果用侮辱性的语言加以攻击不仅是不礼貌的，而且是不道德的。好面子不一定都是爱慕虚荣，很多时候人在乎面子是为了维护自尊，任何一个有自尊心的人都不喜欢被当众打脸。对于自己不喜欢的人也应该给予最起码的尊重，直戳别人的短处并不是什么爱憎分明的表现，而是一种非常没有涵养的行为。

由于性情不同、成长经历不同、人生观、世界观也不一样，人与人难免会发生磨擦，产生争执，我们不能保证一生不和任何人吵架，这就好比同在一个口腔中，牙齿和舌头也有发生碰撞的时候，矛盾是普遍存在的，是不可能被完全消除的，可是我们至少可以控制自己的口舌，而不是以"直性子""爱憎分明"等名义对自己看不惯的人大肆攻击，放过别人的短处，给对方保留尊严和面子，这是做人最起码的准则。

6. 替别人守住不能说的秘密

每个人都有自己的小秘密，一段难忘的感情，一次错过的机会，一些难言之隐或者不堪回首的往事，这些都属于隐私范畴，人们小心翼翼地守卫着自己的秘密，只会对自己最信任的人坦露心声。为他人保守秘密，是对他人隐私的尊重，可是直性子的人由于自身的个性弱点，牙关容易松动，不知不觉就成了泄密者。

泄密的代价不但是失去别人对自己的信任，还会葬送珍贵的友谊，当别人把你当成最可靠的"听筒"时，你却成了四处散播消息的"扬声器"，让不能言说的私人秘密变成了人人皆知的公开秘密，这样做无异于一种背叛。有些直性子的人也许会辩解说，自己无意伤害谁，只是一不留心把秘密告诉了一个人，却没有想到会一传十、十传百，这种辩驳是苍白无力的，因为既然你已经答应了对方要守口如瓶，就不应该把秘密告诉任何一个人，泄露秘密就是失信于人。

无论是在私下里还是在工作场合中，保密能力强的人更容易受到信赖，并能给人以沉稳持重之感，让人在分享隐私和信息的过程中感到无比安全，他们更易于掌握别人难以掌握的各种信息，收获亲密无间的友谊，或者被托付重任。

叶小茉是最能守住秘密的人，她不知道帮别人保守了多少秘密，她就像一棵安静的大树，默默地听别人言说心事，静静地为别人守护着秘密，从来不会对第三方透露一个字。朋友笑言叶小茉是史上牙关最紧的人，如果生在战争年代，一定是一个不折不扣的英雄。叶小茉笑笑说，她可不是什么英雄，不过是尊重别人的隐私罢了，别人愿意对自己和盘托出，是出于一种莫大的信任，她绝不会辜负这份信任。

和叶小茉交情深的人，都对她推心置腹，几乎可以毫不设防地向她敞开心扉，将陈年往事以及现在的烦恼倾吐而出，当然还涉及到一些不能对外提及的隐私，他们从不对叶小茉强调这是秘密，绝不能说给其他人听，叶小茉也不用信誓旦旦地做任何保证，因为大家彼此信赖。闺蜜有什么事情都愿意和叶小茉说，一些和叶小茉交往不频繁的人也乐于和她分享自己的秘密。

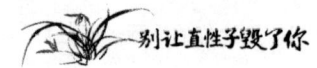

上司陆飞是一个独来独往、沉默寡言的人，有一次他突然和叶小茉谈论起了私人话题，他说自己小时候曾经偷过东西，因为父母离异后都不是很关心自己，为了引起他们的注意他做出了过激的行为，现在想起来心头还有阴影，做坏事的那种忐忑不安的感觉一直伴随着他，上中学时同学骂他是小偷，而今虽然事情已经过去了那么多年，很少有人知道他的陈年旧事，但是他一直忘不掉那段痛苦的记忆。叶小茉不知道该怎样安慰他，只是默默地听着，陆飞讲述完心事之后说："知道我为什么跟你说这些吗？因为你是最好的倾听者，也是最能保守秘密的人。"

可是不知道为什么，几天之后陆飞的事情在公司到处传播，叶小茉没有对任何人提过这件事，究竟是谁在散播这些消息呢？看到陆飞被人指指点点，叶小茉感到难过极了，她又怕陆飞误会自己，认为是她把隐私宣扬出去的。下班之后，同事们纷纷离开了办公室，陆飞还在低头忙碌着，叶小茉走了过去，解释说："我没有对任何人提过你的事。"陆飞抬起眼睛说："我知道。""可是——"叶小茉想说可是所有的同事都知道了这件事，陆飞为了让叶小茉安心，就道出了实情："是我自己不小心泄露出去的。这个秘密我已经守了好几年了，几乎没有和别人说过，它就像一块巨石一样压在我的心头，你是第一个能让我吐露心声的人，那次跟你谈过之后我的心情放松了许多，后来我在应酬客户时多喝了几杯，签完合同后不小心把这件事跟部门经理说了，没想到他这个人那么喜欢传话，仅仅过了几天时间，就搞得公司上下都知道了。"

叶小茉想问陆飞为什么那么肯定消息是部门经理说出去的，而一定和她无关呢，话还没出口，陆飞就说："张经理平时看着挺稳重，真是知人知面不知心，签完合同的第二天我就无意在走廊里听到他和其他同事在谈论我的私事，没想到他会是个大嘴巴。"陆飞本来打算把一个重要项目交给张经理来做，但是考虑到他嘴巴不严，恐怕会泄露商业机密，于是决定让叶小茉来担任新项目的负责人。

秘密确实让人烦恼，有人因为自己的秘密被泄露而感到伤心、愤怒，而直性子的人总是不小心泄露别人的秘密，为他人招来很多不必要的麻烦。直性子的人在泄露他人的秘密后，会无比懊悔，在被别人痛责之后会感到非常无辜和委屈，口口声声解释："我不是有意的呀！"为什么替别人保守秘密就这么难呢？有人认为保守秘密会增加人的心理负担，但美国心理学家经过研究却得出了截然相反的结论，事实上，善于保守秘密的人比喜欢泄密的人心理更健康。从这个角度来说，谨言慎行，为他人保守秘密，尊重他人的隐私权益，无论是对别人还是对自己都是有好处的。

7. "交浅"千万不要"言深"

罗曼·罗兰说："每个人的心底都有一座埋藏记忆的小岛，永不向人打开。"这并不是说人应该自我封闭，拒绝与外界沟通，而是指人人皆有自己的秘密花园，总有一处领域是不适合对外开放的。然而性子太直的人却总是控制不住向人泄露自己的隐秘之事，有时还找错了倾诉的对象，不仅影响了自己的形象和名声，还会招惹来大麻烦。

交浅言深是处事的大忌，虽然向别人吐露真言能迅速拉近彼此的距离，可是有时距离才能产生美，被轻易窥见全貌未必是件好事。每个人都是不完美的，向不了解自己的人展示自己的瑕疵纯属作茧自缚，带来的后果可能超乎想象。马克·吐温曾经说过："人就像明月一样，

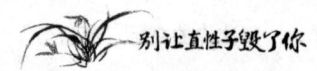

有光彩的一面，同样也有黑暗的一面，应该呈现光明的一面，而不要给别人看到你黑暗的一面。"这句话的意思并不是说人应该费尽心机掩饰自己丑陋的一面，通过各种粉饰的方式来为自己树立起高大全的形象，而是说不要让自己成为透明玻璃缸里的鱼，也不要去做绝对透明的玻璃人，对外界应该适度地保留一些东西。毕竟世界是复杂的，对外保持一定的警惕是必要的。

蒋辉在职场摸爬滚打了十年，曾经有两次事业转机的机会，然而最终他不但没能抓住有利的机遇，反而两度遭遇了"滑铁卢"。他被公司开除过两次，每次都是被提拔和重用之后，回首往事，那段经历几乎成了他一生难以磨灭的痛。

第一次"滑铁卢"，发生在蒋辉刚刚跳槽后就职的一家公司，那是一家颇有名气的广告公司，他担任的是策划职务，由于个性随和，他很快和公司里的同事打成了一片，他聪明好学，工作做得日见起色，在短短一年之内就被提升为策划部主管。在这一年的时间里，蒋辉和同事都成为了朋友，有些成了很要好的朋友，有些交往并不密切，他的个性比较直，很容易相信别人，几乎愿意和所有熟人谈论心事，从来就不对任何人设防。

有一天，蒋辉向一位同事谈起了当年进入这家公司的内幕，他对老板撒了一个小谎，他说自己曾经在另外一家有名的公司实习过半年，其实他只实习了两个月，因为不小心把主管制作的一份非常重要的策划书弄丢而被辞退了。同事惊讶地看着他，安慰他说："谁年轻的时候没做过错事呢？我刚大学毕业时也做过不少蠢事，过去的就让它过去吧，现在你也算做得风生水起了，这么年轻就当上主管了。"

蒋辉万万没有想到，同事会把这件事告诉老板，后来老板追究起来，用惋惜的口吻说："小蒋啊，我很看好你的能力，可是现在我不得不遗憾地通知你，你被公司辞退了。我不在乎雇员有着怎样的过去，但是觉得诚实的品格对于一个人来讲是非常重要的，你今天可以对我撒一个小谎，日后就可能对我撒下弥天大谎。"

事后，蒋辉才知道老板对于诚实的那一番说辞纯粹是借口，他当年实习的公司其实是老板的弟弟开办的，当年就是因为他弄丢了策划书，公司失去了一个重要项目，当时老板的弟弟已经身患重疾，突然急火攻心，没过多久就去世了。蒋辉并不知道闯下了如此大祸，被老板解雇后才知晓事情的前因后果。

带着内疚的心情，蒋辉又换了几份工作，后来进入了一家大型设计公司，不但薪水优厚，公司还专门为他租了一套环境温馨的住房，凭借着自己的努力，他又被提升到了主管的职位，同事们纷纷向他投来羡慕的眼光。当时公司发展已经开始走下坡路了，绝大多数同事待遇都不高，唯有蒋辉受到了优待，老板再三向他强调绝不能把公司为他租豪华住房的事说出去，免得公司人心不平。

由于蒋辉是个直肠子，心里藏不住事，一不小心就把公司花重金给自己租豪华住房的事说了出去，同事惊讶地张大了嘴巴，没过多久几乎公司所有同事都知道了这件事，人心开始浮动，老板不愿意因为蒋辉一个人而得罪全体员工，所以最终选择辞掉了蒋辉，提升所有员工的待遇。就这样蒋辉遭遇了人生中第二次"滑铁卢"，从此他一蹶不振，事业上再难有起色。

对与自己交情不深的人，过分透支个人信息，甚至无所不谈，是非常危险的，你一不小心泄露的"天机"，就有可能成为你一生中最大的败笔。在对外进行情感倾诉时，一定不能选错了交流的对象，如果你心无防范地对所有人打开城门，就不要责怪别有用心的人日后来攻城略地。无论你与人交流的欲望有多么强烈，都要记住交浅莫言深的

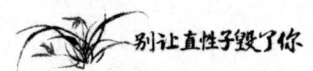

交际法则，否则你的直来直去将成为别人重点攻击的薄弱环节，俗话说"害人之心不可有，防人之心不可无"，不要把自己的弱点暴露给别人，这是一种防御的现实需要。

8. 沉默是金，学会给嘴巴"上锁"

沉默也是一种语言，卡莱尔有一句名言是："沉默是金，雄辩是银"，说明懂得沉默比善于雄辩更重要。哲学家维特斯坦也说："对于我们不可说的东西，我们应当保持沉默。"对于直性子的人来说，与其总说错话，还不如适度保持沉默，所谓"言多必失"，有时少说比多说更有益，少说就减少了犯错的机会，同时又能使人学会聆听和思考，可谓是一举两得。

聪敏有风度的人从来不会高谈阔论、滔滔不绝，而会选择在开口之前深思熟虑，这样才能言之凿凿、一语中的，既令人信服，又不会引发争议。这就是"智者寡言，君子敏于事而慎于言"的道理。

美国纽约银行在开业之际，为了打响知名度，曾做过一个别出心裁的广告。在一天晚上，纽约市民在收听广播电视节目时，忽然所有的广播同时发出了这样一则通告，告知全市听众，节目开始播放由纽约市国际银行提供的沉默时间，随后纽约电台在同一时刻中断了10秒钟，期间没有播报任何内容。

纽约市民从未遇到这种情况，这个有关沉默的栏目既诡异又新奇，一时间大家开始议论纷纷，"沉默时间"成了全市市民热议的话题，国际银行就是靠这种方法将知名度一炮打响，从默默无闻变得家喻户晓。

这则故事说明，有时凭口若悬河讲道理做不到的事，沉默却可以做到。在某些情况下，安静地闭上嘴，使用沉默这种语言反而更有说服力。但是沉默并不是一言不发，一声不响就意味着对沟通的拒绝，沉默是指认真倾听，不说多余的不恰当或不负责任的话，恰如其分地阐明自己的观点，它是一种力量的积聚，是厚积薄发的等待和忍耐，旨在使人更准确更有效地表露自己的意图，与直言快语截然不同。

路易十四当政时，宫廷里的贵族和大臣在国家大事上意见总是不能达成一致，他们经常争吵不休，一阵舌战之后双方各选出一个代表觐见国王，最后由国王定夺。选出代表后，双方还会为了怎样表述议题，用什么方式来打动国王，以及在何时何地觐见等问题争论一番，总之又免不了要吵吵嚷嚷。

待一切商定后，两位代表便会把双方的意见禀报给路易十四，路易十四安静地听完了他们的陈词后，从来都不立即表态，随即不动声色地说："我会考虑的。"说完便转身离去。一连几个星期，路易十四都没有发表跟相关议题有关的言论，大臣和贵族们没有听到任何只言片语，可是后来他们直接看到了国王采取行动的结果。

路易十四是个沉默的君王，"我会考虑的"成了他标志性的答复语，而年轻时他却是个热衷于雄辩的人，喜欢侃侃而谈，后来他学会了自我克制，用沉默这种独特的语言来治国。因为所言不多，没有人能洞悉他的立场或者预测他接下来的反应，人们没有办法投其所好，更不知道该如何讨好或者蒙骗他。当他们滔滔不绝地讲话时，路易十四只是扮演了一个好听众的角色，然而他却处在更有利的地位上，他的沉默使大臣和贵族们感到紧张，他们在这样的国王面前更不敢造次。

圣西蒙在评价路易十四时说："没有人像他那样精于抬高自己的语言、微笑，甚至一抹眼神的价值。他身上的所有东西都显得十分珍贵，因为他创造了差异。"路易十四的沉默比任何语言都更具效力。

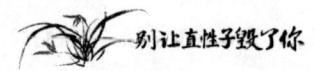

《谈话的艺术》的作者古德曼说："沉默可以调节说话和听讲的节奏。沉默在谈话中的作用，就相当于零在数学中的作用。尽管是'零'，却很关键。没有沉默，一切交流都无法进行。"交流是双向的沟通，你必须关注别人才能达到沟通的目的，专注的倾听可以产生强大的魔力，善倾听少发言的路易十四正是借助这股魔力达成自己的目的的。

直性子的人多半不善辞令，也不善倾听，更不懂得在交流的过程中实时掌握对方的心理变化，所以谈话的效果常常不尽人意，有时还会引发纠纷。在某种程度上说，适度的沉默是沟通的基础，它代表起点，等同于数学中的零，善用沉默这种语言的人，能将接下来的谈话引入到正数领域，而直性子的人由于性情急躁，不懂得沉默之道，经常失言，把谈话不断引向负数，用这样的方式讲话还不如闭口不谈。

信口开河是件很容易的事情，而要学会如何闭口需要经过修炼才能做到。曾经口若悬河的路易十四在选择用沉默来代替滔滔不绝的雄辩时，他当然也经历了一番煎熬，大部分人都有表达自己观点的强烈欲望，克制自己的冲动、压抑自己的欲望，必然要经历一番挣扎，可是它能让你变得更成熟更有教养，所以这个过程是值得你珍视的。与其屡屡发表不当的言论，让别人反感，给自己招惹麻烦，还不如适度地保持沉默，当语言不能成为增进感情的工具，反而成了双方交情的绊脚石时，少言一定比多言更明智。

9. 话出口前先把握好"火候"，拿捏好"分寸"

直性子的人最大的毛病是管不住自己的舌头，舌头就像一头难以驯服的猛兽，常常冲破理智的牢笼，说出让自己追悔莫及的话。追求直率和坦诚本没有什么错，可是不分场合地随意讲话，不讲究分寸，就会让人觉得不识大体，给人留下非常糟糕的印象。管不住自己的嘴终有一天会为自己的过失埋单，我们知道牡蛎在月圆之时会张开大嘴，螃蟹发现了它的这个特点，便将一块石头或一根海藻塞进去，牡蛎壳再也关不上了，于是成了螃蟹的大餐，这说明开口太多便会受制于人。

语言是交流的手段和沟通的艺术，在社会飞速发展的今天，人与人之间的交流在日常工作和生活中起到的作用越来越重要。人离不开说话，就像鱼离不开水，但是说话并不是简单的口头表达，里面蕴含着人情练达的学问。朱自清说："人生不外言动，除了动就只有言，所谓人情世故，一半是在说话里。"人嘴两张皮，轻轻一碰便有了语言，说话似乎是件很容易的事情，可是把话说得轻重有度、褒贬有节、进退有余就没有那么容易了，火候和分寸并不是那么好拿捏的。

古希腊寓言大师伊索在做仆役时，有一次，主人要设宴款待一位哲学家，吩咐伊索准备上好的佳肴。伊索用各种动物的舌头设了一场"舌头宴"。客人入席后，主人看着餐桌上摆放着一盘盘舌头，不禁吃了一惊，赶忙问伊索："这是怎么回事？"伊索镇定自若地回答道："您吩咐我用最好的菜肴招待这些尊贵的客人，我觉得舌头能言善辩，对于哲学家来说，这不是世上最好的菜肴吗？"客人们觉得伊索言之有理，都赞同地点头称是，一场"舌头宴"吃得宾主尽欢。

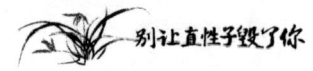

客人离开后，主人又吩咐伊索说："明天我还要举办一次宴会，你要用最差的菜来招待客人。"第二天的宴席上，伊索又端上来一盘盘动物舌头，主人困惑不解，大发脾气，责问伊索为什么又用舌头待客，伊索回答说："难道您不知道祸从口出吗？舌头既是世上最好的东西，也是最坏的东西啊。"

口吐莲花、能言善辩，能使舌头变成打动人心的工具，直言快语、出言不逊则会使舌头变成世上最坏的东西。直性子的人总以为真诚是沟通的良药，我们不否认这一点，真诚待人在人际交往中是非常重要的，可是说话一定要讲究技巧，尤其要注意分寸，否则即使你态度再诚恳，表达的效果也可能适得其反。

明代开国皇帝朱元璋出身寒微，小时候给别人放过牛，还曾为了生计出家为僧，成为一代君王之后，儿时的贫贱之交都想来投靠他。朱元璋是念旧的，有时也想见见昔日同甘苦、共患难的老朋友。不过作为堂堂帝王，朱元璋有很多顾忌，毕竟儿时的旧友都不是什么体面之人，很可能说出一些有损皇家威仪的话来，所以在面见故交时很是犹豫，思考再三后，他仍决定去见一些老朋友。

有一天有个穷朋友一到大殿就向朱元璋跪拜，口中还念念有词："我主万岁！当年微臣随驾扫荡庐州府，打破罐州城。汤元帅在逃，拿住豆将军，红孩子当兵，多亏菜将军。"朱元璋听他说得委婉动听，又能忆起昔日的许多旧事来，心情甚好，于是重重地封赏了这位穷伙伴。

消息传出后，另外一个穷伙伴也迫不及待地觐见了朱元璋，他进入大殿后，直通通地对朱元璋说："我主万岁！你还记得吗？小时候，我跟你一起给别人家放牛，有一天我们肚子饿了，偷了很多豆子，来到芦苇荡里，用瓦罐煮豆子吃，豆子还没熟，大家就已经等得不耐烦了，纷纷抢着吃，罐子被打破了，豆子撒了一地，汤也溅在泥里，你只顾趴在地上抓豆子吃,不小心吞进了一片红草根,卡在你的喉咙里,你正难受得暗暗叫苦,后来是我出的主意,叫你把一把青菜叶子吞下,这才把那红草根带进了肚子。"朱元璋听后,感到又羞又恼,大声喝道:"哪来的疯子,在这里疯人疯语,快把他拖出去斩了!"

说话要讲究尺度和分寸,这样别人才容易接纳你。说话不懂策略、毫无节制,言语冒失,就会让人觉得不知深浅,同样一席话由不同的人口里说出效果是完全不同的。朱元璋的两个穷伙伴,一个讲话知书达理,分寸拿捏得恰到好处,另一个则直来直去,说话不分场合,也不看说话对象,作为听众,当然喜欢前者厌恶后者,难怪一个被重赏,一个却受到了最严厉的处罚。说话除了要知深浅以外,还要因时因地因人而异,在正式或隆重的场合,要庄重一些,在私下场合里,语言要活泼幽默些,同性格开朗的人交谈,你可以畅所欲言,但说话也不可过头,和性格内向的人谈话,更要慎言,无论和任何人交谈,说话都要得体,不要让听者心里不痛快。

说话能力的高低体现着一个人的修养、内涵和素质,一个人的说话水平能反映出其处事能力的高下,直言者要学会改变自己的说话风格,凡事讲究分寸,言论不可太过,言语不可太过直接尖锐,这无论对于个人发展还是平常交友都是非常重要的。

10. 让舌头绕个弯:把"不"字说得悦耳动听

喜剧艺术表演大师卓别林说:"学会说'不'吧!那你的生活将会美好得多。"在现实生活中,没有人能做到有求必应,但是人们大多在说"不"的时候感到难以启齿。大多数人都不想让别人失望,所以在

说"不"时面临着很大的心理压力。人们普遍觉得直接对别人说"不"，会让对方感到难堪，是一种无礼行为。

直性子的人的看法则与他人完全相反，他们认为说"不"是自己的权利，他们有权拒绝自己不想做或者做不到的事情，可是由于拒绝时过于直截了当，语气太过生硬，结果不是让人觉得不近人情，就是惹恼了一些有求于自己的人，使得自己与他人的感情日益疏远，有时还会因为得罪了别人而丧失了大好的发展机会。

马军武在快下班时突然接到了同事赵超的电话，赵超请求他赶快帮自己写一个新的策划案给客户，客户已经催过好几次了，他实在挤不出时间来完成这项工作，最近大学时代的同学来看他，他一直忙着带着同学四处去看名胜古迹，还要和他们一块爬山，策划案还没来得及动笔，心里非常着急。

马军武和赵超既是要好的同事，又是私交甚密的好朋友，两个人在周末经常约在一起打球，平时也非常喜欢聊球赛，对体育明星的事迹如数家珍。赵超喜欢马军武率真和洒脱的性格，觉得跟他在一起没有压力，心情愉快，马军武则欣赏赵超的幽默感，两个人互相欣赏，似乎有说不完的话题。马军武并不是没有助人为乐的精神，只是最近他工作压力很大，常感到精神不济，实在没有多余的精力替赵超写策划案，于是直接拒绝了赵超的请求。

赵超不甘心，又一阵软磨硬泡，几乎费尽唇舌，马军武再次态度坚决地拒绝了他。赵超十分生气，对马军武说："我一直把你当成最好的朋友，没想到你会这样对我。"马军武一听，急了，直通通地说起气话来："我怎么对你了？你去游山玩水，让我为你赶策划案？""你是这么想的吗？你以为我喜欢请假游山玩水？我又不是带薪休假，是要扣工资的。我这个大学同学是我这辈子最要好的朋友，刚从国外回来，过不了几天又要出国了，我不过是想尽一点地主之谊。"马军武并不接受这种解释，他气呼呼地说："为了你最好的朋友，难道想把我逼成神经衰弱不成？""你不帮忙就算了，怎么说话这么难听呢？"赵超啪的一声挂断了电话。

因为一次拒绝，马军武和赵超几乎形同陌路，两个人私下里断了来往，在工作上也不肯互相配合。老板因为经常出差，并不知道两个人已经有了间隙，有了新项目，仍然把两个人安排在一组，由于互相恼气，他们最后把项目搞砸了。老板本来打算等项目完成后，大力提拔这两个年轻人，没想到他们表现那么差劲，一怒之下就把两个人一起辞掉了。

事后，马军武说自己那次不是不想帮忙，只是他压力太大，实在是有心无力，赵超说："我不怪你拒绝我，可是你可以好好把话说清楚，你那天说话真的很难听，语气又那么生硬，我当时一生气就和你吵起来了。"

直性子的人在拒绝别人时干脆利落，从不拖泥带水，但是语气过于冰冷生硬，容易积怨。如果能在拒绝别人的请求时，换一种口吻和方式说话，就会更容易让人接受。比如别人要求你帮忙做往外的工作，而你正忙于手头的工作任务，实在抽不出身时，如果直接说"我很忙"，就会让人听了很不舒服，毕竟你并没有日理万机，"很忙"和"我不想帮你做这件事"几乎可以完全等同起来，如果你能详细地解释自己拒绝的理由："实在对不起，我手头的这项工作更加急迫，上级要求我今天必须完成，我真的挤不出时间帮你做事。"那么沟通的效果就会大不一样，至少会获得对方的谅解。

有时你得罪人，不是因为拒绝了别人，而是因为拒绝的语言和方式触犯了他人的尊严，伤害了他们的感情，比如对有求于自己的人说：

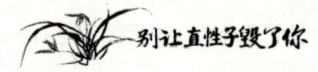

"这件事恕难照办";对伸手向自己借钱的人说:"我没有钱借给你,如果谁向我伸手我都肯借,恐怕我自己都要露宿街头了";对求自己帮忙做工作的人说:"自己的事情应该自己做,我凭什么要帮你的忙"……如果求人的人是你自己,你又该作何感想呢?一定会为对方的无理而感到恼怒,甚至产生记恨。

拒绝是不可避免的,但是必须采用恰当的方法,不要断然回绝别人,先要用抱歉舒缓的语气平息对方的情绪,开口时要加上"实在对不起""非常抱歉"等歉语,然后给接下来说出的那个"不"字加上合情合理的注解,让对方明白你拒绝他也有苦衷,是无可奈何的,以此获得对方的谅解。最好在拒绝别人时能给对方提供一个替代方案,好比你因为种种原因不能送对方一盆茉莉花,但可以通过送给他(她)一盆蔷薇的方式来降低其挫折感。

第四章

用心做事，以"情"做人：
欲成事先成人

做事宁可慢些，也不要因为急躁而走错方向，做事之前理应三思而后行，否则就会徒劳无功。正所谓"欲速则不达"，性子急往往会坏事。一厢情愿地做好事，却不问别人是否需要，往往会好心办下坏事。直性子者办事不成功主要是因为不会做人，俗话说做事先做人，做事需要用心，而做人需要用情。

做事不做人，永远成不了大器，做人不能只由着自己的性子来，而要知理、知趣，懂得人情世故。所谓知理指的就是懂得做人的道理，能把握好做人的本分；知趣指的是为人处世懂得把握分寸，能张弛有度，做人太过随心所欲，从来不考虑别人的感受，这是做人失败的根本原因。做人最重要的不是外在的方与圆，而是对待别人的根本态度，在日常的人际交往中，要学会尊重别人，以和为贵，原谅别人的过失，改正自己的缺点，只有这样才能赢得好人缘，并成就一番大业。

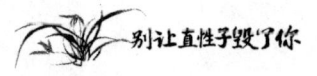

1. 好心办错事，没人领情

在日常生活中，好心办坏事的情况屡见不鲜，直性子的人经常中招，有时会感到困惑不解，自己分明是一番好意，为什么别人就是不肯领情呢？原因很简单，你的初衷是好的，可是结果却是坏的。本着一片好心去做事不一定就有好的结果。直性子的人因为头脑发热，行为莽撞，结果适得其反就不足为怪了。

有一个叫做"帮蝶破茧"的故事，说的是有人看到蝴蝶在破茧而出前挣扎得太过辛苦，于是好心把它从茧里拉了出来，最后因为违反了自然规律，蝴蝶飞不起来了。这个人的做法就和热心的直性子如出一辙，古道热肠，却好心办了坏事。好心办坏事就更不能索取回报了，因为你没有给别人带来任何益处，有时还在无意中带来了害处，所以听不到"谢谢"，反而惹来了责骂也是人之常情。

王俊是个忙忙碌碌的上班族，白天匆匆忙忙上班，晚上还要在自家里工作到深更半夜。他有个阿拉伯邻居，妻子病故了，孩子由父母照料，他自己在中国开了个阿拉伯风味的小餐馆，生意挺红火的，经常到深夜才歇业。阿拉伯邻居搬到这座居民楼已经有一年半了，两个人却没有说过几句话，只是在碰到的时候礼貌地打过招呼而已。

有一天晚上，王俊加班到了凌晨一点，总算把当天的工作做完了，他刚伸了个懒腰，就听到了外面萧萧的雨声，心想雨夜的景致一定别有风味，于是就走到窗前欣赏城市夜景。忽然他发现在小区的花坛旁边有个人在淋浴，仔细一看，竟是他的阿拉伯邻居。王俊本不想管闲事，他觉得一个外国人孤零零地在异国他乡生活也不容易，心情不好淋淋雨也是正常的。

看了一会儿，王俊有点待不下去了，于是拿了把雨伞送给邻居挡雨，由于语言不通，邻居并不知道王俊在说什么，不过好像也明白了他的意思，说了一句阿拉伯话就离开了，意思好像是谢谢。又一天在雨夜加班，王俊做完工作后忍不住向窗外看了一眼，那个阿拉伯邻居又在一个人淋雨，这样下去是会着凉的。王俊想这个阿拉伯人一定是因为妻子病逝受到了打击，于是又下楼把他劝走了。后来王俊一旦看到邻居在深夜淋雨，就会走过去劝慰，直到邻居离开才肯作罢。这个邻居开始时还比较听劝，后来越来越抗拒，好几次都不肯离开花坛的位置，有时还动了气，搞得王俊莫名其妙。

半年之后，这位阿拉伯人已经能说不少汉语了，但是他不打算在中国久居，决定回国生活，他回国的消息传遍了小区里，很多人都去欢送他，王俊也跟着去了，这位异国邻居很诚恳地感谢大家平时对自己的照顾，并说回国前会给大家一个忠告，希望大家平时没事的时候不要去打扰他的邻居王俊。王俊一听甚是感动，心想自己的付出总算有了回报，邻居知道自己经常加班到深夜需要安静，不便被叨扰。可是其他人并不知道这个忠告是什么意思，于是有人问："为什么？"

阿拉伯邻居说："我觉得他也许受过什么刺激，就是不能看到别人高兴，所以最好别打扰他了。"人们不明白是什么意思，他继续解释说："我们阿拉伯比较缺水，所以当地人就把床安在屋顶上，下雨时就可以舒舒服服洗个澡，我来到这里之后很怀念家乡，尤其想念在下雨天淋雨的日子，可是每次我高高兴兴地在雨天淋雨回味当年的感觉时，他都会赶我走，我不肯走，他就生气，非要把我推走不可，你说这个人是不是受过很大的刺激？"

王俊听到这里，恍然大悟，原来自己一直在好心办坏事，让邻居感到莫名其妙，他当然没有受过什么刺激，不过是事先没有了解情况，做事冲动冒失了些，想到这里他有点不好意思，悄悄地溜出了人群。

要想办好事，光有一颗好心是不够的，还必须采用恰当的方式，选择合适的时机，考虑到别人的实际需要，切忌在不了解情况时仅凭一腔热情行事，因为在头脑不冷静的情况下，非但办不了好事，反而会办坏事。在为人处世时，不要把自己的意愿强加给别人，在别人有困难时愿意施以援手本身没有错，可是在帮助他人时，一定要顾忌别人的心理感受，有的人不喜欢被同情和怜悯，那么你就不能因为好心泛滥，强当别人的救世主，有些事你并不方便插手，不要强行干涉，比如别人的家庭纠纷，所谓"清官难断家务事"，介入自己不该介入的漩涡，不但不利于事情的解决，反而会使矛盾进一步激化。

办事之前切忌冲动莽撞，即使出于一片热心，也要讲究做事的方法，不要做出与别人期望完全相反的事情，而要在弄清事情原委的条件下，在权衡自身能力和弄清别人的需求之后再采取行动，还要注意的一点是，不能违背他人的意愿，如果别人不接受自己的好意，就不要插手对方的私事，毕竟"强扭的瓜不甜"，尊重别人是帮助别人的前提。

2. 磨刀不误砍柴工，做事要三思而后行

"三思而后行"是我们非常熟悉的一句古训，意思是在做事之前一定要慎重考虑，绝不能蛮干。直性子的人做事就像秋风扫落叶般迅捷，不要说"三思"，恐怕连"一思"都没有做到，其结果往往是出师不利。虽然直接行动、迅速出击能给人以果敢之感，可是没有思考的行动，就像射偏了的利箭一样，方向错误，不可能正中靶心，不但所做的所有努力都会付之东流，有时还会产生恶劣的影响。

"三思而后行"不是优柔寡断，也不是胆小怯懦，而是一种理性的

选择，虽然尼采说："人类一思考，上帝就发笑"，思考太多会给心灵带来负累，促使行动受限，但是不思考就行动后果更糟糕。无论你的性子有多急，个性有多直，都不能去打无准备之仗，因为那样做只会让你一败涂地。

吉姆是一家科技公司的软件开发员，他一心想设计出一流的软件产品，在一个多月的时间里，他为新研发的产品付出了很多心血，后来终于设计出了一款令自己满意的产品。在研讨会上，吉姆近乎炫耀地向同事和上司介绍自己的得意之作，可是同事们并不看好他的产品，还纷纷提出了自己的见解，一位同事说："我觉得你没有做过市场调查，而且没有考虑过用户的心理，这款产品只具娱乐性，可是实用性不强，而且操作起来较为复杂，很难被大众接受。"另一位同事也附和说："我也是这样认为的，客户不可能购买这样的产品。"又一位同事发言道："脱离市场和用户需求的产品，即使设计理念再新颖也很难打开销路。"

上司听完大家的意见后，直接否决了吉姆设计的产品，会议结束后，上司单独和吉姆进行了一次谈话。上司说："我觉得你的设计理念还是很新潮的，而且你为这款产品花费了不少精力，不可否认的是，你是一个不错的行动派，只是在行动之前不太善于思考。同事们提的意见都很有道理。你有没有想过我们做产品的出发点是什么？"

吉姆沉思了片刻，回答道："设计出一款优秀的产品。"上司说："没错，产品本身要足够好，可是必须要让顾客满意，顾客不买账，产品再好也没有价值。你想过没有，顾客到底青睐什么样的产品？"吉姆低下了头，良久不语，他在执行任务之前并没有考虑那么多。上司继续说："其实他们需要的是一款操作简便的产品，你设计的'菜单命令'太复杂了，刚刚接触它的人恐怕得花上一个小时的时间才能弄清究竟该怎么用，如果你是顾客，也不会喜欢这样的产品的，以后在研

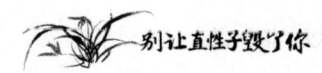

发产品时，多多动动脑筋，不要一味蛮干。你其实是个很优秀的年轻人，就是性格急躁了些，以后在执行工作时，不要急着把事情做完，考虑清楚了再行动。"

吉姆点了点头，走出了办公室，一个多月的努力什么都没有换来，他感到有些失望，想想自己热火朝天的忙碌场景，又想想同事和老板对新产品的评价，他觉得自己真是白忙一场，可是别人并没有讲错，他确实是一个没有头脑的行动派，做事仅凭一腔热忱，完全忽略了市场需求，为自己的错误埋单也是理所当然。他决定以后做工作不会再那么急躁了，深思熟虑后再去展开行动，一定要设计出让顾客、上司和自己都满意的产品。

善于思考才能达成目标，盲目行动一定会走很多弯路，直性子的人做事都很冲动，经常在没有考虑清楚的情况下冒然行动，还有人为自己辩护说："机不可失失不再来，再不行动就来不及了，我没有工夫想那么多"，殊不知路线错误，会浪费更多的时间。俗话说："磨刀不误砍柴工"，先把刀磨快，即使耽误了一些时间，刀口变锋利后砍柴的效率更高，而用一把钝刀砍柴根本就没有效率。

无论做什么事情都不能草率行事，凡事三思才能避免自己做出愚蠢的举动或是无功而返，即使头脑不那么灵活的人勤于思考也会有所收获，因为"愚者千虑必有一得"，直性子的人也许更想做行动上的巨人，认为自己不善于思考，也没有耐心思考，于是便拒绝思考，可是如果省去了思考这个环节，人就像在黑暗中远征，不但会迷路，还会与原来的目标渐行渐远，因为可能最初迈出的第一步就是错误的，背离了自己的追求，与心中的目标背道而驰，结果就可想而知了。

积极思考可以降低行动的盲目性，让你的脚步沿着既定的轨迹前进，而不是留下紊乱的痕迹，陶行知说："人有两件宝，双手和大脑。"双手是用来创造的，而大脑是用来理性思考的，手脑配合才能收获满意的结果，只用脑不用手的人是空想家，而只用手不用脑的人是莽夫，在解放双手之前启动大脑的人才是聪明的实干家。三思而后行是一条富有哲理的古训，也是人类的经验之谈，它适用于所有人，所以我们在强调行动的重要性时，一定不能忽略思考的价值。

3. 方圆取其形，上善若水才是做人的真谛

"上善若水任方圆"揭示的是一种人生智慧和一种处事哲学，"上善若水"指的是人内在的品行和修为，"方圆"代表的仅是外在形式。水能滋养和润泽万物，却从不与万物发生冲突，它的德行和胸襟是宇宙中的任何事物都无可匹敌的。水在纷杂的世间能永远处事不惊，随着地形的走势成溪成河成瀑，留下了自己姿态万千的风采，在圆的容器里幻化为圆，倒进方的容器里转圆为方，它本无形，所以没有任何东西能束缚它和禁锢它。这就好比心胸广博之人，能心态平和地游走于人世间，沿路撒播善的种子，不执迷于与任何形式或任何人对抗。

直性子的人过于执著于方与圆的对立，认为圆是没有原则和妥协、媚俗的象征，其实无论方还是圆都是一种外在的表象，"外圆内方"和坚守自己的本性并不冲突，人的内心一定要方正，方是做人之本，可是外在要圆通，不能只讲原则和规矩不通人情。方与圆就好比经度与纬度，两者相辅相成，缺一不可，只有沿着它们构成的经纬图行走，我们才能找到最佳坐标。

只强调圆滑处世的人，尽管可以一时春风得意，然而品行不端，好比无孔不入的污垢，不可能像水那样净化世界，反而会给世界带来更多的污染，而一味固守原则的人，凡事只按照自己的意志行事，对不同的意见和做法一概否定，走到哪里都能擦出不和谐的火花，这样

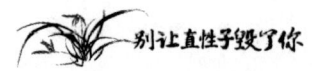

的人未免太过自以为是。这两种类型的人都没有达到"上善若水任方圆"的境界。孔子说"君子和而不同",这说明和而不同并不违背君子之风,直性子的人崇尚方而拒绝圆,多半是因为不想违背做人的根本,其实外圆内方并不意味着动摇道德的根基,它只是一种更实用的处事之道罢了。

凯瑟琳做事雷厉风行,是一个不折不扣的女强人,作为纺纱厂的工业工程的督导,她在工作中推行的是铁腕管理的政策。她深受上司器重,素来非常自信,可是因为是个直脾气,经常和同事发生争吵。每次她都站在自己的立场看待问题,把所有的争端都看成不能做出一点退让的原则问题对待,下属和同事都觉得她固执、古板、不可理喻,私下里管她叫"咆哮的母狮子",凯瑟琳知道后感到非常委屈,她觉得没有人理解自己,她不过是讲原则,崇尚秩序,性格直来直去罢了,但是向来对事不对人,别人为什么要那么记恨她呢?

凯瑟琳的主要工作是制订出一套能激发员工积极性的激励机制,促进纺线的产量,同时使员工得到更多的报酬。可是近期工厂正扩大产品项目,公司资金不足,这样就不能给员工支付合理的报酬,为此凯瑟琳设计出了一个新的计算薪酬的办法,就是根据每一位纺纱工在任何一段时间里生产出来的纺线等级来支付薪水,这样就在保障工人利益的情况下提高他们的工作积极性。凯瑟琳设计出完整的薪酬方案后,向工厂的高层管理者阐述了自己的观点,她指出工厂过去采用的计薪方法完全是错误的,如果不马上改正这些错误,工厂的发展将受到很大的影响。

凯瑟琳并没有说服那些管理者,她把工厂之前的政策批得一文不值,竭力推荐自己设计的薪酬方案,引发了一系列争吵,她的改革方案就这样胎死腹中。凯瑟琳不但没能开展自己的工作,还激怒了很多人,在公司,她总是能从空气中嗅出一丝敌意,这让她很伤心,痛定思痛后，她决定改善自己的人际关系。随后她请求公司管理层召开一次会议，在会上，她不再针锋相对地和别人争执，也不再强调自己的立场，而是低调地提出了自己的建议，并没有攻击公司过去的薪酬制度，管理高层接受了她的提议。

凯瑟琳终于明白直率地指出别人的错误，往往达不到很好的说服效果，而且还会伤害到别人的自尊心，让自己陷入不受欢迎的境地。通过这件事情凯瑟琳改变了自己的处事方法，她不再用自己方方正正的棱角去冲撞别人，而是在表达方式上做出了灵活的调整，由此消解了敌意，并获得了同事的广泛认同。

在这则案例中，凯瑟琳并没有改变她的原则，她只是采用了更加圆融的处事方法来解决问题，不但和同事达成了共识，还大大改善了自己的人际关系。这说明方和圆并非是水火不相容的，它们如果能和谐统一往往能收到更好的效果。无论是和同事还是和朋友想出，只要在做人的基本原则上没有大的冲突，没有必要争得面红耳赤，一个人过分方正，总拿自己坚固的棱角去伤害别人，必然会引起别人的憎恨。

直性子的人或许对任何人都不曾怀有恶意，只是过于拘泥于方的形式，总扮演严肃的卫道士的角色，性情又过于刚烈，难免成为公众之敌。做人要学习水的包容性和亲和力，水不拘于形式，不呆板、不僵化，不但有江河湖海等不同形式，还可转化为雾、气、雨、雪、冰，无论呈现出何种面貌，它的本质始终不曾改变。外圆内方不是向任何人或者任何势力妥协，而是一种圆融通达的气度，做人秉承"上善若水任方圆"的理念，并不违背人类追求正直和公义的理想。

4. 不拘小节是社交大忌，
彬彬有礼更能为你的形象加分

我国自古是礼仪之邦，待人接物时非常注意遵循礼仪风范，所谓"人无礼则不生，事无礼则不成"，一个人若是不讲礼仪就不能在社会上立足，而且什么事情都办不成，可见礼仪在社交生活中有多么重要。彬彬有礼的人显得优雅可亲，能给人留下美好的印象，礼仪是一种外在形象的展示，可以在直观上反应一个人的修养，可是直性子的人大多讨厌繁文缛节，对于我国自古提倡的礼乐也有几分反感，认为"大行不顾细谨，大礼不辞小让"，人与人之间太过客套就显得有些虚伪，所以他们宁愿不拘小节，也不愿意被礼法束缚。

很多直性子的人不懂待人接物，他们并不是有意表现得粗鲁无礼，而是在个性上，他们追求随意，不太喜欢被社会上约定俗成的规矩捆绑，结果由于过于率性，给人留下了非常糟糕的印象。对此英国哲学家约翰·洛克做过一番评论，他说："没有良好的礼仪，其余一切成就都会被看成骄傲、自负、无用和愚蠢。"

礼仪是人际交往的基本规则，在礼尚往来日益频繁的现代社会，社交礼仪已然成为了生活中的必需品，无论在工作场合还是其他场合，礼仪都扮演着不可或缺的角色，人们更愿意和知书达理的人合作或交往。直来直往、不同礼俗的行为是普遍不被接受的，性格刚直、不拘小节的人如果不知礼守礼，也会受到各种责难。

孙芸大学学的是计算机专业，毕业没多久就成了一个货真价值的IT女，得到了自己心仪的工作。作为一名高级技术人才，孙芸对自己的未来充满了信心，IT领域待遇高，进入门槛也高，这是一个只有精英才能踏足的行业，当她穿上了灰色的高级职业套装时，一股优越感油然而生。可是她万万没有想到的是，刚刚上班第一天就把项目经理得罪了。

到公司报道那天，孙芸一进门就寻找自己的座位，她看到门口站着一个西装革履的同事，由于平时不爱理会陌生人，因此也没和他打招呼，直接无视那个人径直走到了自己的办公桌前。后来她才知道门口的那位同事就是项目部的经理，事后她听到经理和别人谈起过当天的事，说刚来的新人很没有礼貌，见到自己不打招呼，一声不吭地走了过去，完全视自己为透明人，他还从没有见到过这样无礼的人。

孙芸听完项目经理的这番评论，不但没有认识到自己的错误，反而生起闷气来，她想不就是没和他打招呼吗？又不是什么大不了的事，为什么要那么耿耿于怀？她觉得项目经理很小气，所以也没打算给他做任何解释。接下来发生的事情让她和项目经理的关系更加僵化了。起因是项目经理刚刚联系上了一个大项目，客户要求见见项目部的核心员工，由于孙芸负责其中一个很重要的模块，所以也应邀出席了酒席。

因为客户喜欢吃西餐，项目经理怕员工不懂得西方餐桌礼仪失态，在入席前专门为项目部的所有人进行了相关礼仪培训，再三叮嘱大家要遵守礼仪，行为举止要大方得体。当天，项目经理带着旗下的员工来到了一家环境优雅的高级餐厅，客户早已等在那里，众人落座后，简单地寒暄了几句后，开始用餐。在吃牛排时，孙芸使用刀叉时动作显得很笨拙，把餐盘碰得叮当作响，吃相也不得体，简直就是在大快朵颐，客户看着她愣了一会儿，半晌才说："看来你公司的员工胃口不错。"项目经理赶紧给孙芸使眼色，提醒她注意自己的形象，没想到孙芸又吞了一大口牛肉说："我这人个性豪爽，牙口胃口好。"然后又咂

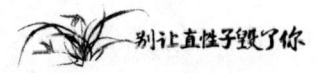

咂嘴说，"牛排味道不错，很解饿。"

一顿饭过后，客户把大项目转给了别人，选择和孙芸所在的公司合作一个小项目，谈起那顿宴席时他说："员工的素质能反应出一家公司的品质，我觉得和那家公司合作重要项目是很不合适的。"事后，项目经理严厉批评了孙芸，他不解地质问道："你不是已经接受过礼仪培训了吗？为什么在客户面前表现得那样失态？"孙芸没有回答，她在接受相关培训时显得心不在焉，脑海里想的都是有关编程的事，项目经理也没有格外留意她，没想到会出现这种情况。最后项目经理只好说："我根本就不该带你去见客户，这次也算是得到教训了，以后不会再让你代表公司去接见任何人了，免得给公司丢脸。"孙芸一听也气不打一处来："不见就不见，谁稀罕。"两个人争吵起来，自此，上下级的关系降到了冰点。

礼仪不仅可以反映一个人的精神风貌，还关系到一个人的事业顺达，知礼懂礼是现代文明人必备的素质，它不仅是精神层面的问题，还反应在言行举止的每一个细节中，常言道"一滴水能折射太阳的光华"，从一个举手投足的细小动作就能窥见一个人的内在修养，直性子、粗线条、不讲礼节的人不可能被标榜为豪爽的典范，相反他们的行为会被当成不文明的反面教材，所以在社交场合，放下自己的直率，遵守社交礼仪规范是非常必要的。

5. 别太另类，"鹤立鸡群"会被鸡啄

鹤立鸡群和卓尔不凡是两个不同的概念，卓尔不凡的人受到世人仰慕和崇拜，而鹤立鸡群的人却难逃被排挤的命运，这足以说明鹤立鸡群被鸡啄不是因为过于优秀受到嫉妒，而是因为太过另类不为世俗

所容。那么直性子的人属于卓尔不凡还是鹤立鸡群呢？一小部分人属于前者，绝大多数人属于后者，毕竟卓尔不凡者世间少有，他们之中包括各种各样的人，直性子的人只是其中一种而已。

直性子的人为什么不受大众欢迎？因为他们当中不乏鹤立鸡群者，这类人觉得自己与众不同，又不愿意掩饰自己真实的一面，所以无论走到哪里都和周围的环境不协调，又加之他们喜欢旗帜鲜明地表达自己的立场，更让人觉得格格不入。其实在鹤立鸡群的情况下，鹤比鸡要难受得多，鸡对鹤有一种非我族类的感觉，鹤就会遭到来自群体的压力，这种标新立异是要付出代价的。

杜晓菲在参加一场重要的面试时，穿了一件款式另类的休闲无袖衫，发型也做得非常前卫，脚下是一双绑着两条细带的黑色粗皮凉鞋，整个人看起来就像是要参加什么娱乐节目演出似的。走进办公室后，面试官用奇怪的眼光打量了她一番，然后问了几个常规问题，杜晓菲回答得都很顺畅，面试即将结束时，面试官和她谈起了穿着的问题，杜晓菲一听到有人对自己的装扮品头论足，情绪变得激动起来，她很直率地说："我认为，掩饰自己真实的一面对企业来说是一种欺骗，你现在看到的就是最真实的我。"

杜晓菲的确很诚实，她平时就是这样打扮自己的，可是面试官最终还是决定不录用她。事后面试官感慨道："现在的年轻人喜欢标榜自己，处处彰显自己另类的一面，经常穿奇装异服，发型也很独特，口里含着口香糖，时不时地说出一些奇谈怪论，在面试工作的时候也很本色，我并不认为他们的品德和能力会有什么问题，只是担心他们太过鹤立鸡群，没有办法融入公司的主流价值观，所以只好请他们另谋高就了。"

主流文化和主流价值观是社会上大多数人都认可的价值准则和行为规范，它就像一只无形的手一样左右着人们的行为，任何一个另类

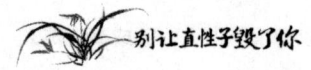
的人都会受到冷遇，或者遭到排挤；它又像超级气流，会让逆风飞扬的人摔得鼻青脸肿。直性子的人或许会说，主流的东西未必都是正确的，难道错误的规范也要遵守吗？答案是你可以不理会畸形的价值观念和错误的行为规范，但是不要让自己显得太古怪、太另类，有些人被排挤并不是因为不肯向歪风邪气妥协，而是因为太过自命不凡，显得乖戾怪异、不合群，这是处事不成熟的表现，和做人原则无关。

杨明新喜欢舞文弄墨，写得一手好文章，他平时最爱读杂文，尤其喜欢品读那些新奇的观点，毕业后他在一家大型公司的宣传部工作，在公司的刊物上发表了不少文章。由于博览群书，他引经据典的本领非常强，又加上语言犀利，思维敏锐，使他的文章增色不少。可是他并不满足于写一般性的文章，总想从俗套中超脱出来，写出让人眼前一亮的东西。

杨明新为了使自己写的文章引起更多的关注，开始尝试着标新立异，常常语出惊人，发表了一些稀奇古怪的见解，于是有了怪才的名号。除了在公司内刊上发表激扬文字外，杨明新在其他场合也常常发表一些令人费解的言论，他觉得这样让自己显得有思想和与众不同。每当他说出一些让人大跌眼镜的奇谈怪论时，现场都会沉默几分钟，他不知别人是在品味他的话还是因为想不出怎样反驳他。

一晃半年过去了，杨明新成了公司里最有名的人，可是所有人都把他当成了难以理解的怪胎，有的同事还用半开玩笑的口吻问他是否是来自外太空，并说他和地球人不一样。杨明新听了，心里很不是滋味，但嘴上依然强硬："我来自文明更高级更发达的星球。"另一位同事笑着说："那么你和我们聊天时，是不是有一种鸡同鸭讲、对牛弹琴的感觉？"杨明新没有再接茬，他感觉到谈话的气氛并没有那么友好，于是就把话题岔开了。

后来很多重要会议领导都没有让杨明新参加，杨明新越来越觉得自己在公司里受到排挤，无论是上司还是同事似乎都看他不顺眼，几乎所有人都喜欢挖苦他，令他更恼火的是文笔远远不如自己的小赵竟然被提拔为宣传部的主管，他感到怀才不遇，心情越来越压抑，最后只好辞职离开了这家公司。

直性子的人需要明白在大多数情况下，你之所以受到排挤不是因为别人嫉妒你的光芒万丈，而是因为你的格格不入，你的高冷、另类、怪癖，让人觉得难以理解，因此产生了排斥心理。要想改变这一局面，就必须有意识地约束自己的言行，毕竟你不是金庸笔下的黄药师，不要让自己的行为看起来像离经叛道，而要努力去适应周围环境的氛围，让自己成为和谐的一份子。

6. 懂得尊重别人才能赢得他人尊重

没有人敢保证所有人都与自己志同道合，可是对于志不同、道不合的人也应该给予必要的尊重。直性子的人对于自己喜欢的人愿意两肋插刀、肝胆相照，可是对于与自己不合的人就显得分外不客气，有时还会用居高临下的目光审视别人，毫不留情地践踏他人的自尊。其实尊重别人就是尊重自己，而侮辱别人就等于自取其辱。一个道德高尚有修养的人即使不能与自己不同路的人为友，也不会在任何场合贬损别人，这是因为他们明白尊重他人是做人最基本的原则。

世界是复杂的，社会是庞大的，相似的人有很多，可是完全相同的人是不存在的，就连分享同一个受精卵的双胞胎个性也不相同，这说明个体的差异性是普遍存在的。人由于文化背景不同、社会阶层不同、个性不同，价值取向自然也大不相同。无论别人与你存在多大的差异，他们都应该无一例外地受到平等的尊重，不管你是否认同或喜

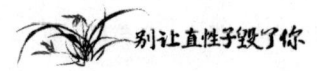

欢他。尊重别人是一种品质，是对他人人格的充分肯定，只有懂得尊重别人才能赢得他人的尊重。

在美国印第安保护区有一个原始部落，该部落一直遵循着一个古老的传统，即集会时大家都要卸下衣服、赤身活动。因为保留着这个风俗习惯，他们被外界的文明人视为野蛮人，受尽了嘲笑和冷眼，可是无论别人说什么，他们仍选择延续这个古老的传统。

有一年，这个原始部落发生了瘟疫，全族的人陆续感染了，情况非常危急，于是其中几个人便来到附近的城镇里邀请当地的一位医生帮助族人治病，可是这位医生一想起他们的习俗，就感到有点为难，毕竟作为一个经受现代文明熏陶的人，是很难接受古老部落的怪异风俗的。求助者见医生面露难色，急得跪在地上苦苦哀求起来，医生心中升起了一股怜悯之情，作为医者的使命感和责任感被唤醒了，他最后答应帮助印第安人治病。

印第安部落为了迎接这名医生的到来，立即召开了一次会议，为了尊重医生的习惯，他们决定让每个人破例穿上衣服。所以医生到来那天，所有的族人都穿得整整齐齐，有的人还打上了领带，人们聚集在教堂里等待着他们的救星。伴着悠扬的钟声，医生在大家的注目中走进了教堂，他们看到对方时都惊诧地愣住了，医生没想到印第安人会穿戴得如此整齐，而他却一丝不挂地背着医疗器材出现在了大家面前。

这是一则多么温暖的小故事，医生对印第安人的尊重又是何等地让人动容呢？他没有以现代文明人的身份自居，嘲笑印第安族人的风俗习惯，而是选择了入乡随俗，而印第安人为了尊重医生，也做出了巨大的让步，文化的隔阂、观念的差异在互相尊重的基础上被填平了。直性子的人不妨设想一下，如果你遇到同类的情况会如何去做呢？是会像故事中的医生那样平等地看待对方、尊重对方，还是会不假思索地取笑他们落后的陋风陋俗呢？

人非草木，每个人都是有思想有情感有自尊的，尽管人在地位、能力、财富以及价值观等方面有着诸多差异，可是在精神层面上，所有人都不能容忍别人的鄙夷和嘲弄。任何一句不敬的话语或举动，都会给他人造成深深的伤害，即使别人的观点在你看来十分可笑，做法非常荒唐甚至愚蠢，也不要嘲笑对方。尊重弱者是强者的姿态，尊重不如自己的人是善良的举动，尊重走上歧路的人则可能挽救一个人。

有这样一个传说，在一个深山古刹里住着一位得道高僧，在一天夜里，有个小偷偷偷爬进寺院行窃，小偷鬼鬼祟祟地翻遍了寺院的每个角落，可是却没有找到一点值钱的东西，正当他垂头丧气地准备离开时，撞见了高僧。

小偷感到无比慌张，同时在高僧面前又感到自惭形秽，可是高僧却没有说出任何羞辱他的话，而是平静地对他说："天气这么冷，你远道而来来看我，我不能让你空手而归，我没有什么能送给你的，身上的这件僧袍就送给你御寒吧。"说完他就脱下僧袍披在了衣着单薄的小偷身上。小偷感到一阵春天般的温暖，自从成为一个窃贼以来，他就成了人人喊打的老鼠，几乎没有人再把他当成人来看待，而面前的这位高僧不但没有责备他的偷盗行为，还把他当成一个普通人来尊重，他低着头踏着月光离开了，下定决心以后一定要洗心革面做人。

高僧望着小偷离去的背影说："但愿我能送给他一轮明月。"到了第二天，高僧看见他的那件僧袍已经被洗过了，被叠得整整齐齐地放在了寺院门口。他拿起了僧袍，十分欣慰地说："我终于把一轮明月送给他了。"

与其说高僧用明月般的心境拯救了一个失足的小偷，还不如说他用尊重唤起了小偷的自尊心，使其痛改前非。所以我们应该以同样的态度来对待别人，不能轻易撕毁别人的尊严，用一颗仁爱之心、平等

之心来善待他人，无论别人是否与自己志同道合。

7. 多个朋友多条路，多个敌人多堵墙

英国诗人蓝德曾写下过一首非常优美的哲理小诗："我和谁都不争，和谁争我都不屑；我爱大自然，其次就是艺术；我双手烤着生命之火取暖。火萎了，我也准备走了。"人如果能够达到这种境界就不会有任何敌人。不少直性子的人敌人多过朋友，原因何在呢？太过愤世嫉俗，爱与人争，因此处处树敌。

俗话说"朋友多了路好走"，多个朋友就多条出路，可是性子太直的人一不小心就把朋友变成了敌人，其中有的人还发表过一种极端的论调"你若不站在我这一边，就是我的敌人"，即不同意我的就都是反对我的，完全忽略了中间派的立场，如此处事敌人的圈子当然会越扩越大，朋友圈随之越缩越小，人生之路便会处处遇到羁绊。

直性子的人眼睛里容不得沙子，是非观念比较偏执，喜好打抱不平，又总是用非黑即白的眼光打量世界，惯于把小事夸大化，别人身上的一点小小的瑕疵都能上升到大是大非的层面上，因此常常在主持"正义"的过程中树敌，又加之他们道德感强烈，认为不支持自己的都是站在自己的对立面上，使得敌人的阵营越来越越庞大。直性子的人由于过于感性，在评判别人时往往有失客观，常因为误解而失去朋友。

程琳琳心直口快、爱憎分明，她是个愤世嫉俗的女孩，看到不顺眼的小事总忍不住要用愤怒的手指出来，为此树敌众多。别人给她起了个绰号，叫做"女侠"，不是因为她具有强烈的正义感，而是因为她喜好打抱不平，总因为鸡毛蒜皮的小事仇视别人，不少相处融洽的朋友都成了她批判和讨伐的对象，久而久之大家渐渐疏远了她，还有一

些人和她反目成仇，一些小肚鸡肠的人总是故意找她麻烦，处处与她为难。

程琳琳并没有觉得自己有什么过错，总认为是自己交友不慎，和那些人品不正的人断绝了关系也好，所谓"道不同不相为谋"，即使树敌也没有什么大不了，做人就应该有原则有立场，看到不公义的事情就应该出面制止。然而在朋友眼中，程琳琳却是个眼睛里容不得沙子的人，每个人都有做错事的时候，她却总喜欢对所有的事小题大做。

程琳琳有一个叫杨娟的好友，两人是大学同学，毕业后留在了同一座城市，后来杨娟陷入了热恋中，作为好友，程琳琳觉得自己应该帮助她严格把关，于是暗自调查起杨娟男友的情况。调查了一段时间，程琳琳没有查出什么问题，可是仍不甘心，她总觉得那个男生在伪装，似乎隐瞒了什么，果不其然，在一次偶然的事件中她终于抓到了他的把柄。

有一天程琳琳在一家超市买东西，恰巧杨娟的男友也光顾了那家超市，在结账时，超市老板突然说怀疑他偷了超市里的东西，他死不认账，不停地为自己争辩着，老板气冲冲地要调取监控，他仍固执地声称自己是清白的。程琳琳没有看接下来的好戏，因为她觉得一切都已盖棺定论，于是在事发第二天就把这件事情告诉了杨娟，杨娟不信，程琳琳打包票说："这是我亲眼所见，怎么会有假？"到了下午，杨娟一脸泪水地质问程琳琳，为什么要处心积虑地破坏自己和男友的关系。原来杨娟质问男友后，男友拉着她去那家超市调取了监控录像，监控显示有个和男友穿着打扮一致的男生把偷来的小商品放进了衣兜，起初超市老板也误会了男友，小偷抬起脸时才认清了他的容貌。虽是误会一场，男友却极为伤心，质问杨娟自己在她心目中是否真的如此不堪，并说既然两个人连最基本的信任都没有，不如分手算了。

这件事发生过后，杨娟和程琳琳决裂了，她对程琳琳说："你总是

看谁都不顺眼，除了你自己，你认为谁都不正派，你几乎每天都在指责别人，总是一副气呼呼的样子，真的让人难以理解。"程琳琳不愿承认自己是个愤世嫉俗的人，她认为自己只是容忍不了别人人品上的瑕疵罢了，难道这也有错吗？

程琳琳知道自己的敌人比朋友多，她无论走到哪里似乎都能感到来自四面八方的敌意，在工作场合，同事故意不配合自己，有时还把自身的过失推给她，为此她没少受上司责难，在私下场合里，朋友小聚，总有人有意无意地刁难自己，还不时出言挖苦讽刺，每次聚会几乎都是不欢而散。程琳琳工作和生活都很不如意，她经常感到背腹受敌，压力越来越大，心情也越来越糟，渐渐有了抑郁的倾向。

人性是复杂的，绝对的光明和绝对的黑暗都是不存在的，事事苛求绝对的正义是不切实际的。在科幻片卫斯理的故事中，曾有面神奇的魔镜，任何一个人走到镜子面前都能成功复制自己，不过复制品会无限扩大人性的弱点和阴暗面，所以无论多高尚的人复制出来的自己都将是个可怕的恶魔。这说明绝对纯洁的人性不过是个自欺欺人的童话，如果过于苛求人性的完美，世上将没有朋友可交，在许多非原则的问题上，没有必要一定要争执不休，因为其中的是非曲直并不会像你看到和感受到的那么表面化。

"多个朋友多条路，多个敌人多堵墙"是再简单不过的处事之道，人生之路本来就铺满荆棘，又何苦为自己处处设障？树敌过多，使人在事业上磕磕绊绊、迈不开脚步，在日常生活中也总是麻烦缠身，所以不要对任何人采取零容忍的态度，冤家宜解不宜结，少树敌比多交朋友更重要，只要把心放宽，就不会陷入睚眦必报的怪圈。

8. 得理也须让三分，得饶人处且饶人

中国有句古话是"杀人不过头点地，能饶人处且饶人"，意思是即使道理真的完全在自己一边，也不能得理不饶人，即便自己理直气壮，也要收敛惩罚别人的气焰，给犯错的人留一条退路和弥补过失的机会。直性子的人凡事喜欢据理力争，爱憎情感比较强烈，对于理亏的人素来不愿留情，恨不能让别人原形毕露，尊严扫地。他们认为这是一场正邪的较量，对待在道义和道理上占下风的人绝不能心软，非要把对方驳得自惭形秽、无地自容不可。

人海茫茫，机缘难测，谁也不能保证自己会和别人"后会无期"，如果你总是得理不饶人，他日与自己批判的人狭路相逢便会吃尽苦头。我们并不是完人，每个人都有做错事和理亏的时候，如果凡事都扮演铁面无情的裁决者的角色，把对方逼到死角，就一定会结仇结怨。正所谓"过与不及"，得理之时不饶人明显是矫枉过正，做人应该宅心仁厚一些，这样在放别人一马时，也能为自己铺就一条畅通无阻的阳光大道。

有一天，一辆货车在经过一个村庄时，差点撞到一个横穿马路的农妇，司机马上踩了急刹车，这才使农妇化险为夷。虽是有惊无险，农妇仍然怒火冲天，忍不住对驾驶室的司机破口大骂。由于村庄基础设施落后，路旁根本没有交通信号灯，车来车往、走走停停全凭司机自己判断，这次卡车司机没有看见农妇，自知理亏因此没有和农妇吵嘴。

司机任凭农妇大骂了一通，他点燃了一支烟，打算等农妇消了气再启程。没想到这位农妇骂起来就没完没了，而且话说得越来越难听，

从普通的谩骂一直上升到了对司机的人身攻击，司机终于忍不住开口了："这次差点撞到你是我不对，可是还没等我道歉你就开始张口骂人，我一直忍受着你的谩骂，可是你却得理不饶人，越骂越凶，未免太过分了。事情已经发生了，你还想怎样，我已经尽量弥补我的过失了，发现差点撞上你时紧急刹了车，假如当初我刹车晚了，你还有机会指着我的鼻子破口大骂吗？"农妇一时语塞，这才住了口。

后来农妇想要把自家种的苹果卖到城里，可是没有找到合适的车辆，这时她偏偏又遇上了被自己责骂过的货车司机，她央求货车司机帮忙，被断然拒绝了，结果农妇的苹果慢慢在家里腐烂了，她悔不当初，如果自己少说两句，也不至于和货车司机结怨，看来得理不饶人逞一时的口舌之快，是会给自己带来损失的。

人不讲理，是一个莫大的缺点，可是得理就态度强硬、没完没了地讲道理也是一个很大的缺点。有理时义正言辞地抨击别人，对他人采取不宽容不原谅的态度，并不能让自己显得公正无私，反而会使自己看起来心胸狭隘，过于刻薄。在无关大是大非的问题上，对与错远没有你想象的那么重要，与其振振有词指责别人，还不如在保全别人的尊严的情况下帮助对方改正缺点。

卡耐基年轻时个性很直，又有些好胜，发现别人的错误会选择揪住不放。有一次他参加了一场宴会，席间充满欢声笑语，为了让气氛更为活跃些，每个人都被要求要贡献一个笑话给大家。现场笑声不断，卡耐基旁边的一位先生讲了一个幽默故事，在结尾处他做了一个结语，特地提到自己引用了《圣经》上的话。

熟读《圣经》的卡耐基确信那句话绝对不是出自圣经，而是出自莎士比亚的著作，于是他立刻开口纠正了那位先生的错误："这句话应该是出自莎士比亚的书。"那位先生被当众指出错误，觉得相当没面子，情绪激动地争辩说："这不可能，敢问它出自莎士比亚的哪本书？

一定是你记错了，前几天我刚看到过这句话，我可以百分百地保证说它一定出自《圣经》。"

卡耐基正打算进一步反驳，让他对自己心服口服，眼光突然落到了自己的好友维克多·里诺身上，这位好友是研究莎士比亚的专家，他一定赞同自己的观点，于是便转向好友说："维克多，你说说看，那句话是不是出自莎士比亚。"没想到维克多却说："莎士比亚的著作中没有这句话，这句话确实出自《圣经》。"正说着，在桌子下面踢了卡耐基一下。

宴席散后，这对朋友走在回家的路上，卡耐基用质问的口吻对维克多·里诺说："你明知那句话出自莎士比亚之口，却偏偏说是《圣经》上的话，真是黑白颠倒，还害得我要向他道歉。"维克多·里诺却笑着说："莎士比亚的著作里确实有这句话，可是那位先生也是一位有名的学者，我们为什么一定要当面指出他的错误让他下不了台呢？"

一句话究竟是出自莎士比亚笔下还是出自《圣经》并没有那么重要，本着务实和求真的态度在宴席上让别人尴尬是完全没有必要的。虽然卡耐基能正确地说出那句话的真正出处，但是好友维克多·里诺的做法更为妥当。当别人已经知错时，我们没有必要咄咄逼人地逼他认错，在得礼时让别人三分，既能为对方保全颜面，又能有效避开正面冲突，这种宽厚的态度还能感化他人，何乐而不为呢？

直性子的人过于在乎对与错，殊不知在有些情况下这样的执著本是不必要的，就算自己完全正确又能如何呢？每个人都有做错事、说错话的时候，我们不能因为发现了别人的错误，就高举着真理的大旗一味打压别人，所谓"得饶人处且饶人"，给别人一次机会，有助于提升和他人之间互助亲善的关系，千万不要抓住别人的把柄不放，洋洋自得，不要逼迫和为难任何人，你的人生之路才能越走越宽。

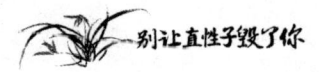

9. 和气待人，一笑泯恩仇

俗话说："天时不如地利，地利不如人和"，中国人自古讲究"以和为贵"，连大文豪鲁迅都提倡"相逢一笑泯恩仇"，说明"化干戈为玉帛"一直是我国的处世之道。在工作和生活中，我们难免会和别人产生矛盾，每个人的脾气、个性不同，摩擦是不可避免的，如果双方都能采取较为和善的方法来解决问题，就能大事化小、小事化了、冰释前嫌。

直性子的人因为性格较为执拗，在和别人发生正面冲突时往往不能做到息事宁人，有时还会使事态扩大，导致两败俱伤的结局。固然和气不是包治百病的灵丹妙药，毫无原则地妥协和退让并不能解决问题，还会使人误以为自己软弱可欺，可是如果一味地展示自己的强硬，就会使人际关系不断恶化。在大多数情况下，人与人之间的争执并没有触及到根本原则和立场，只不过是秉性不同、见解不同罢了，所以发生争执后最好以温和友善的态度与他人握手言和，只有这样才能为自己开创和谐的工作和生活环境。

在民间，曾经流传着这样一个传说：很久很久以前，有一个国王，他治理的村落临近山区，冬季时村民蓄养的牲口常常受到野狼的袭击，村民们每年都要蒙受一笔损失。国王打算开展一次声势浩大的灭狼运动，于是就对国内勇猛的武士说，谁能一举歼灭野狼，他就把自己的掌上明珠嫁给这位灭狼英雄。到了冬天，有一位勇士和野狼展开了残酷的搏斗，他的一条胳膊被咬断了，身上伤痕累累，终于消灭了一批野狼，他把一袋子的狼眼带给国王看，国王甚至欢喜，很佩服这位勇士的胆识，于是决定把自己心爱的女儿嫁给他。

　　可是第二天，狼王就带着剩余的野狼对村民们展开了疯狂的报复，不仅咬死了村民的牲口，还伤了不少人。国王觉得灭狼运动很不成功，第一位勇士不但没能斩草除根，还引来了更大的灾祸，一气之下就取消了婚事。

　　灭狼运动仍如火如荼地进行着，到了第二年春天，有一位武士杀死了狼王，带着狼尸来拜见国王，他得意地说，人们都说擒贼先擒王，他把狼王都杀死了，现在群狼无首，野狼再也不敢轻易来犯了。国王一听非常高兴，觉得这位武士有勇有谋，灭狼有功，于是决定把女儿下嫁给他，村民们纷纷燃放爆竹庆祝。可是没过多久，狼群就有了新的狼王，群狼在新狼王的带领下对人类展开了更野蛮的报复，这次村民损失更为惨重，国王分外郁闷，再次取消了婚约。

　　第三年冬天，人狼大战出现了转机，第三位武士彻底改变了人和狼的关系。他带着两头活的小狼来拜见国王。奇怪的是这两小头狼没有一点凶相，反而看起来有几分可爱，武士对国王说，经过一番考察，他发现狼袭击牲畜主要原因是冬天缺少食物，他带领村民把狼赶到了另一座山上，那座山有足够多的野生动物，在冬天也不至于让狼群饿肚子，狼有了充足的食物后就再也没有进犯过村民。武士又说狼其实并不像人类想象的那么凶残，他们伤害牲口只是为了生存，只要人类通过合理诱导，让它们能安然过冬，就完全可以避免人和狼之间的厮杀。国王认为第三位武士不费一兵一卒，用和平方式化解了人和狼之间的矛盾，可以让老百姓过上安居乐业的好生活，可谓是立了大功，于是把美丽可人的公主嫁给了他。

　　第三位武士和公主悉心调教和驯养两只小狼，小狼的野性慢慢退化了，长大之后变得越来越温顺，后来它们的后代成为了人类最忠实的朋友——狗。

　　在相当漫长的历史时期，人们谈狼色变，把狼看成最凶残最狡诈的动物，恨不得除之而后快，可是后来却能和它们的后代和谐相处，

其实并不单纯是因为狼被驯化成了狗，更主要的原因是人对狼的态度发生了根本性的转变。人和狼的矛盾其实谈不上是敌我矛盾，狼若有了更好的生存环境，就会对人类的牲畜失去兴趣，第三位勇士正是因为看清了这一点，用更和善的方式引导狼，才使得人类的牲畜免遭袭击，并实现了"与狼共舞"的梦想。

在现实生活中，我们与他人的矛盾远比人类与狼的矛盾要小得多，人与人之间的矛盾有时是因为特定的因素造成的，所以没有必要互相仇视，与其兵戎相见、玉石俱焚，还不如将矛盾化解于无形，真正的深仇大恨是鲜有的，俗话说"不打不相识"，改变一贯"横眉冷对"的态度，真诚友好地和他人相处，真正做到既往不咎，大部分矛盾都能迎刃而解。

10. 有一种胸襟叫宽恕

英国有一句名言是："诚挚地宽恕，再把它忘记。"这句箴言简短而又富有哲理意味，道出了不计前嫌的处世之道。著名作家马克·吐温说："紫罗兰把它的香气留在那踩扁了它的脚踝上。这就是宽恕。"对宽恕做了更浪漫的注解。在现实生活中，人与人之间常因为彼此无法释怀的坚持，而造成了深刻的伤害，如果我们不懂得宽恕，伤害将永远横亘在彼此之间，成为一个不和谐的符号。其实恨一个人比爱一个人更辛苦，痛恨别人自己的内心也将受尽煎熬，所以莎士比亚在《威尼斯商人》中写道："宽容就像天上的细雨滋润着大地。它赐福于宽容的人，也赐福于被宽容的人。"宽恕为自己和他人赐福。

直性子的人在与他人发生冲撞时，往往反映强烈，时过境迁后还是难以忘怀。我们常听到直性子的人说，生平最不能容忍的是伤害和背叛。因为对于性情中人而言，真挚的情感在人与人的关系中起着举足轻重的作用，伤害一旦形成，两个人的关系就很难破冰。而无法释怀的压抑和痛苦，不但不能使自己得到解脱，还会让双方在愤恨中彼此折磨。其实宽恕别人，就等于解放自己，给别人开启一扇窗，也能让自己看到更完整的天空。

陶行知在担任小学校长时，看见一个男生粗鲁地向班上的学生扔泥块，他立即出面制止了他，并要求他放学后到自己的办公室里谈谈。那名男生放学后，低着头来见陶行知，准备好了接受校长严厉的训诫，没想到陶行知不但没有责骂他，反而从兜里掏出一块糖递给他，平和地说："这块糖是奖给你的，因为你守时，而我却迟到了。"

男生接过糖果，有些不解地看着陶行知，不料陶行知又给了他一块糖果，说："这块糖也是奖励给你的，因为我阻止你打人时，你马上就停手了，说明你尊重我。"男生更加诧异了，简直不敢相信校长的话，他打了人，不但得到了原谅，还受到了奖励，这真是太不可思议了。正当男生发愣时，陶行知把第三块糖果放到了他的手上，说："你用泥块砸的男生不遵守游戏规则，欺负女生，你那样做是因为为人正直。"

男生听罢感动万分，他流着眼泪说："校长，我错了，你就责罚我吧，我打的不是坏人，而是自己的同学，我伤害了同学。"陶行知又把一块糖果递到了男生手上："你能正确认识到自己所犯的错误，值得奖励，我再给你一块糖果，可惜这是最后一块糖果了，我不能继续奖励你了，我看我们的谈话也谈完了吧？"

那名打人的男生犯了错误却得到了好几块糖果，日后他定然会悔过自新。假如陶行知当初不肯宽恕他，对其采取绝不饶恕的打压态度，就极有可能使一个少年就此自暴自弃，自己也将因为误人子弟而悔恨不已。所以宽恕别人就是宽恕自己，时间是最好的止痛剂，再多的伤

害都将成为过去时，不要对过去的得失斤斤计较，也不要对别人的过失耿耿于怀，忘却昨日的纷纷扰扰，我们才能看到今日的美好风景。伤害过你的人多数都会感到内疚，宽恕他们就能给他们的心灵减负，同时又能使自己的内心变得更加强大。

一位顽劣的学生非常喜欢搞恶作剧，有一天他给一位老师画了一幅肖像，在画像下面写着××老师遗像，这位老师知道后，情感上受到了伤害，但是他并没有怒气冲冲地指责那位学生，而是对他说："你的画画得很不错，画得真的挺像我本人的，只是下面似乎多写了一个字。"说完老师拿起笔来把肖像下面的遗字划掉了，临近下课时他对全班同学说："老师觉得班级黑板报的内容该更换了，请班长和这位会画画的同学找时间把黑板报的内容更新一下。"

第二天，老师发现黑板报已经被更新过了，内容很丰富，图案画得尤其好，可谓是图文并茂，他立即表扬了班长和那位给自己画遗像的同学。那位同学脸涨得通红，羞愧地给老师递过了一张纸条，那是一封态度诚恳的检讨书。

在这则故事中，学生的做法无疑深深地刺痛了老师，可是对于这样的伤害老师选择了宽恕而不是体罚。在一般情况下，老师遇到此类恶作剧都会怒发冲冠，对学生进行严厉的批评教育，而故事中的老师显然更有胸襟。只有胸襟开阔的人才能做到宽恕别人，那么宽恕究竟是一种怎样的境界呢？它是深沉的大山，既能容下花草树木，又能容下多刺的荆棘；它是绵绵的春雨，能融化世间最坚固的冰层，唤醒沉睡的大地。懂得宽恕的人，一定是心中有大爱的人，这样的人能原谅曾经的伤害，在治愈自己的同时又不忘为别人疗伤，在人生的道路上，必将获得更多的友爱和支持，最终成为"得道者多助"的大赢家。

第五章

给情绪降温，扑灭心中怒火：
警惕坏脾气毁掉你的人生

　　培根说："无论你怎么表示愤怒，都不要做出任何无法挽回的事来。"人在气头上，就像失去了理智的魔鬼，很容易做出令自己终生后悔的事来。直性子者尤其如此。直性子的人多半都是急脾气，一旦热血上涌、怒火中烧，就会不管不顾，发完火之后往往又要收拾一堆烂摊子，可是伤害一旦形成，无论事后怎么挽回都不可能完全消除，所以屠格涅夫才建议凡事要控制自己的情绪，他说："凡事只要看得淡些，就没有什么可忧虑的了；只要不因愤怒而夸大事态，就没有什么事情值得生气的了。"

　　愤怒是一种破坏力极强的负面情绪，它损害自己的身心健康，又会伤及和谐的人际关系，可谓是百害而无一利。直性子者平时就快人快语，发起怒来更会口无遮拦，再加上喜怒哀乐形于色，心智不成熟，很有可能在头脑不清醒的情况下做出过激的事情来。作为直性子者，你必须懂得及时给自己的情绪降温，快速扑灭刚刚燃起的怒火，将伤害缩减到最小，将破坏性控制在合理的范畴内，警防被坏脾气贻误终生。

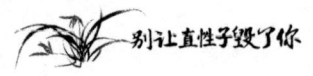

1. 冲动是魔鬼

人们常说"冲动是魔鬼",人在冲动时,理性就会脱缰,如果不能悬崖勒马,后果将不堪设想。直性子的人,往往好冲动,性子急,火气也比较大,怒火焚烧时,大脑处于极度的亢奋状态,常常语无伦次地说出一些伤人的话,甚至对别人大声咆哮,最可怕的是做出一些不理智的行动,造成一些恶劣的影响。

意大利诗人但丁说:"容易发怒,是品格上最为显著的弱点。"对于直性子的人来说,冲动易怒是其本性,在职场中,和同事、上司发生了一点口角,就异常暴躁,由于压不住自己满腔的怒火,渐渐被上司冷落、被同事疏远,毕竟谁都不喜欢和脾气大的人相处。在生活中,长期发怒会导致朋友失和、家庭破裂,更有甚者在思维短路的情况下会做出攻击性的行为,给本人和他人造成伤害。

春晚小品《男子汉大丈夫》中曾有这样一段经典台词:"冲动是魔鬼,冲动是炸弹里的火药,冲动是一副手铐一副脚镣,冲动是一颗吃不完的后悔药。"这些醒世恒言,无疑给爱冲动、好发脾气的人敲响了警钟,如果不能控制住自己的坏脾气,就会给自己留下无尽的悔恨。

唐威个性冲动,脾气非常差,他就像一头愤怒的雄狮,动辄就朝别人咆哮。有一次他和客户发生了争执,一怒之下他抓起公文包就朝客户砸去,好在客户及时躲了过去,没有受伤,可是这件事影响极为恶劣,上司毫不留情地当着全体职员的面狠狠地批评了他,他气得全身发抖,竟朝上司叫嚷起来。上司也气了,对唐威大声说:"唐威,你这脾气如果不改改,工作是做不好的,我看业务部你就别待下去了,你的情况我会向上级反映,把你调到别的部门去,我当不了你的灭火器，让别的领导给你灭灭火。"同事都劝唐威给上司认错，唐威却说起气话来："走就走，有什么了不起，此处不留人，自有留人处。"

没过多久，唐威被调到了后勤部，负责内勤工作，每天都在处理一些杂事，工资瞬间就降低了不少，他开始后悔自己当初的冲动，不过事已至此，后悔也没有用了，由于事业不顺，他心情越来越差，脾气也越来越大。更让他恼恨的是，在办公室里他已经够郁闷了，回到家里妻子还因为他荷包干瘪而唠唠叨叨："你这个人就是副驴脾气，得罪客户又得罪领导，哪会有好果子吃，现在物价涨得这么厉害，你的工资却变得那么少，只够维持日常开销，将来我们拿什么来供儿子上大学……"唐威听到一半，火气又上来了，他大喊一声："够了！你有完没完？"吓得妻子后退了两步，妻子望着他铁青的脸色，良久不敢吭声。等到丈夫心情平静下来，才缓缓地说："我想我们还是暂时分开吧，这些日子你几乎每天都在发火，我快要忍不下去了。"于是两个人开始分居生活了。

唐威和妻子有了间隙心里已经很窝火了，偏偏儿子又不争气，好几门功课都亮起了红灯，他一把扬起考卷，朝儿子劈头盖脸地打了一通，儿子既没反抗，也没哭闹，只是用冷冷的眼神看着他。晚饭时间，他敲门叫儿子吃饭，没有得到应答，推门闯入，儿子并不在房间里，他意识到孩子离家出走了，急忙到处乱找。可是找了整整一个晚上，也不见儿子踪影，妻子又不停地在他耳边责怪他脾气大，把孩子逼走了。后来在警察的帮助下，夫妇俩才找到了在网吧里通宵打游戏的孩子。

就这样，唐威的事业进入了低谷，家庭也不安宁，还险些失去儿子，很快这些倒霉事在朋友间传开了，于是在一场酒席上，有位朋友出于关心，礼貌地提起了这些事，希望自己能帮助他解忧，没想到唐威顿时火冒三丈，把酒桌都掀翻了，朋友们都感到扫兴，以后很少和

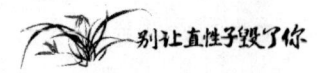

他欢聚了，都尽量躲着他，免得一语不合令自己难堪。

当人的主观愿望和客观现实相悖时，人就会感到失望和愤怒，这是一种消极的情绪反应，但直性子的人往往表现得更冲动，怒火也更盛，对别人发火，就会四处散播敌意，如果不能理性地控制自己喷薄而出的怒火，就会在烫伤别人时反伤其身。其实愤怒是可以控制的，在情绪爆发时不妨把自己的情感和精力转移到其他活动中去，在远离刺激源的情况下，怒火自然会慢慢熄灭。在动怒时，要理智地告诉自己"别冲动，这不值得发火""发火是愚蠢的，生气不能解决任何问题。"在发火前努力克制自己的情绪，深呼吸三分钟，用理智战胜情感，把怒气暂时压下来，事后找到合理的发泄渠道宣泄负面情绪，在保持身心健康的情况下，逐渐改掉自己的坏脾气。

2. 遇事不动气，用笑脸面对生活

怒气、闷气、怨气、窝囊气……直性子的人似乎总有生不完的气，可是气过之后，问题还是没有消失，动怒反而使局面更加恶化。因为各种恩怨纠葛生气，满腹牢骚、怒火冲天，只会让矛盾更加扩大化，因为怀才不遇、没有得到重用而生气，就会失去下一次升迁的机会。生气无益于解决问题，只会破坏我们和谐的人际关系，扰乱我们宁静的心境，还会摧残我们的身体健康。

遇事不生气并不是那么容易做到的，所以"气死我了"才成为很多人的口头禅，可是生活并不会总如我们所愿，生气除了气坏自己的身体、增加对立情绪外，是一点益处都没有的。关于不生气的理由，有人曾发表过这样的见解："人如果遇到什么不如意的事儿，千万不要发火。因为如果是你的不对，那应该生气的是别人而不是你；如果你是对的，你更不应该生气，否则，就是在拿别人的错误来惩罚自己。"

有一个脾气暴躁的妇人，总是为生活中的一些琐事而生气，她也知道生气对人对己都不好，可是就是克制不了自己的情绪，于是便把所有的苦恼述说给了一位高僧听，希望他能为自己指点迷津。高僧听完后，一句话也没有说，默默地把她带到了一座禅房中，锁好门后转身离去。

妇人气得破口大骂，骂得口干舌燥，怒气还是没有消解。高僧完全不理会，就像什么也没听见一样。妇人见高僧对辱骂置若罔闻，又开始苦苦哀求，请求高僧放自己出去。高僧还是对他不理不睬。过了许久，妇人才肯安静下来。这时高僧问她："现在你还生气吗？"

妇人回答说："我在生我自己的气，我真不该来到这种地方受罪。""连自己都不肯原谅的人怎么能做到心如止水呢？"高僧说完离开了禅房。过了一会儿，他又来到门外问妇人："你现在还在生气吗？"妇人说："不生气了，气也没用。"高僧说："你现在余怒未消，爆发后可能更猛烈。"说完，又拂袖而去。

高僧再次来到门前问妇人时，妇人语气平静地说："我不生气了，因为不值得。"高僧笑着说："还知道生气不值得，说明你心中有了衡量，可是气的根源还在。"说完，把禅房门打开了，夕阳的余晖映着高僧清冷的身影，颇有几分仙风道骨的感觉。妇人问道："那么什么是气呢？"高僧把一杯茶水倾洒在地面上，妇人凝视了一会儿，有所顿悟，叩谢了高僧，默默离去了。

平日在生气懊恼时，我们不妨听听那位妇人对生气的看法，"气也没用""生气不值得"，既然生气没有任何作用，世间的任何事情也不值得我们生气，那么我们为什么还要遇事就动怒呢？其实怒气就像高僧泼洒在地面上的茶水，只要我们心中无怨无恨，它就会在空气中蒸发，直到消失于无形。

在被怒气淹没时不妨问问自己,你是为了烦恼才上班的吗?是为了吵嘴才交朋友的吗?是为了互相折磨才走进婚姻殿堂的吗?如果答案是否定的,你为什么无论在办公室或在家里及其他场所都紧绷着一张脸,始终气不打一处来呢?

有一个叫爱地巴的人,每次生气时都会跑回家,绕着自家的房子和土地整整跑上三圈。后来,他变得富足起来,房子面积越来越大,土地越来越多,但还延续着以前的老习惯,但凡生气,都要绕着房子和土地跑三圈,结果累得满头大汗,上气不接下气。

他的孙子不解地问:"爷爷,你为什么一生气就要绕着房子和土地跑呢?"爱地巴说:"我年轻时每次和别人吵架都很生气,于是我就绕着自家的房子和土地跑三圈,一边跑一边想,房子那么小,土地那么少,我哪有时间和别人生气呢?这样一想,我就不气了,把更多的时间用在了有意义的工作上。"

孙子又问:"可是你变成富人以后,为什么还要绕着房子和土地跑呢?"爱地巴回答说:"我边跑边想,我有这么大的房子,这么多的土地,何必和别人斤斤计较呢?想到这里我的怒气也就消了。"

爱地巴的回答颇有几分道理,当我们还未出人头地,做出一番作为时,为什么还要把时间和精力浪费在生气上呢?如果我们已经功成名就,就应该把自己修炼得有度量、有气度,何必锱铢必较生闲气呢?愤怒情绪无止境蔓延,会毁坏我们的健康,阻碍我们的事业发展,影响我们的生活质量,学会遇事不生气,我们才能拥有一个健康的身体、一个快乐美满的人生、一个幸福的家庭、一项前景光明的事业。既然生气解决不了问题,那就选择微笑吧,我们还有那么多事情要做,哪有工夫生气呢?民谚有云:"生气催人老""笑一笑十年少",与其生气,不如笑看人生,当我们收敛怒容微笑着面对生活时,生活也会把笑脸转向我们。

3. 心平气和生活，平心静气处事

法国诗人魏尔伦说："我渴望随着命运指引的方向，心平气和地、没有争吵、悔恨、羡慕，笔直走完人生旅途。"可是人生之旅，长路漫漫，真正能心平气和走完全程的人可谓是少之又少。直性子的人避免不了争吵，由于性格冲动，在不理智的情况下做出让自己日后懊悔的事情，又难免陷入悔恨的泥潭，在失意、伤心、落寞时自然会羡慕比自己过得更幸福的人。总之直性子的人和魏尔伦是两种截然不同的人。

每个人都有自己的脾气，真正能做到永远心平气和并不容易。人们在茶余饭后谈及工作中的种种，有的人只是淡淡一笑，有的人则义愤填膺，可是总有那么一些人，心态非常平和，没有一声怨言，难道他们在上班时就事事顺心吗？当然不是。只不过他们遇事更加冷静和沉着，能理智地看待问题和分析问题，绝不让恶劣情绪扰乱自己的生活，并致力于问题的解决。心平气和并不是超然物外的境界，而是把情感让位于理智，它也不是一种闲云野鹤的悠然，而是一种稳健和成熟的表现。

有一个直脾气的人和邻居发生了矛盾，双方互不相让，吵得面红耳赤，最后那个人气冲冲地找当地的牧师理论，希望牧师能为自己讨回公道。他对牧师说："你来帮我们评评理吧，我的邻居是个混蛋，他竟然……"那个人开始大肆抨击邻居的种种不好，越说越气，对邻居的指责简直升级到了控诉的地步。

牧师有些听不下去了，他淡淡地对来人说："很抱歉，今天正巧我有事要处理，不如你先回去吧，明天再来吧。"那人闷闷不乐地离开了，第二天一大早他就又来见牧师了，仍旧是一副忿忿不平的样子，

不过已经没有之前那么生气了。他又开始细数邻居的劣行："今天，你一定要为我主持公道，我的那个邻居简直……"牧师觉得来者心情过于激动，于是对他说："你的怒气还是没有消除，不如等到你心平气和时再来吧，我的事情正好也没有办完。"

好几天过去了，那个人都没有来找牧师评理，有一天牧师在出行时遇到了他，他正在田里忙着干农活，心态似乎平静了下来。牧师问道："现在，你还想找我评理吗？"那个人笑着回答说："我已经心平气和了，其实也不是什么大不了的事，不值得生那么大的气。"牧师说："我不急于和你说话是为了给你时间消气，现在你怒气都消了，看来也不需要我评理了。记住，以后千万不要在气头上说话或行动。"

有时怒气会随着时间的流逝自己溜走，只要你耐心等待，不要急于发作，努力克制自己的坏脾气，就能更加心平气和地对待自己经历的人和事。人皆有七情六欲，都是情感和理智的矛盾统一体，在没有受到外界刺激之前，谁都能做到心平气和，可是一旦被伤及情感或利益，怒火就会以迅雷不及掩耳之势喷发出来，完全丧失了理智，等待心情平复后，才开始追悔，可是木已成舟，恶劣的影响已经形成了，想完全消除几乎是不可能了。所以在发怒之前，必须克制住自己急躁的情绪，切忌在盛怒之下草率行事。

英国名垂青史的剑手欧玛尔曾经遇到过一个与自己势均力敌的对手，两个人斗了三十年还是没有分出胜负。在一次惊险的决斗中，对手坠于马下，欧玛尔持剑走了过来，他完全可以在几秒之内结果对手的性命。对手面对强敌，用唾沫做出了回击，欧玛尔没有拭去脸上的口水，也没有杀死他的对手，而是向其宣布明日再战。

对手搞不清是什么状况，完全被欧玛尔弄糊涂了，对此欧玛尔解释说："三十年来，作为英国顶级的剑手，我一直在潜心修炼自己，使自己不带一点儿怒气作战，所以我才能屡屡得胜。今天你朝我脸上吐口水我动了气，如果在愤怒的时候将你杀死，我以后就不可能找到胜利的感觉了。所以我们明天再一决雌雄。"

第二天的战斗并没有开始，因为欧玛尔对手变成了他的学生，对手说他想成为一流的剑手，就必须学会不带一点儿怒气作战的秘诀，因此他愿意拜欧玛尔为师。

如果急躁、愠怒、不冷静等不良情绪经常环绕在你的周围，你就必须学会自我控制，不骄不躁是人生的必修课，等你真正能做到心平气和时才意味着顺利毕业。直性子的人常常暴跳如雷，这是自我控制能力较弱的表现，所以这类人必须学会修身养性，生气的时候缓一缓，头脑冷静之后再行动。

在与人争吵时，回避可以成为最优雅的武器，如果你不能成功克制自己的怒气，不妨拂袖而去，心平气和之后再去解决争端，效果一定比你怒火中烧时要好上好几倍。人生苦短，不要让争吵、悔恨占据自己太多时间，愤怒是一种无能为力的挣扎，心平气和、从容应对的处事态度才能使你真正解脱，也许你并不能把自己修炼到"泰山崩于前而色不变"的境界，但是却可以让自己活得洒脱些，在别人激怒自己时做到"任尔东西南北风 我自岿然不动"，这同样也是一种难得的境界。

4. 别再为小事抓狂

法国著名作家都德说："好脾气是一个人在社交中所能穿着的最佳服饰。"可是直性子的人常常为工作和生活中的小事耿耿于怀，经常被坏情绪牵着鼻子走，时常惹得人人侧目。为鸡毛蒜皮的小事抓狂，是一种不成熟的表现，所谓"小不忍则乱大谋"，小事都不能忍，还能做

成什么大事呢？古今中外，任何领域的杰出者无一不是大事面前沉得住气，小事面前不伤和气。

直性子的人或许会说："别人能不为小事动怒，我做不到，我天生就这脾气，我也知道这样不好，可是'江山易改本性难移，我也没办法。'"其实这只是一种借口，与生俱来不代表永远不能改变，如果你坚持为零零碎碎的琐事乱发脾气，那么就不要把责任推到自己的DNA上，因为问题不全在你的基因上，而在你的处世态度上。

有位智者经常游历各方教化民众，不少人为了听他宣讲道理不远千里慕名而来。其中有一个人在智者宣讲完一个道理之后，提出了一个问题："我天生脾气暴躁，不知该如何改正这个缺点。"智者朗声问道："敢问足下，是怎么一个'天生'法呢，你把它拿来，我帮你把它除掉？"

那个人回答："现在没有，碰到事情时才会性急暴躁。"智者说："如果现在没有，只是在特定情况下才出现，比如和别人争执时，那么说明它是你自己造出来的，怎么能说是'天生'的呢？这样的过错应该由你自己承担，不要责怪天性。"那个人经过智者指点，以后再也不轻易乱发脾气了。

我们不否认人的脾气和遗传因素有关，可是后天环境对于人个性的养成也起到非常关键的作用，除去这两种因素，人还有自由选择的权利。你不能因为自己性格上有缺陷，就理直气壮地乱发脾气，更不应该为无关痛痒的小事发脾气。为小事生气是一种小肚鸡肠的表现，为小事伤人则是一种自私自利的行为，为了顺应自己的天性而完全不顾别人的感受，无异于把自己的痛快建立在别人的痛苦之上，这股没来由的无名火如果不能及时熄灭，就会给自己的人际关系带来无穷的隐患。

刘涛是一家工厂的车间主任，有一天他到工厂的食堂就餐，有位工人对他说食堂后面的水管漏了。他听到这个消息后，大为不悦，心想真不知道这些员工是怎么做事的，水管坏了也不主动维修，还要请自己亲自出马。刘涛跟着工人到食堂后面一看，水管有好几处正在漏水，水沟也被堵住了，杂物堆积在地面上，看起来肮脏不堪。看到这片狼藉景象，刘涛气急败坏地骂了起来："怎么搞成这样？你们都是饭桶不成，既不修水管，也不打扫卫生，工作不想干了？"

有位年纪比较大的炊事员，被骂得脸上挂不住了，忍不住反驳说："水管今天早上刚坏，我们已经给维修部打电话了，维修部说中午过来看一下。我们不是不想清理杂物，可是工人的午饭还没做好，等到做完了午饭，马上就会打扫卫生。"刘涛不等炊事员辩驳，仍然气呼呼地说："水管坏了一天要浪费多少水你们知道吗？为什么要等到中午？赶紧再催催维修部，让他们马上派人来维修。这地面太脏了，赶快打扫，别给我找理由。"炊事员和工人默默地收拾着杂物，刘涛还是不依不饶："你们这些人办事能力太差了，一点芝麻粒儿大的事都做不好，真是让人头痛。"炊事员咕哝道："既然是芝麻粒儿大的事，你为什么还要发那么大的火呢？"

刘涛听到炊事员回嘴，更生气了："这次的事情明显是你们失职，一点小事都干不好，你们还能干什么？"炊事员也气了："我在这个工厂工作有二十多年了，车间主任都换了好几任了，我就没见过脾气像你那么大的领导，遇到点小事就发火，我们这些老员工可不是你的出气筒……"刘涛听完这席话，心中的怒火燃烧得更猛烈了："你可别在这倚老卖老，否则休怪我对你不客气。"炊事员不理会刘涛的威胁，嚷道："你又能把我怎么样？"刘涛恨恨地说："我会向厂长反映，让你提前养老。""那我可得谢谢你，不过咱俩谁会提前养老可不是由你说了算。"

当天，刘涛就把事情的原委反映给了厂长，没想到厂长并没有站

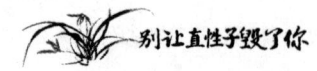

在他这边，反而为那个炊事员说话："小刘啊，你得学会控制自己的脾气，尤其要尊重老员工，不要因为一点小事伤了和气，自你上任以来，经常有老员工跑到我这里来诉苦，说你脾气暴躁、经常发火，搞得全厂上下人心惶惶。对一个工厂来说，管理人员很重要，可是员工也很重要，失去人心就等于失去了效益，一个光杆司令的作用代替不了所有的员工，你如果不能把自己的脾气改好，我只好选择更合适的人来代替你工作了。"刘涛张口结舌，一时无话，默默地离开了厂长的办公室，他明显感到自己被孤立了，上至领导下至普通员工全都不喜欢他，他终于认识到了坏脾气给自己带来的危害。

直性子的人在为小事发怒时往往意识不到自己的无理取闹，如果在发脾气之前思考一下自己发火的理由是否正当，那么发怒的次数就会迅速减少。直脾气的人易上火，总是为一点无足重轻的小事而纠结，越想越气，以致怒火冲天，其实无论在工作还是在生活中，真正值得我们动怒的事情并不多，我们之所以经常发火是因为太过纵容自己的坏脾气，当然改掉坏脾气不是朝夕之间的事，但至少我们可以从看淡小事做起，对待鸡毛蒜皮的小事不妨睁一只眼闭一只眼，不再庸人自扰，我们的心境就会变得平和得多。

5. 做心态的主人，不做情绪的奴隶

老板经常告诫员工说："上班时间不要带着情绪。"妻子常常要求丈夫："不要把情绪带回家。"这说明人人都讨厌坏情绪，一个人如果不善于控制自己的情绪，就会沦为情绪的奴隶，既影响日常工作，又影响家庭和谐。每个人都有情绪的起伏变化，只是有的人自控力强，而有的人经常失控，直性子的人较为偏激和感性化，因此常常把握不

好情绪的开关，一碰到"导火索"，就忍不住向别人投掷情绪炸弹，自己的好人缘就是这样被"炸"毁的。

培根曾经说过："愤怒，就像地雷，碰到任何东西都一同毁灭"，可见坏情绪的杀伤力之大，直性子的人无法收放自如地控制自己的情绪，因为经常喜怒无常，对他人的伤害不断沉淀累积后，就会在某一时刻压倒别人心中的"最后一根稻草"，促使敌对情绪产生。人一旦被坏情绪所左右，就有可能由于伤人过甚而成为他人争相征讨的对象，而失去人心便会陷入"失道者寡助"的被动局面。

杰瑞刚刚换了一份新工作，因为具有多年相关工作经验，他做起事来仍然得心应手。作为一名中层管理者，他仍然没有改掉滥施淫威的毛病，主要原因是他不擅长克制自己的坏情绪。有一天他吩咐办公室文员整理文件，由于那名文员速度太慢，他忍不住发了一通火，抓起一个文件夹狠狠地丢出了办公室，文员吓得像受惊的小动物一样呆立着，其他的职员也被他的狂怒反应吓坏了。

私下里员工开玩笑说，杰瑞是条会喷火的龙，只要张开嘴，就能把人烤焦。果然没过多久，他们又一次领教了杰瑞的威力。一天，杰瑞向整个团队下达了工作任务，结果员工没有及时完成任务，杰瑞的情绪非常糟糕，他把所有人都痛批了一顿，还把喝咖啡的杯子用力地摔在了地上，最后他又把下属上交的半成品文件撕得粉碎，把碎纸扬得满地都是。

半年之后，杰瑞几乎将公司里所有的下属都得罪了，在上司面前，他有时也克制不了自己的脾气，经常和上级领导发生冲撞。后来公司总经理辞职了，老板希望中层管理者能毛遂自荐担当大任，并承诺说公司绝不会埋没人才。论工作能力，杰瑞比其他中层管理人员要出众，他的经验也更为丰富，所以他毫不犹豫地提交了自己的申请表格，没想到第二天他就收到了回复，老板对他的评语是：基本能胜任管理工

作，可是不适合总经理一职。这是什么意思，难道是说他不够资格升职吗？杰瑞对这个结果感到非常失望，此后他每天工作时思绪经常游离于身体之外，终于有一天他觉得不能继续这样下去了，于是决定和老板谈谈。

老板开门见山地告诉杰瑞，他在公司里不受欢迎，几乎所有人都一致认为他过于情绪化，脾气太差，不适合担当重任。几天之后，公司有了新的总经理，好脾气的汤姆一上任就赢得了大家的青睐，杰瑞对这位人气王却非常反感，可是他却不能阻止大家喜欢汤姆。由于工作不顺心，杰瑞经常喝酒买醉，他觉得自己百般不如意都是因为能力不被赏识，他承认自己脾气不好，常常不能克制情绪，可是实力过硬，同样能把工作做好，为什么老板就不能给他一次证明自己的机会？

杰瑞向朋友大倒苦水，本来是想获取些许同情，没想到朋友却对他说："能克制自己的情绪是一个高层管理者必备的素质，我若是老板，也不会把总经理的位置给你，在业务能力上也许你确实比汤姆强，可是汤姆深受大家欢迎，他比你更适合出任总经理。"

坏情绪能带来一股巨大的负能量，如果不加控制，就有可能泛滥成灾，只有对其进行合理控制和引导，破坏性才能消减。直性子的人经常失控、大发雷霆，不仅会破坏自己的良好心情，还会给别人的心灵带来伤害。个性太直、脾气太火爆对人对己都没有好处，只有摆脱情绪的枷锁，用正能量武装自己，才能成为心态的主人，这个过程就是与自己情绪对抗的过程。有人从另一个角度解读了李安执导的《少年派的奇幻漂流》：少年和老虎最初互相提防，后来企图杀死对方，最后演变成了互相依赖的关系，这个过程就是人与自己的情绪做斗争的过程，人人都反感坏情绪，就连脾气暴躁的人也不例外，所以最初提防着它，接着企图把它完全消灭掉，最后心态归于平静，已经学会了怎样和自己的情绪相处。

克服坏情绪需要学会与外界和解、与别人和解，以及和自己和解，这就需要我们用另一种眼光来解读发生在自己身上的事情，当我们自觉地用一种比较积极的态度去看待他人的"冒犯"时，大部分烦恼和坏情绪都可以烟消云散。比如看到有人超车我们感到怒不可遏，可是换一种想法，对自己说："可能这个人有什么急事吧"，火气自然就消了。当我们用积极的心态来审视自己性格上的弱点时，我们就不会为自己乱发脾气找各种理由，也不会因为没能控制好自己的行为而破罐子破摔，而会致力于改正自己的缺点，驾驭自己的情绪，成为自己命运的主宰。

6. 不要把心情写在脸上

月有阴晴圆缺，人有悲欢离合，人生本来就充满酸甜苦辣，喜怒哀乐是人的正常情绪，谁都不能保证每天都笑逐颜开，可是作为一个社会人，千万不要时时都把心情写在脸上，因为不良情绪是会传染的，当你无精打采、愁眉不展时，会破坏别人一整天的好心情，当你怒容满面、脸色铁青时，也会让别人感到拘谨不安。

直性子的人不喜欢隐藏自己的情绪，认为喜怒形于色是自己真情流露的表现，而表情单一的人无疑都是带着虚伪的假面。其实隐藏自己的真实情绪并不是一种虚伪的行为，因为将大喜大悲都挂在脸上的人难以给人以"沉稳""可依赖"的感觉，而只有处变不惊的人才能更好地掌控局面。试想一下，如果飞机遇上了险情，机长的脸上马上流露出惊恐的表情，将给乘客带来多大的慌乱？喜怒不形于色，并不是为了把真实的自己深深隐藏起来，以便让别人琢磨不透，而是在尊重自己真实的心理感受的情况下，把可能给别人造成的恶劣影响降到最

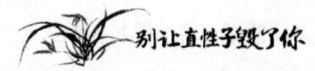

低。真正有大将之风的人，无论心里是怎样的波涛汹涌，表面看来都像止水一样平静，这是对自我的克制，是为人处世的一种进步的品质和态度，学会喜怒不形于色，你才能从幼稚走向成熟，在忍耐和克制中茁壮成长。

琳达是个个性率直的人，她追求真性情，从来不对任何人隐藏真实的自己，高兴时会哈哈大笑，伤心时会潸然泪下，生气时则怒眼圆睁，以一副拉长的马脸示人。在办公室，同事经常用天气预报里的专用词来形容她的情绪变化，她高兴时被称作"晴空万里"，她脸色略微有点阴沉时，被称作"晴转多云"，她怒气升级时被称作"小到中雨"，她怒火冲天时被称作"狂风暴雨"或者"台风登陆"。甚至有人把她的生气指数和风力大小联系起来，一旦有同事被单独叫到办公室谈话，回来后其他同事就会问"今天刮几级风"，通常风力都在六级以上，可见琳达是个脾气非常糟糕的领导。

珍妮是和琳达平级的管理者，她是个喜怒不形于色的人，下属几乎没有办法通过她的面部表情来揣摩她的情绪变化。珍妮给人的印象就是永远和颜悦色，她个性沉稳，遇大事不慌，即使被下属顶撞，也能语气平和地和对方讲道理，通常都能以晓之以理的方式让对方心悦诚服。琳达很看不惯珍妮，认为她太懂得隐藏和包装自己，总是一副假惺惺的样子。有一次在公司聚会上，琳达对珍妮说："我觉得你就像圣诞树一样完美。"这当然不是什么赞美的话，旨在讽刺珍妮装腔作势。可是珍妮听到这样的评语并没有恼火，而是礼貌地对她说了声谢谢。

后来公司高层管理者的职位出现了空缺，老板打算提拔内部员工，珍妮和琳达都在候选名单上，没过多久结果就公布出来了，珍妮在这次竞争中胜出。琳达很不服气，忍不住找老板理论，老板对她说："大家都认为你心态不够成熟稳定，不符合高层管理者的形象，难当大任。"琳达听了满腹委屈："我心态怎么不成熟稳定了？""你不能克制自己的情绪，而且喜怒形于色，已经影响到了下属的工作，你知道他们在私下里是怎么评论你的吗？"老板说。琳达当然知道下属们是怎么描述她的，公司里一直盛传着关于天气预报的术语。琳达自知自己不可能改变老板的选择，只好失望离去。

悻悻地回到家之后，琳达站在镜子面前观察自己，她看到的是一张气愤、落寞又忧伤的脸，她内心的不平和深深的挫败感全都写在脸上，比任何化妆品都醒目，她深深地叹了口气离开了镜子，对拜访自己的同学说："人人都有情绪，难道真实地表达自己也有错吗？"同学已经知道了她在高层岗位上竞聘失败的事情，说出了自己的看法："我觉得在工作场合应该克制自己，以防影响到别人。"琳达并没有听到更新鲜的答案，看来世人所认可的法则不过如此，尽量隐藏自己的情绪，把喜怒哀乐放在心里，而不是表现在脸上，她不知道自己是否会认可这个法则，不过她已经为自己的情绪化付出了代价。

绝大多数人都很难做到"不以物喜，不以己悲"，但是至少可以做到情感不外露，将"喜怒形于色"变为"不动声色"，高兴和愤怒都不要明显地表现在脸上，遇到事情仍能够稳如泰山，就会给人留下沉着和有涵养的良好印象。在职场上，我们要学会隐藏自己的情绪，不要在高兴时得意忘形，也不要在愤怒时歇斯底里，既要保持自己的良好形象，又要尊重别人的感受，考虑到自己情绪外露可能给别人的影响，把自己修炼成一个成熟干练的职业人和社会人。

7. 退一步海阔天空，"让"比"争"更能使对手折服

生活中我们经常可以看到这样一种现象：朋友之间因为一点小矛

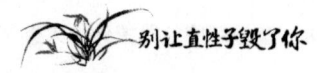

盾而形同陌路，同事之间因为一语不合争得面红耳赤，邻里之间因为一次口角而老死不相往来，夫妻之间因为家庭琐事而同室操戈……其实人与人之间关系破裂并不是因为出现了巨大的矛盾和分析，有时只是意见不合而已，然而各自为了维护自尊和面子，都不愿意退让，结果小小的不合就变得一发不可收，导致两败俱伤的结局。

直性子的人大多自尊心很强，而且过于在乎自己的内心感受，又加之个性刚直、脾气暴烈，即使和关系最亲近的人发生争执也不会选择退让，双方关系破裂以后又忍不住后悔。其实退一步并没有多大的损失，正所谓"忍一时风平浪静，退一步海阔天空"，寸步不让只会给双方带来伤害，而适时退让则可以化干戈为玉帛。

清朝有一个叫张廷玉的宰相，有一天收到了一封家书，家人在信中说和姓叶的邻居发生了院墙之争，起因是两家的院墙坍塌之后，在重新砌墙时邻居想多占些地皮，态度蛮横强硬，于是修书一封，请他出面干预，以便让邻居退让。张廷玉位居宰相，如果真的干预此事，邻居自然会畏于他的官威，马上把地皮让给张家，可是张廷玉并没有这么做，而是一封打油诗回复了家人。

张家人拆开复信一看，只见上面写道："千里家书只为墙，让他三尺又何妨？万里长城今犹在，不见当年秦始皇。"张家人立刻会意，把院墙向后退了三尺，叶家人看到邻居首先做出了让步，感到非常惭愧，也自觉地把院墙向后退了三尺，就这样两家的院墙之间形成了一个六尺宽的巷道，这就是史上著名的"六尺巷"，可供村人自由行走出入，后来被命名为"仁义胡同"。

张廷玉仅仅失去了几分宅基地，却换来了邻里的和睦和传世的美名，他的气量和胸怀仍值得世人学习，"仁义胡同"也为我们留下了宝贵的精神财富。可见，有些事情根本没有必要斤斤计较，一味争强好胜，只会导致无休止的争斗，而大度一些，主动后退一步，反而能赢得对手的尊重。

直性子的人好争，主要原因在于脾气急、性情刚烈，此种类型的人大多吃软不吃硬，如果遇到和自己同样强硬的人，就会马上进入"战时状态"。直性子的人倘若想要摆脱无谓的争斗，就必须克服自己急躁、刚烈的性格弱点，正所谓"百炼钢化绕指柔"，与其和对手硬碰硬、针尖对麦芒，还不如收敛自己的坏脾气，尽力避其锋芒，采取以退为进的方式让对手折服。

朱启明下岗之后，为了维持生计，学会了一套烤鸡翅的手艺，于是在自家附近开办了一家名为"味鲜美"的小吃店，因为资金短缺，他的小店装修得十分简陋，因此生意十分冷清。开业两天后，好不容易有位客人光顾了小店，朱启明很是高兴，赶忙热情招呼，可是因为那天天气太热，再加上心情紧张，他一时疏忽放错了调味料，烤鸡翅因此失了原味。

客人刚刚尝了一口，就立即吐了出来，他说味道怪怪的。朱启明本打算致歉，可是客人还没等他开口，就毫不客气地说："你做的鸡翅这么难吃，还敢叫'味鲜美'，我从来都没吃过味道这么怪的鸡翅，我看这小店干脆改名叫'真难吃'算了。"

朱启明是个急脾气，听到有人出言侮辱自己的手艺，立刻火冒三丈："这鸡翅是我没做好，所以也不打算收你钱，可是你说话得留点口德，别太过分了。""你不收钱就算了？我现在满嘴的怪味，不让你赔偿精神损失就不错了，你还跟我嚷，什么服务态度？"朱启明气得把客人往外赶："你马上离开，否则别怪我不客气。"客人一听，也急了："你不客气又能怎么样，还打算打人不成？"

朱启明一时气急，向客人挥起了拳头，客人马上拨打了报警电话，警察赶到现场后，了解了事情的原委，觉得这只是一般的民事纠纷，情节并不严重，便打算调解了事。客人却不答应："他出手伤人，至少

得向我赔礼道歉。"朱启明也不示弱："我赔礼道歉？你如果不惹怒我，我能动手吗？你自己就没错吗？我辛辛苦苦经营一家店也不容易，你偏偏来找不痛快。"警察打断了他们的争吵："你们俩各退一步好不好？本来也不是什么大事，都互相理解一下，向对方说声'对不起'，握手言和好不好？"

朱启明想到自己该接孩子放学了，也不想再计较下去了，于是首先做出了让步，对那位客人说："我对你动手是我不对，我向你道歉，我这个人性子比较急，脾气也不好，希望你不要生气。"客人见朱启明礼貌地向自己致歉了，也觉得不好意思起来："其实我也有错，论辈分我应该叫你一声叔叔，我年轻气盛，说话比较随意，希望你不要见怪。"朱启明现在觉得面前这个年轻人和那个怪腔怪调的客人完全判若两人，对他的态度马上改观了，他表示愿意免费再为年轻人烤一只香喷喷的鸡翅，年轻人礼貌地谢绝了他，并支付了鸡翅的钱，一场纠纷就这样解决了。

其实有时候双方各执一词，争得不可开交，谁都不可能说服谁，如果一方首先退让一步，另一方就会感到汗颜，之后便会演变成双方互谦互让的局面。"退一步海阔天空"指的并不单纯是心境，有时这种处事原则会让事态发生奇妙的逆转。在有些情况下，退让比前进更能制胜，与其咄咄逼人，不如礼貌地后退一步，在气焰上后退一小步，反而能让对手做出巨大的让步，以礼待人，别人自当以礼相还，而"敬人者人恒敬之"，所以退让不是懦弱的表现，而是一种大度的做人方式。

8. 学会不迁怒于人，把自省当成每日功课

小时候，我们不小心跌倒后，总是责怪绊倒我们的东西，或者抱

怨道路不平，却意识不到我们之所以摔倒是因为自己走路不小心。长大后，我们仍然缺乏自省精神，经常抱怨和怪罪别人，遇到挫折就迁怒于人，寻找各种理由为自己开脱，别人理所当然地成了我们的出气筒，我们尽可能振振有词地指责别人。直性子的人同样如此，有时更甚，作为愤世嫉俗的一类人，他们从不喜欢从自己身上寻找原因，所以总能理所当然地向别人宣泄怒火。

直性子的人通常具有"长于责任，拙于责己"的特点，这也是广大现代人的通病，谴责他人时总是那么掷地有声，把所有人都批评一通后，唯独忘了批评自己。这就好比在与他人同时跌进泥塘后，人们首先看到的是别人脸上的泥点，却看不见自己满身的脏污。习惯斥责别人，从来不知检讨的人往往容易招致怨恨，没有人喜欢和这样的人合作，也没有人愿意结交这样的朋友，因为谁都不喜欢忍受无端的怒火。

孙恒最近走了霉运，本来公司的业务蒸蒸日上，不知为何突然间屡屡遭受挫败，他一直厚待的左膀右臂——两位部门经理也弃他而去，跳槽到了其他公司。孙恒感叹世态炎凉，一味地责怪部门经理背叛了自己，他从未反思过自己经营管理方面的问题，终日沉湎于对别人的讨伐和谴责中，经常乱发脾气，搞得公司人心涣散，更多的人萌生了去意。

其实公司经营上出现问题，孙恒难辞其咎，毕竟他才是企业的老板，公司的重大决策都是由他做出的，可是他却偏偏把所有的责任推给了别人，常常当着全体员工的面说两位离职的部门经理是如何不称职、如何忘恩负义等。这两位部门经理的许多下属为此感到非常不平衡，他们敬重自己的上司，并坚持认为自己的部门经理曾经为企业鞠躬尽瘁，立下过汗马功劳，他们的离开仅仅是个人选择而已，上升不到道德批判的层面。

　　孙恒不但在公司里不断诋毁两位部门经理，偶然撞见他们仍是怒气冲天。有一天他和研发部的经理在一家咖啡厅相遇了，研发部经理辞职以后仍然很挂念孙恒，毕竟两人共事多年，即使不在一起工作了，他仍很关心孙恒，于是主动上前来问候，可是孙恒并没有给他好脸色看。

　　研发部经理比较通情达理，知道孙恒的公司经营陷入了困境，自己一走孙恒孤掌难鸣压力更大，因此即使孙恒火气大也能理解。他对孙恒说："我知道，在公司陷入困境时转身离去，深深伤害了你，所以你冲我发脾气我不怪你，可是希望你也能体谅一下我，我是个有家室的人，必须给家人提供更有保障的生活，公司的资金链已经断裂，我已经两个月没有领到工资了，而我的家人需要我供养……"

　　"算了，不要再找借口了，像你这种人有奶便是娘，我真是错看了你。"孙恒气急败坏地大骂道。研发部经理仍试图讲和："我希望即使我们做不成合作伙伴，仍能成为朋友，日后如果你有什么需要，我都愿意提供帮助。""你愿意辞掉现在的工作，马上回来吗?"孙恒质问道。研发部经理很为难地说："这我办不到，我已经和新入职的公司签约了。""那我们还有什么好谈的，你走吧，最好别让我再看到你，否则我见你一次骂你一次。"孙恒态度强硬，研发部经理只好自讨没趣地离开了。

　　后来孙恒又在酒吧遇到了市场部经理，他当即当着众人的面对市场部经理破口大骂，市场部经理不像研发部经理那样好脾气，忍不住大声指责孙恒："你总是把责任推给别人，公司变成现在这样你有不可推卸的责任，我和研发部经理劝过你多少次，让你及时改变经营方式，可是你刚愎自用、独断专行，公司业务量下滑又责怪我们，我们就活该一次次当替罪羔羊?"孙恒多喝了几杯，听完市场部经理的一席话又欲发作，没想到市场部经理知趣地走开了，边走边嘀咕着："真是冤家路窄，惹不起还躲不起吗？"

孙恒一个人没有力挽狂澜的能力，研发部经理曾经表示过愿意利用业余时间帮忙，可是被孙恒断然拒绝了，孙恒又一次把研发部经理大骂了一通，紧接着就和研发部经理断绝了一切联系。半年之后，孙恒破产了，每逢喝酒买醉时他都向陌生人讲述自己的创业故事，仍旧忍不住痛批背叛自己的两位部门经理。

为什么直性子的人喜欢迁怒于人，却不愿意反省自身呢？因为反省挑战了他们的自尊。为自己辩护、把责任推给别人都是为了竖起坚固的盾牌保护自己脆弱的自尊心。反躬自省需要内心足够强大，能够三省己身的人必定是自信坦荡的人，而乐于把自省当成每日功课的人，必定是有勇气对自己进行自我解剖的人，他们不会把责任转嫁给别人，也不会用怒火来折磨自己，而是能冷静地驾驭自己的情绪，从过去的失误中汲取教训，从失败和坎坷中得到收获，并从自省中不断矫正自己的缺点，不断超越自我、取得进步。

9. 用成熟武装自己，告别"愣头青"角色

头脑发热的直性子们在工作和生活中常常扮演愣头青的角色，他们克制不住自己无处不在的愤怒，发起脾气来就像是无所顾忌的懵懂少年，和伴侣吵架拌嘴怒不可遏，被老板或上司指责愤愤不平，被朋友批评恼羞成怒，甚至在下班途中遇上交通拥堵，坐在车里也会气得狂按喇叭……

直性子的人经常被告知发怒的种种不好，他们当然也清楚情绪失控的破坏力有多大，得罪朋友、伤害家人、丢掉工作都是有可能发生的，可是当怒火从心头燃起的时候，他们立刻就会像不谙世事的愣头

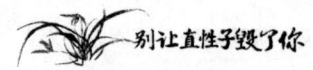

青一样，头脑一热，做出让自己后悔不迭过激行为。所谓"急则有失，怒则无智"，人在心情急躁时难免考虑不周，造成行为失误，而在动怒之时智商就会急转直下，有时还有可能做出一些疯狂的举动，毁掉友谊和前程。

张翰大学毕业不久，就接到了一个重要的面试通知，想起自己能够得到知名企业的垂青他有点扬扬自得，觉得未来的前途一片光明。为了给面试官留下好印象，他专门买了一套西服，又精心理了发，试图使自己迅速退去学生的青涩，看起来更加成熟。

面试时间是下午2点，张翰在下午1点时就已经到达了面试公司的楼下，当时公司大门紧闭，张翰想可能是员工还没有上班，他本可以耐心等待，可是由于天生性子急，他忍不住开始寻找其他办法。他看到大门旁边有一扇敞开的小门，旁边与一个门卫室相连，于是就打算穿过门卫室，途径小门进入公司大楼。可是当他硬闯门卫室时，被里面的门卫拦下了。

门卫是一个年过半百的中年男人，他对大楼里来来往往的人非常熟悉，一看到生面孔马上就能认出来，于是当场就拦住了张翰，大声问道："小伙子，你是干什么的？"门卫天生大嗓门，吓了张翰一跳，张翰感到十分不高兴，随口就说："我是干什么的，跟你有关系吗？你是查户口的吗？"门卫见来者语气不善，也被惹火了："小伙子你年纪轻轻的，火气倒不小，这里是办公场所，不是可以随便进出的。"

张翰不爱听门卫讲道理，狠狠地瞪了他一眼，蛮横地说："我想进就进，不关你事！"门卫挡在他前面生硬地说："我今天就是不让你进去！""你凭什么不让我进去？"张翰嚷起来。"就是不让你进！"两个人僵持不下，差点动手，后来一位西装革履的职员赶来劝说了半天，他们的怒气才渐渐消解。问明来意后，职员带着张翰走进了门卫室，张翰临走时还不忘挖苦门卫："不就是一个看大门的吗？有什么了不起。"

赶到面试地点后，张翰发现那个门卫也在现场，原来那个中年人根本不是门卫，而是其中的一位面试官。结果可想而知，他没有应聘上自己心仪的岗位，尽管他毕业于名校，年轻、聪明、有活力，拥有不少优点，简历又做得十分漂亮，可是他进门时的举动已经暴露出了他莽撞、冲动的性格弱点，所以无论他怎么竭力展现自己更好的一面，都无法获得面试官的认可，应聘失败乃是毫无悬念的事。

社会不同于校园，步入职场后你就不再是懵懂无知的少年，"愣头青"的角色已经不再属于你了，如果你不能从这种角色中解脱出来，控制不了自己的情绪，想发脾气就发脾气，那么就会令自己蒙受巨大的损失。作为一个成年人，你应该以成年人的方式思考行事，不要为了逞一时之强，争一时之气就对怒火狂飙，因为那样做就会把所有的事情搞砸。

在生活中，也要让自己变得成熟稳重起来，动辄生气就会搞得家无宁日，总对朋友大吼大叫终有一天会断送友谊，乱发脾气可谓是百害而无一利，所以你必须学会用理智来约束自己的情绪。人在进入青春期时，比较叛逆，脾气也大，这是因为心智不够成熟，可是步入成年以后，就该果断革除青春期的弊病，当你连青春的尾巴都捉不住时，为什么还要像愣头青那样冲动易怒呢？

经常暴怒不但会对自己的工作和生活产生不利影响，还会严重危害自身的身心健康，俗话说"气大伤身"，火气太盛无疑会增加罹患多种疾病的风险，有的人发脾气时会感到胸闷气短，胃痛难忍，这就是身体在拉响警报。其实世上本没有那么多值得你大动肝火的事，你之所以愤怒不已，不过是因为心态不够成熟。

当你已经没有了少年的身影，也没有了稚气的容颜，心理年龄是否也随着实际年龄一同增长了呢？作为一个直性子的人，也许你会发现你的心理年龄总是跟不上实际年龄，你始终是那个任性的少年，那

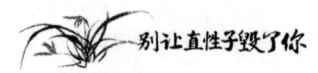

个不顾一切的愣头青，喜欢以狂热代替理智，胸中好似有一个火炉在熊熊燃烧，所以你总忍不住发火，如此下去你的人生就会被烧得百孔千疮。人在不同的阶段应该扮演不同的角色，作为成年人，你必须告别愣头青的角色，让自己真正成长起来，否则就会一事无成。

10. 与其生气，不如争气

据一篇科学报告报道，人发脾气时产生的分泌物足以毒死一只老鼠，一个人生五分钟气，消耗的能量等于长跑两公里。只有愚蠢的人才会没完没了地生气，聪明的人无论遇到任何风浪都善于调节自己的情绪，从来不会任由坏情绪驱策自己。可是没有人保证自己永远都不会生气，受到挑衅、侮辱、污蔑、嘲笑时，很少有人能做到心平如水，连写下"八风吹不动"的大文学家苏轼在受到中伤时也忍不住过江询问，普通人又怎么能做到不愠不怒呢？

直性子的人最不能容忍别人冒犯自己，他们不爱忍气吞声，被激惹时也无法做到泰然自若，所以经常动气。哲学家康德说："生气是拿别人的错误来惩罚自己。"人们对这句话再熟悉不过了，可是真正领悟到这句话深刻含义的人并不多。很多时候生气并不会对别人的人生产生什么影响，最直接的后果就是让自己更加痛苦，可以说乱发脾气最大的受害者就是自己。

明智者都知道这样一个朴素但实用的道理：生气不如争气，翻脸不如翻身。与其因为别人的冷眼而怒气难消，还不如提升自己的能力，令所有轻视过你的人对你刮目相看。真正的强者从不在乎别人的冷言冷语，他们只用实力说话。有时别人的刻薄话反而能成为他们鞭策自己前进的动力，助其走上人生的巅峰。

徐悲鸿年轻时曾经在巴黎高等美术学校学习绘画，还曾拜师法国著名画家达仰，深受达仰赏识，由于达仰喜欢这位用功学画的中国学生，还经常热情地指点他，引起了不少人的嫉妒。有一天，有位傲慢的外国学生很无理地对徐悲鸿说："别以为达仰夸你两句，你就能成为首屈一指的画家，你们中国人就是跑到天堂深造，也成不了才。"

徐悲鸿听完非常生气，外国人竟如此瞧不起中国人，这完全是偏见，他知道和外国学生理论是无用的，那名学生对中国的看法是根深蒂固的，无论他说什么都不可能改变对方的看法，他唯一能做的是用自己的实力来证明外国学生的无知和浅薄。

为了让外国人重新认识中国人，徐悲鸿研习绘画更加刻苦，他每天不知疲倦地学习，绘画水平突飞猛进。为了开阔眼界，增长见识，每逢节假日，徐悲鸿都到巴黎博物馆观看著名欧洲绘画大师的作品，还亲自动笔临摹。他几乎把所有时间都用来画画了，有时一画就是一整天。通过临摹大师的经典之作，徐悲鸿掌握了更多的绘画技巧，运笔也开始有了大师风范。

在巴黎学画时，徐悲鸿租住在一间小阁楼上，每日用白水和面包充饥，日子过得十分清苦，大部分钱他都省下来购买绘画用品了。三年之后，徐悲鸿学业有成，以优异的成绩通过了毕业考试，他的油画在巴黎展出时，轰动了法国画坛。那个当初嘲笑过徐悲鸿的外国学生，在看到徐悲鸿的大作时，感到非常错愕，他万万没有想到，自己平日看不起的中国人居然能够取得这么高的艺术成就，他走到徐悲鸿面前，无比惭愧地说："看来是我错了，中国人的确是有才能的，你的画确实非常了不起，我甘拜下风。以前我对你的评价是愚蠢可笑的，用中国话说，就是'有眼不识泰山'。"

"生气"和"争气"只有一字之差，可是所反映的态度却是天壤之别。生气仅仅是一种负面情绪，无助于我们实现人生理想，而争气则

能鼓舞我们取得更大的进步和更高的成就。当一个人尚未出人头地时，难免会受到质疑，甚至会遭到嘲笑和诋毁，生气并不能改变他人的态度，争气才是对对方最有力的回击。

人们认可强者，而对愤怒的失败者常常不屑一顾，也许为此你感到心中不平，可是无论你有多么愤怒，都不可能改变别人的观念。想要赢得尊重，就必须让自己更有资本，与其把时间浪费在赌气上，还不如用实际行动为自己争口气。当你真正在某一领域崭露头角时，鄙夷你的人也会对你另眼相看。

常言道：人争一口气，佛争一炷香。别人越是瞧不起你，你偏要活出自己的风采，怒发冲冠既不能赢得他人的尊重，也不利于改变自己的境况，只有勇于接受挑战，努力改写自己的命运，打场漂亮的翻身仗才能扬眉吐气。不要羡慕别人功成名就，也不要责怪别人势利眼，只要自己不服输，胸中仍有一股豪气，一切都有可能改变。鸡和鹰拥有共同的祖先，一个世世代代在地里刨食，另一个却能称霸蓝天，原因何在？就在于心中那口气。选择生气还是争气，是强者和弱者的区别，弱者无力改变境况，既战胜不了别人，也战胜不了自己，所以总是受到恶劣情绪的驱使，而真正的强者，则能从别人的挑衅中得到奋斗的力量，从来不会丧气、怄气，而会选择向着更高远的目标进发。

第六章

成熟的人懂得低头，柔顺的人懂得弯腰：宠辱不惊才能淡定从容

有人问苏格拉底天有多高，苏格拉底毫不迟疑地回答说 5 尺，那人疑惑地说，人人都有 5 尺高，天地之间若只有 5 尺，天岂不是会被戳出个大窟窿？苏格拉底笑着说，所以人要学会低头啊。作为 5 尺之躯的人，想要悠然自得地仕天地之间生存都应该学会低头，不低头就会被撞得头破血流。直性子者血气方刚，身上有股"初生牛犊不怕虎"的精神，在严峻的生活考验之下仍不愿低下高贵的头颅，所以才会处处失意。

低头不代表懦弱，所谓"大丈夫能屈能伸"，懂得低头的人日后才能把头抬得更高，除了要学会低头外，人生在世还要学会弯腰，弯腰并不代表屈从，而是一种宠辱不惊的表现，所谓"木直遭伐，刚硬易折"，成熟的人不会为了逞一时之勇而拒绝低头，平和柔顺的人懂得"小不忍而乱大谋"的道理，该弯腰时会弯腰，风暴过后，又会挺直自己的脊梁，绝不让人格矮半分。"低头""弯腰"是一种处事智慧，直性子者若能掌握这种智慧，人生之路就会平顺许多。

1. 努力接受你看不惯的事物

曾经有一位柔道冠军在教课时说过这样一句话："要像杨柳一样柔顺，不要像杨树一样挺拔。"一语点破柔道之术的奥秘，其实这句话也蕴含着某种处事哲学。杨柳柔顺，即使长成参天之势，枝桠也是垂向地面的。人亦如此，懂得弯腰低头，才不会被暴风摧折。直性子的人却不爱做杨柳，崇尚白杨的不屈精神，即使枝条被大雪压断也不会后悔。他们认为这是气节，而事实上这只是其骨子里的清高和偏激在作怪。

直性子的人喜欢用挑剔的眼光看待周围的一切，对很多人和事都看不惯，凡事按照自己的行为标准来衡量，高昂着头颅不断地抨击不在自己的标准和原则之内的现象，经常站在风暴中心，以致把自己逼向危机重重的境地。

我国著名诗人朱湘才华横溢，曾写下《有一座坟墓》《葬我》《雏夜啼》《梦》《序诗》等脍炙人口的作品，可是他孤傲、清高、偏执，对什么都看不惯，不为世俗所容，最终在贫困潦倒中结束了自己的年轻生命，这位才华盖世的青年诗人仅仅活了 29 岁，其坎坷的人生和最终悲剧性的结局不禁令人惊叹扼腕。

在清华读书时，朱湘是赫赫有名的"清华四子"之一，年仅 18 岁就在《晨报》《小说月报》等有影响力的刊物上发表了多部作品，他本该拥有远大的前程，可是却因为乖戾、偏狭的性格使自己的人生发生了戏剧性的转变。他看不惯清华的各种制度，以自己的方式在和自己反对的东西顽强对抗，最终因为肆意旷课、抵制斋务处的早餐点名制度而被记大过开除。在美国留学读书时，因为外国人出言挑衅愤而退学。在安徽大学教书时，因为学校将他主持的"英文文学系"改名为"英文学系"而离开讲台，并发誓此生再不教书。他未满周岁的孩子因为没有奶吃而夭折。

生活的困顿严重影响了他和妻子的感情，微薄的稿酬不足以养家糊口，夫妻俩甚至闹起了离婚。清华、海归、教授等光环全都成了昨日黄花，贫困几乎把他逼向了绝望的境地，他不愿和自己看不惯的一切妥协，被世人当成不可理喻的神经病，由于承受不住巨大的压力和精神上的痛苦，他最后悲惨地走向了不归之路。

朱湘最后的岁月是在痛苦和孤寂中度过的，他的死对于诗坛来说是一个不小的损失，关于他的人生悲剧外界一直有不同的看法，有人认为朱湘的决绝、敏感、狂狷正是诗人的典型性格，这样的奇才不被时代所接受是因为社会太过冷酷，而梁实秋却认为他的死"应由他自己的神经错乱负大部分责任，社会冷酷负小部分责任。"并说"朱先生的脾气似乎太孤高了一点，太怪癖了一点，所以和社会不能调谐。"

心理学家说，看不惯社会上的各色人等，说不定是投射效应在作祟，以己度人。认为自己具有某种特性，他人也一定会有与自己相同的特性，把自己的感情、意志、特性投射到他人身上，并强加于人，是一种认知障碍。朱湘的悲剧恰恰与此相关，由于看不惯他陷入了一场孤独的战斗中，以一己之力和全世界对抗，丝毫不愿意做出妥协，而事实上他所坚持批判的很多事情都和追求正义无关，比如"英文文学系"更名为"英文学系"一事，根本就不值得与校方大动干戈，为此失业更是不值得。

在现代社会，看不惯已经成为了一种流行病，人们时时处处都会对周围的一切感到不满意，只要人和事和自己的心境相违背，立刻挺

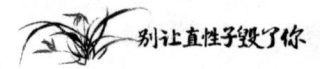

身而出，并且以凛然之势宣告自己毫不妥协的精神。其实人各有异，人也各有志，人人都有自己的一套做人准则，不可能全部按照你的要求来行事，把自己的意志强加给所有人，必然遭到群体的反对。作为一个直性子的人，你可以选择和社会上违背公义的现象抗争，但是不要把所有人都当成鞭挞的对象，因为大部分人都不在你应该斗争的范围之内。对于与原则无关，但自己看不惯的事情，你应该学会处之泰然，必要时低下高贵的头去适应。

李凌是个爱挑剔的女孩，平时对什么都看不惯，大学毕业后的第一份工作是做业务助理，由于看不惯业务经理的领导作风，在签下一笔大单后就打了辞职报告，尽管老板出言挽留、同事也劝她慎重考虑，她仍毅然决然地选择了离开，临走时还冷冷地说："这里不值得我留恋，我是不会为我的选择而后悔的。"

后来她成了一家教育机构的会计，因为看不惯大部分同事，她经常陷入各种冲突中，她觉得在办公室找不到和自己情投意合的合作伙伴，又不愿委身和自己不喜欢的人交流，又加之人际关系不断恶化，没过多久她再次离开了自己的工作单位。

由于找不到顺心的工作，李凌萌生了出国深造的想法，她想自己镀金回国就会有更大的选择权，到时一定能找到称心如意的工作。怀着美好的憧憬和无限的期待，她漂洋过海，在大洋彼岸拿到了硕士文凭，随后她又继续攻读博士，并最终拿下了博士学位，归国后她信心满满地找工作，不少跨国公司向她抛出了橄榄枝，最终她挑选了自己合意的一家公司，可是没过多久她就感到非常不适应，只要同事稍微不顺自己的意，或者规章制度不和自己的心意，她就开始没完没了地对抗，不停地对公司和同事大加指责，渐渐地她成为办公室最不受欢迎的人，后来又被迫辞去了工作，紧接着又找了好几份工作，她又因为忍受不了同事和环境而频频辞职，最后只好在家中待业。

所谓"水至清则无鱼，人至察则无徒"，凡人皆有缺点，所以做人不要太过苛刻，否则就会没有立锥之地。你看不惯老板，就会被老板炒鱿鱼；看不惯同事，就会被同事排挤出局；即使看不惯陌路人，也可能因此与人结仇。对看不惯的人强硬，只会让自己遭受更多的打击，对整个社会都看不惯，就会被社会抛弃。所以要学会接受自己看不惯的人和事，在无关大是大非的问题上，适时地低一下头，这无损于你的尊严，也不会给你的人格溅上污点，只会让你活得更加游刃有余。

2. 不要抱怨世界不公，努力打拼是唯一的出路

有人说每个人都是上帝咬过一口的苹果，人人皆不完美，人生也都不完满，所以世界是公平的。可是在实际生活中，公平是相对的，而不是绝对的，有的人生而优越，家境富足、长相甜美、活得惬意而潇洒，而有的人由于人生起点太低，整日为生计奔忙，仍然不能过上理想的生活，看着同龄人轻松地买房买车，而自己只能住在廉价的公寓内，出行只能骑自行车，免不了要愤世嫉俗、抱怨命运不公。

直性子的人如果失意，会把抱怨转化成与外界的激烈对抗。其中不乏理想主义者，认为人人生而平等，所以一切必须是公平合理的。当理想照进现实以后，他们仍不愿意向现实妥协，更不接受"理想很丰满，现实很骨感"的那一套言论，而是期望现实和理想保持一致，追求完美世界中的绝对公平。

埋怨不公平是毫无意义的，和现实世界抗争同样是没有必要的，没有人会理会你的委屈和无奈，世界也不可能按照你的个人意志来运

行，与其抱怨，不如靠自身的努力闯出一条出路，当你真正强大以后，就不会再愤恨不平了。法国作家雨果说："我只将所有的不幸注入心底，心底便开出最公平的花。"想要拥有理想人生，弱化心头的不公感，必须学会和现实世界妥协，首要一步就是接受世界是不公平的这一现实，然后用奋斗来缩小理想和现实的差距。

阿曼达和丽莎都出自平民家庭，阿曼达的父母是工人，收入平平，所以她从小就比较节俭，丽莎的父母是快餐店店员，薪水也不高，她一直对外声称自己家境贫寒。两个人的家庭背景相差不大，可是性格却截然不同。丽莎对于命运的不公充满了困惑，她常常愤怒地对别人说："为什么我只有一支笔，而我的同桌却有那么大的文具盒？"而阿曼达却从来都不自怨自艾，她学习刻苦，成绩一直名列前茅，还利用课余时间打工，积攒零花钱购买课外书来扩大自己的视野。

两个女孩长大后，走上了不同的人生轨迹。丽莎因为对现状不满，整天都那么愤世嫉俗，她咒骂生活，讨厌所有比自己过得更优越的人，有时幻想着自己能中百万大奖，彻底颠覆现在的生活。阿曼达考上了不错的大学，毕业后得到了一份不错的工作，她在不断缩小和别人的差距，她相信只要自己比别人更努力，就一定能实现梦想，过上自己想要的生活。

后来经济危机波及到了很多公司，丽莎和阿曼达所任职的公司都没能幸免，两个人都成了裁员风暴的受害者。丽莎接到裁员通知后，情绪非常激动，她一遍遍地向同事诉苦说："凭什么把我裁掉，这不公平！"同事看到她声泪俱下的样子，也很同情她，可是谁也无法改变公司的决定，据说丽莎是第一位被列上裁员名单的人，老板很不喜欢她，因为她整天都是一副气呼呼的样子，好像全世界都欠她的，裁掉她是因为不想再看到她那副愤怒的脸孔。丽莎得知事情的真相后，哭了一整个晚上，她总是在想世界为什么如此不公，让她出生在贫民之家，现在连一份糊口的工作都保不住，为什么别人都那么顺心如意，而自己偏偏就那么倒霉呢？

阿曼达知道自己的名字被列入了裁员名单后，反应并没有丽莎那么强烈，她没有向老板索要公平，也没向任何人哭诉，而是很快接受了自己被裁掉的事实，仍然像往常一样工作，打算干完最后一个月后离开。在那段时间里，她仍热情地和同事打招呼，踏踏实实地做着自己份内的工作，大家都向她投来惋惜的目光，有的人还说："这太不公平了！你是那么优秀的一名员工却要被裁掉，老板的决定是不公正的。"阿曼达却笑笑说："既然公司已经做出了决定，我只能坦然接受，我想干好最后一个月，为公司尽自己最后一份力。"

到了月末，丽莎因为还没有找到合适的工作，不得不依靠微薄的社会救济金勉强度日，而阿曼达的名字却从裁员名单上删除了，老板对她说："你未必是公司里最出色的员工，然而却是工作最努力的，裁掉你将是公司的损失，所以我希望你能继续为公司效力。"两年之后，阿曼达晋升为主管，而丽莎依旧一边拿着救济金一边痛骂社会的不公。

比尔·盖茨曾经说过："人生是不公平的，习惯去接受它吧。"所以不要奢求绝对的公平，人生的起跑线由不得你来选择，可是成长的道路却是你自己选择的。既然你无法逃避不公平的境遇，那么只有先接受它、适应它，才能有机会改变它。诗人惠特曼说："让我们学着像树木一样顺其自然，面对黑夜、风暴、饥饿、意外等挫折。"像静默的树木那样接受外界带给自己的种种不公，但是却不逆来顺受，而是以昂扬的身姿挺直脊梁，像斗士一样苗壮成长。

不要抱怨世事的不公，立即放弃愤世嫉俗的对抗，终有一日你能在摸爬滚打中探索出一条全新的路来，正所谓"天道酬勤""有志者事

竟成",风雨兼程地奋斗过你才无悔于自己的人生,如果上帝抛给你一只酸柠檬,你不要伤心地哭泣,而要设法把它榨成甘美的柠檬汁,记住,你的汗水不会白流,也许有朝一日它便能转化成喜悦的泪水,逆境能催你奋进和成长,不公平的境遇会让你更加强大。

3. 学会低头才能出头

俗话说:"直木遭伐,水满则溢;地低成海,人低成王。"只有懂得低头的人才更容易出头。可是直性子的人比较崇尚个性,骨子里透着一股清高劲,视低头为懦弱和媚态,所以总是把头抬得高高的,不但撞得头破血流,甚至连容身之所都失去了。在生活中,我们常看到许多天赋异禀的人因为不肯低头而怀才不遇,相反,那些资质平平懂得低头的人,不但事业平顺,而且后来成就了一番伟业。

低头是一种智慧,它不是懦弱的表现,选择低头不是为了向外界屈膝投降,而是为了积攒更多能量,日后蓄势待发,等到有朝一日把头高高地扬起。韩信曾忍受过胯下之辱,刘备为了请诸葛亮出山辅佐大业,曾屈尊三顾茅庐,勾践在败给吴王夫差后,每日卧薪尝胆,甚至像仆人一样服侍过夫差,最后终于一雪前耻,成为春秋五霸之一。

低头并不影响人的身高,也不会让你在人格上永远比别人矮三分,它只是一种以守为攻的处事策略。低头的目的不是为了倒下,而是为了更坚定地前行,低头不是因为迫于无奈认输,而是为了达到目标而暂时做出的一种让步。

美国政治家、科学家富兰克林有一次拜访一位老前辈,那时的他年轻气盛,走起路来昂首阔步,总是一副扬扬自得的样子,在进门时,他的头重重地撞到了门框上。富兰克林一边揉着头上隆起的大包，一边恼恨地看着把他撞痛的门框，他认为若不是门框低于自己的身高，他也不至于碰到头，搞得自己呈现出这幅窘相。

老前辈看到他这副窘态，笑着说："你一定很痛吧。不过，你这一下也不是白撞的，这是你今天拜访我最大的收获。"富兰克林对这番话感到困惑不解，他疑惑地看着笑容可掬的老前辈，默不作声。

老前辈又说："记住，人要想在社会上立足，过得平安顺利，就必须行事谦虚谨慎，懂得低头，今天你若能记住这个教训，日后必将终生受益。"富兰克林听完这席话，心中豁然开朗，他把"记得低头"四个字当成了指导自己做人处事的人生箴言，还立下了节制、沉默、秩序、决心、节俭、勤奋、诚实、正义、适度、整洁、忠贞、冷静、谦逊十三条做人原则，并身体力行地实践这些准则，最终成为了美国历史上备受尊敬的领袖人物。

富兰克林有一句饱含哲理的名言："人，要昂首天下，但也要时时记得低头。"社会的每道门都不是专门为我们量身定制的，许多大门都不符合我们的身高和体形，聪敏的人懂得弯腰和侧身，所以能自如地出入矮门和窄门，而固执的直性子们却选择昂首挺立，这样做当然会屡次碰头。

在人生的旅途中，我们会遇到一道道低矮的"门框"，能不能顺利穿行过去，并不取决于你的高矮胖瘦，而是取决于你的处事态度，人生在世，需要"记住低头"和"懂得低头"，在茫茫宇宙中，人只是一粒小小的浮尘，因此不要把自己看得太重，也不要把自己看得太高，不肯低头我们就没有机会走进更大的空间，只会被关在一扇扇冰冷狭窄的大门之外。

有一位花农在自家后院播撒了一些向阳花的种子，没过多久向阳

花就破土而出，长势非常好，金灿灿的花朵迎风招展，煞是好看。花农的儿子发现向阳花的花盘每天都追随着太阳转动，感到十分新奇。到了秋天，向阳花的花朵里结出了沉甸甸的瓜子，花盘就不再高高地扬起了，而是垂了下来。

花农的儿子产生了一个想法，他想知道仰着头的花朵结的种子会不会比低着头的更饱满，于是他把一棵向阳花的花盘固定住，让它一直昂着头朝向太阳。花朵里的瓜子渐渐成熟了，孩子伸手把一直扬着头的向阳花摘了下来，他本以为这朵花的果实颗粒会更饱满，可是结果却不是这样，花朵里面的瓜子全都腐烂了，不时散发出一股刺鼻的气味。

孩子不明白为什么会这样，于是花农为儿子解答了这个问题，他说，如果向阳花一直扬着头，里面就会积满露水和雨水，因为没有办法将这些水分排出，结果滋生了大量的细菌和昆虫，所以花盘会腐烂掉。只有低头的花朵才能结出健康饱满的种子。

已经结籽的向阳花如果不肯低头，就会因为违背了自然界的法则而惨遭淘汰，人亦如此，你不可能让客观环境主动适应你，只有主动适应环境，在该低头时低头，你才有机会攀上新的高度。甘地说："欲变世界，先变其身。"你不可能有能力颠覆世间的一切法则，但是可以通过积极的努力改变微环境，一点一点地驱逐黑暗播撒光明，把自己周围的小世界建设的更加美好，以此来强化自身的信念，可是这一切的前提是你必须有能力在凶险异常的环境中生存下来，只有这样，"改变世界"才不会沦为一个空洞的口号，而会演变成一个可以实现的事实。

4. 羽翼未丰时，必须放低姿态

鸟儿在羽翼未丰时，每日都在刻苦地学习飞翔的技巧，它低调地锻炼自己稚嫩的翅膀，为日后的一飞冲天做着充足的准备。这就像那些白手起家的人，在功成名就以前总是默默地耕耘着，从来都不对外炫耀，而是不断地积蓄着自己的各种资源，为未来的事业打下了牢固的根基。

直性子的人个性鲜明，即使身上没有傲气，处事风格也偏于高调，他们在职场上总是遭受各种各样的"围剿"，其根本原因也在于此。尤其是在出人头地之前，不懂得收敛锋芒，几乎处处受阻，未等到练就翱翔的本领就被逐出了领空，失去了发展的天地。"高调做事，低调做人"是大多数人所遵循的处事准则，羽翼未丰前不要展示自己鲜艳的羽毛，更不要夸耀自己凌空的本领，这样就可以避免引起别人的羡慕嫉妒恨，改写提前折翼的命运。

顾强是一个著名工科大学硕士毕业生，毕业没多久他就在一家大型企业谋到了研发部的职位。虽然出身名校，又有硕士文凭，顾强在工作中仍显得谦虚谨慎，经常向资深的同事请教技术难题。同事说："你是研究生，学历比我们高，还用向我们请教吗？"顾强说："我在学校里读的都是'死书'，你们在社会上读的才是'活书'，从这个角度讲，我是你们的学生，应该向你们学习读'活书'的本领。"同事见他态度如此谦虚，都愿意对其倾囊相授，顾强很快弥补了经验上的不足，工作做得越来越出色。

杨桦也是名牌工科大学的硕士毕业生，他比顾强晚一个月入职，

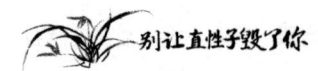

可是由于为人太过高调，没有工作多久就遭到了同事的排挤。杨桦聪明过人，学东西也比较快，做事得心应手，可是他过于棱角分明、个性太强，又非常自信，引起了同事强烈的反感。有的同事在私下里说："有什么了不起的，不就是名牌大学毕业的高材生吗？顾强就读的学校也不比他差，也没像他那么得意呀。"

在处理争执时，顾强和杨桦的做法也是截然不同的。在一个周末，两个人一起被安排加班一天，但是当月的工资里财务部却没有计算加班费，两人一起向会计咨询时，会计说："你们没把加班证明交给我啊，我当然不能给你们算加班费。"事实上，顾强和杨桦在加班后的下一个星期一就已经把加班证明交给会计了，会计分明是忘记了计算加班费为自己找借口开拓。杨桦当时就生气了，大声对会计说："我们百分之百把加班证明给你了，不要狡辩。"会计马上拉下脸来："我说没给就没给，我还能骗你们不成？"

顾强想了一下，觉得再争辩下去也没有意义，于是对会计说："可能是我们太忙，忘了把证明交给你了，我们俩现在就把加班证明补上，等领导签完字后再交给财务部领加班费。"杨桦却说："要补你自己补，我才不补，我已经给过他加班证明了，他偏说没给，这也太气人了。"结果顾强补了证明领了工资，而杨桦不但加班费泡汤了，还得罪了会计，以后每次到财务部报销会计都不给他好脸色看。

事后杨桦对顾强说："我这个人做事讲原则，黑就是黑，白就是白，我们已经把加班证明给会计了，凭什么还要再补一份？"顾强说："会计年纪大了，也许是他记性不好把这件事忘了，也可能是他不知道把加班证明放到哪里了，我们没必要和他计较，给他个面子以后也好相处。"

一年之后，顾强和杨桦都为公司研发出了好几款产品，促进了公司效益的增长，其实杨桦的研发能力比顾强要强，可是公司老板明显更看好顾强。顾强成为公司的工程师后依然没有一点架子，对待所有的同事都很和善，而杨桦由于做人不够低调，不但得罪了不少人，还受到同事嫉妒，经常有人故意刁难他。后来两人一起竞聘项目经理一职，顾强胜出，杨桦不服，老板把他叫到会议室单独和他进行了一次谈话。老板说："年轻人，做人不能太高调，能力虽然重要，但是为人处世也很重要，你和大部分同事都合不来，怎么能胜任项目经理一职？"杨桦终于认清了自己的软肋，可惜他已经错过晋升机会了。

在个人实力尚未壮大前，不能处处示强，而要学会低头忍耐，恃才傲物是做人的大忌。低调做人才能不招人嫌、不招人嫉，即使你真的满腹才华、能力超群，也要学会藏拙。取得成绩时不要沾沾自喜、自鸣得意，而要感谢所有为自己提供过帮助的人，懂得与人分享成功的喜悦，所谓："独乐乐不如众乐乐"，与其一个人独霸舞台惹人妒忌，不如大方地邀请众人一起沐浴胜利的荣光。不要看不起任何不如自己的人，也不要轻易向他人展露肌肉，无论你学历有多高、能力有多出众，都要虚己待人，时时刻刻充实和丰盈自己，使自己的羽翼变得更加丰满，只有这样日后才能飞得更高。

5. 学会"示弱"，不要"示威"

我们常用"毫不示弱"来形容勇敢无畏的人，可是处处不肯示弱的人往往不能成为最后的赢家。反倒是懂得示弱的人为人低调，心态平和，不逞强，不占先，反而取得了更大的成就。人人都会示威，只有少数人理解示弱的妙处，示威是一件很容易的事，示弱却需要莫大

的勇气。

直性子的人比较好强，素来不肯示弱和低头，也不愿让任何人看到自己的弱点和眼泪，这是因为他们想对外维持一个强大完美的形象。可是处处争强好胜的人，会给别人带来巨大的压迫感，甚至被某些人视为威胁，被妒火中烧的人视为眼中钉肉中刺，不知不觉就有了很多敌手。而当你适度地让别人了解自己的弱点时，往往容易触及到他人心底最柔软的部分，能迅速解除对方的戒备心理，赢得对方的信任。

美国著名心理学家纳特·史坦芬格曾经对求职者做过这样一场测试：他要求 4 名来应聘的人一边用小型煮炉煮牛奶，一边做自我介绍的录音。第一位求职者说自己在学校成绩一直名列前茅，而且具有较强的社会活动能力，最后特意提到自己煮牛奶煮得不错。第二位求职者也强调了自己良好的学习能力和社会实践能力，不过他在报告最后提到自己不慎碰倒了煮炉，牛奶也糊了。第三位求职者说自己的学业糟糕，也没有社会组织能力，不过牛奶煮得非常好。第四位求职者同样学业差劲，社会组织能力欠缺，而且牛奶煮得也很差劲。

纳特·史坦芬格认为这四位求职者代表四种类型的人：第一类几乎十全十美，看不到什么缺点；第二类很完美，但略有瑕疵；第三类有欠缺但也有所长；第四类人一无所长。表面看来第一类人应聘成功的概率更高，可事实上公司更青睐于第二类人，毕竟完美的人在现实中是不存在的，人人皆有缺陷，面面俱美只是一种表象。试图把自己打造成完美人物的人通常会被认为华而不实或故意做作，招聘方对这类人通常是有疑虑的。而一个真正优秀的人才，即使白璧微瑕，暴露出一些弱点也是可以被接受的。

示弱不是把自己的软肋或硬伤暴露给别人看，因为那样做会给自己招来麻烦和危险。示弱是把自己身上的小缺陷毫不掩饰地呈现出来，让人感到更加真实可信，给人留下坦诚的好印象。在通常情况下，人有弱点才更有亲和力，无懈可击的人会让人觉得冰冷和难以接近。

在电视屏幕上，我们经常可以看到这样的镜头：一个瘦弱矮小的男人却将高大健壮的对手击倒在地，这说明表面上强大的人未必真的强大，而表面上羸弱的人未必真的羸弱。"示弱"不代表自己就真的软弱，"示威"也不代表自己真的就是强者。事实上，喜欢示威的人往往都是虚张声势，不少人其实就是纸老虎。而懂得"示弱"的人有时体现的才是真正的强者风范。会"示弱"的人能够接纳自己的缺点，同时在与对手狭路相逢时懂得让步，使自己不至限于与他人剑拔弩张的境地。而为了所谓的自尊和虚荣心，把自己伪装得强大而完美，不断叫嚣和示威，总和别人硬碰硬的，是一种幼稚和鲁莽的表现。

郭斌在校时是位出类拔萃的优等生，可是毕业一年之后却仍没找到用武之地，换了好几次工作以后屈居在一家效益不佳的小公司工作。在同学聚会时，郭斌感到非常尴尬，因为许多成绩不如自己的同学发展得都比自己好，有人下海经商成了老板，有人在外企做高管，还有人成了技术骨干人员，郭斌却只是一个普普通通的小职员。

大学同学李云感到奇怪，忍不住问道："以你的才干早该在职场上混得风生水起，怎么可能没有用武之地呢？"郭斌苦闷地说："这有什么好奇怪的，人才无论走到哪里都会遭到嫉妒和打压。"说完长叹了一声，眼里一片茫然的神色。后来李云在一次产品展销会上遇到了郭斌的上司，这才弄明白了郭斌郁郁不得志的原因，郭斌的上司说："郭斌是个难得的人才，可是太过逞强好胜，不把任何人放在眼里，若论能力他是没有什么可挑剔的，可是太不会做人，总和公司里的老同事发生冲突，经常寸步不让，成了公司里最不受欢迎的人，尽管这样我还是非常欣赏他的才能，有好几次都想提拔他，可是遭到了公司大多数

人的反对，我也没有办法，只能眼睁睁地看着他的才能被埋没了。"

郭斌怀才不遇是因为他一味向别人示威，不懂得示弱之道。示弱是人际关系的润滑剂，可以消除人与人之间的隔膜，增强互信和理解，放低姿态，以礼让和宽容的方式对待别人，有时会收到意想不到的效果。美国心理学家做过这样的一项调查：一个体格健壮的彪形大汉过马路时，愿意给他让路的车辆不到50％，这类人横穿马路时发生车祸的概率是很高的，而一个老弱病残过马路，人们都会选择主动避让，车祸发生的概率几乎为零。弱和强，在某些情况下，收到的效果完全相反。示弱反而得了强势，而逞强示威反而会处于弱势。在与人相处的过程中，示弱是一种智慧，它不但能给你带来和谐的人际关系，还会让你的人生走向坦途。

6. 有一种智慧叫弯曲

小草被重石所压，为了生存而改变了生长的方向，沿着石间狭窄的缝隙弯弯曲曲地弹出头来，终于谱写出了生命的赞歌。竹子是自然界中最具韧性的一类植物，即使受到狂风侵袭，仍能免遭厄运不受损伤。在热带地区，台风过境时，竹子会立刻弯曲下来，等待风暴吹过，才弹回原位，靠着这种生存的智慧，无论经历多么可怕的风暴，它们仍能安然无恙。在重压面前，小草和竹子都选择了弯曲，这是它们生机盎然的秘密。

直和弯是一对相对概念，直性子的人宁直不弯，甚至宁折不弯，认为做人就应该顶天立地，不能被外界的压力压弯自己不屈的脊梁。他们只能看到小草顽强的生命力，却认识不到小草对环境的妥协，只能看到竹子的坚韧和挺拔，却意识不到竹子在抗击风暴时已经弯过无数次腰。

其实弯曲是一种智慧和策略，它并不代表懦弱，也并非意味着丢掉原则，弯腰是为了避过重压和风险，保存有生力量，俯下身去是为了凝聚能量把腰挺得更直。起跳时的屈膝是为了成功一跃；盘山道的弯曲是为了减少阻力；弯曲的弓能射出更有力的箭。弯曲可以化阻力为无形，为自己赢得更广阔的发展空间。

加拿大魁北克有一个南北走向的山谷，西坡长满了松树、柏树和女贞树，东坡只有雪松。山谷东西两侧景色各异，许多人都不知道原因何在，揭开这个谜底的是一对感情失和的夫妇。这对夫妇婚姻生活出现了严重的问题，为了在婚姻关系破裂前挽回彼此，他们来到魁北克的山谷进行一次浪漫旅行。两人约定，如果能在这次旅行中重修旧好，就继续生活，如果不能则和平分手。

夫妇俩来到山谷时，天降大雪，他们马上支起帐篷躲避酷寒，望着外面纷纷扬扬的大雪，他们发现由于风向的原因，山谷东坡的雪比西坡大得多也密集得多。没过多久，长在东坡的雪松上已经落了一层厚厚的积雪，夫妇俩都很担心树枝会被厚重的积雪压断，可是等雪累积到一定程度，雪松那富有弹性的枝丫就会弯曲下来，使树枝上的积雪滑落。大雪反复沉积，雪松反复地将其抖落，每次它都会让枝丫向下弯曲，将积雪从树枝上卸下，所以无论雪下得多大，它都能完好无损地挺立着。而山谷中的其他树没有这个本领，树枝都被大雪压断了。

妻子望着一片雪松，对丈夫说："山谷的东坡一定也长过其他的树，不过它们因为不会弯曲枝条都被压断了，最终被大雪摧毁没能生存下来。"丈夫非常认同妻子的看法，他说："我们揭开了山谷两侧景色迥异的谜题，也悟出了人生的道理，对于外界给予自己的压力要尽

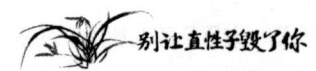

力承受，如果实在承受不住，就要学雪松，适时弯曲，卸下重负。"两个人互相望着对方，从彼此的眼睛里看到了修好的诚意，于是紧紧地拥抱在了一起。

人生在世，压力无处不在，在不堪重负时不妨像雪松那样弯曲一下，这样就不会被外界的压力压垮，也可以像石缝中冒出的小草那样灵活地拐个弯，这样就不至于被残酷扼杀。弯曲是一种弹性的生存方式，它不代表失败，当你负荷太多时，要学会卸下多余的重担为自己减负，轻装上阵你才能避开重重阻隔，于峰回路转中迎接柳暗花明。

不懂弯曲的溪流在奔腾入海前就已经干涸，而会弯曲的小河，随地势流淌，在曲曲折折的过程中奔向大海，人亦如此，刚直易折，拒绝弯曲，时时刻刻都要挺直脊梁，结果就会把自己的脊梁压断。我们都有这样一个常识，人在扛起重物时都会先弯一下腰，然后用力挺直身躯，如果没有弯腰这个动作，那么身体根本承受不住那样的负荷。何时该直，何时该曲，存乎一心，一味地固执挺立或是一味躬身前行都是不可取的，正确的做法是当直则直、当弯则弯，任何时候都不要太过偏颇，遇到矮檐不要恃才傲物，弯一下腰、低一下头，即使没有掌握什么闪转腾挪的本领，也能顺利穿过逼仄的空间，走向更加光明的未来。

有一位计算机博士在美国求职，连续奔波数日，屡次碰壁，一点斩获都没有。高学历的人才有时很难找到合适的工作，学历高的人期望也较高，容易高不成低不就，很多企业不愿花重金雇佣学历高但实践经验缺乏的人，所以博士生未必是求职者当中的香饽饽，他们如果不能调整好自己的位置，放下身段，很有可能长期被应聘方拒之门外。

这位计算机博士生连连受挫后只好来到一家职业介绍所应聘，他没有出示学位证件，只是简单地做了登记，没想到很快就收到了录取通知，于是他成为了一名程序输入员。这个岗位对于一个博士生来说当然是大材小用了，可是他却没有嫌弃这份工作，愿意屈居这个职位，踏踏实实地工作，很快，老板就发现这个小伙子才思敏捷，不同于一般的程序输入员，这时他拿出了学士证书，老板给他调换了和他学历相匹配的岗位。

不久，老板又发现这个小伙子能提出很多独到的见解，其本领远在一般大学生之上，他又拿出了硕士证书，老板把他提拔到了更高级别的岗位上。半年后，老板发现他能解决很多技术难题，于是再三盘问他的学历，他才承认自己是一名博士生，因为不好找工作而隐瞒了自己的学历。第二天上班，没等他亮出博士证书，老板就宣布提拔他为公司的副总裁。

这位计算机博士无疑深谙"弯曲"之道，在直面矮檐时，他主动放低了身段，为自己谋得了基层职位，然后通过出色的表现赢得了老板的认可。试想一下，如果当初他在面对求职压力时，一直不肯弯腰，结果会怎样呢？他会花更多的时间继续为找工作奔波，长期高不成低不就，除了空耗青春，不会有任何收获。在压力和困境面前，优雅地躬一下腰才能通过窄门步入华堂，从逼仄走向辽阔。懂得弯曲的人才能伸缩自如、游刃有余，才能步履稳健地走向康庄大道。

7.　不张扬的个性更从容

达·芬奇说："微少的知识使人骄傲，丰富的知识使人谦逊，所以空心的禾秆高傲地举头向天，而充实的禾穗却低头想着大地，向着它的母亲。"你可以有一颗昂扬的心，可是行为却不能过于高调，更不能

张扬。张扬不过是浮华的较劲，虚荣的比拼而已，过于张扬就成了张狂，终有一日会在高调炫耀中自取其辱。

直性子的人崇尚率性而为，个性张扬，也许他们并非是处于骄傲而处处彰显自己，只是做人不懂得收敛，无法做到"风来疏竹，风过而竹不留声；雁度寒潭，雁去而潭不留影"，总想处处留下自己的印记，凡事好表现，结果受到别人的排挤和打压，诸事不顺、步履维艰。反而一些不事张扬、谨慎低调的人更容易在激烈的竞争中胜出，受到老板和上司的垂青和同事的信任和拥护。低调谦和反而成了制胜的法宝。

林伟刚进公司时，老板宣布在半年之内，表现出色的员工将被提拔为销售助理。这个承诺对于每位员工来说都是一个不小的诱惑，对于像林伟这样的职场菜鸟来说更是如此。面对晋升机遇，林伟跃跃欲试，他不愿错过这样的大好机遇，于是每天都卖命工作，时刻鼓舞自己，暗暗发誓一定要荣升为销售助理。

和林伟同时加盟公司的新员工一共有 4 个人，其中一个人进入了客服部，剩余三个人都被安排在了销售部，大家都对助理的职位产生了浓厚的兴趣，竞争显得尤为激烈。为了让自己早点脱颖而出，林伟在任何场合都要出风头，每次公司开会，他都会当仁不让地主动发言，对市场行情侃侃而谈，还对公司产品和服务的缺陷做了种种分析，提出了很多改革方案，他的那种初生牛犊不怕虎的姿态给所有领导留下了深刻的印象。然而并不是所有人都欣赏这个一身锐气的年轻人，多数高层领导认为林伟爱浮夸，而且有些自大，对市场形势一知半解，对公司的产品了解也十分有限，他提出的观点漏洞百出，所做的报告都是博得眼球的肤浅之作。

同事们对于林伟也有很多负面评价，他们认为林伟爱出风头，做人太过张扬，喜欢夸夸其谈，却缺少真材实料，为了让自己出头，一点也不考虑自己的行为对公司的影响，刚工作不久就开始对公司指手画脚，显得无比浅薄和轻浮。林伟却一点也不在乎别人怎么评论自己，他觉得只要老板能看到自己的优秀就行。由于林伟行事张扬，他渐渐地成为了销售部的焦点人物，然而他也在不知不觉中成了众矢之的。每次和同事发生争执时，其他人就和其对手团结一致打压林伟，林伟因为寡不敌众，经常败下阵来。为此，林伟可受了不少气，吃了不少亏，可每次向上级领导反映，上级领导都站在同事一边，这让他更加气愤。

　　林伟感到十分委屈，知道上级领导不会为自己主持公道，就直接闯进老板的办公室诉苦，让他万般没有料想到的是，老板也劝他不要意气用事："年轻人，一个人的能力固然重要，可是不能为了彰显自己的能力，就影响了和同事们的友好相处，你的努力我看在眼里，可是作为团队管理人员，必须懂得如何为人处世。""不是我不想好好和他们相处，是他们总爱找我麻烦，我真不知道自己是怎么把他们得罪了，他们总是联起手来对付我。"林伟说。"你为人太过张扬，可能他们看不惯。"老板提出了自己的看法。"我展示我自己难道有错吗？"林伟不解地问。"你展现自己的实力是没有错的，可是做事的方法是错误的，你太高调会让别人不舒服，太有锋芒会给他人带来压力，好出风头又会让人觉得华而不实。"老板循循善诱地开导道。林伟这才恍然大悟，惭愧地低下了头。

　　直性子的人除了好张扬不愿掩饰自己外，还有一个原因是担心自己的才能被埋没，毕竟"酒香也怕巷子深"，在职场的舞台上不展示自己，就很难获得更上一层楼的机会。这种担心自然有几分道理，展露才华没有错，可是过于彰显自己就会显得浮夸和幼稚，难免惹人厌烦。

天空从不炫耀自己的高度，宇宙却赋予了它无限的海拔；大地从不夸耀自己的宽广，宁愿被踩在脚下，而它却是万物生灵赖以生存的沃土。是金子总会发光的，你虽不必把自己修炼到"俯首甘为孺子牛"的境界，可仍需有几分谦恭的姿态，只有这样人们才能透过你朴素的外表发掘到你掩饰不住的光芒。

有些直性子的人有才气、有锐气，敢想敢干，可是在和同事相处时也应该调整好自己的心态，收敛起灼人的锋芒，不要太过张扬，而要学会低下头来虚心学些真本领，在充实自己实力的同时增强自己的底蕴和内涵，只有这样才能从容笑傲职场。

8. 抬头抱怨不如低头实干

美国《时代》周刊有这样一句话："抱怨真的就是口臭，它会传染，而习惯抱怨的人，就是在往自己的鞋子里倒水。"可是在现实生活中，到处都有"牢骚族"和"抱怨族"，他们经常调转枪口指向不同的角落，不停地抱怨环境，批评和数落别人，目力所及之处到处都是毛病，不去出言炮轰心里就不痛快。

直性子的人大多也爱抱怨，也许他们会说遭遇不公平的待遇当然要抱怨，抱怨是发泄的主要途径，如果连这个权利都被剥夺了，岂不更郁闷了？所以我们经常听到基层职员聚在一起抱怨："工作是我们做的，受表扬的却是经理，功劳全让他一个人揽了，这太不公平了。"而经理听到这样的话却会说："人在看表时是不是先看时针，再看分针，秒针运转的次数最多可是却没有人会看它一眼。"言下之意，感到不公平就要付出更多的努力，使自己跻身于更有利的位置上，而一味牢骚抱怨是没有任何意义的，也改变不了任何事情。

抱怨是这个世界上最消极的语言，哪怕抱怨的内容揭示了某种真相，它也无助于你解决任何问题，喋喋不休地抱怨自身的不幸，却不肯采取有益的行动，就会使自己从一个不幸的漩涡卷入到另一个不幸的漩涡，真正有所作为的人从来就不会浪费时间抬头抱怨，而是把更多的时间和精力投入到了低头实干中，因为他们明白抱怨无用，只有实干才能改变一切。

于亮是一家电器公司的普通员工，他所在的公司规模不大，雇员只有三十余人，公司人力、物力、财力都严重不足，产品市场占有份额也十分有限，开发市场迫在眉睫。可是由于人手不够，每个市场只能派一名雇员去，所以大家的压力都比较大，于亮被安排开发西部的一个市场。

于亮在那个西部城市举目无亲，初来乍到遇到了很多困难，光是吃饭和住宿就花了不少钱，为了节省开销，于亮经常步行拜访客户，有时连公交车都不舍得乘坐。为了及时和顾客见面，他常常顾不上吃饭就出发，从来就没有迟到过，因此给客户留下了守时的印象。于亮租住的屋舍非常简陋，春天刮沙尘暴时不少沙子通过窗户缝隙渗进来，搞得屋里肮脏不堪，夏季非常炎热，里面却没有空调，热得像蒸笼，冬季天气异常寒冷，由于供暖不足，里面冷得像冰窖。生活如此艰苦，于亮却从未抱怨过，他每天都把心思用在拜访客户上，不曾被糟糕的环境打败，也不曾停止前进的步伐。

有一段时间，公司因为资金匮乏，连产品宣传资料都不能及时供应，于亮就自己挽起袖子亲自来写宣传资料，因为写得一手好字，资料发到客户手上后反而引起了更强烈的反响。每次遇到难题时，于亮都尽量不让自己陷入抱怨情绪当中，他对自己说："开拓市场是我的责

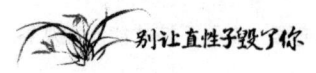

任，抱怨不能解决任何问题。"于是他毅然选择坚守在自己的阵地上，默默地为开发市场努力奋斗。

其他员工的心态都不如于亮，他们不是抱怨公司待遇差，就是抱怨环境艰苦、工作艰辛，对公司领导更为不满，认为领导们舒舒服服地留在原地坐镇指挥，自己却要在异地他乡奔波劳碌，所得的工资却比领导少很多，这着实不公平，他们更不能忍受的是无论哪个区域的市场开发得好，受到老板表彰的都是区域经理，而受苦受累的却是普通员工。有的员工变得愤世嫉俗，经常在网上发帖抱怨公司是如何不公道，自己是如何受尽委屈，还有的员工向朋友大倒苦水，说自己自从接到拓展市场的业务以来在短短几个月内消瘦了十多斤。平时员工们也喜欢 QQ 群里调侃公司泄愤，只要有一个人指出令人气愤之处，立即得到广泛的响应，有位员工说："连宣传资料都印刷不起，还让我们开拓市场？"另一位员工马上接茬说："公司是想让我们用嘴宣传，顺便锻炼一下我们的口才。""我们口才再好有什么用，产品打开销路了，最大的受益者还不是区域经理，我们这些虾兵蟹将只能看着别人吃肉自己喝汤。"员工们你一言我一语地热聊着，根本无心再去拜访客户。

一年之后，许多员工都陆续辞职了，剩下的营销人员被调回了公司，于亮凭着出色的业绩被提拔为市场总监，其他业绩不错的员工也拿到了优厚的提成，那些整天抱怨、提前辞职的员工通过社交网络得知了这一消息，都感到后悔不迭。

抱怨如同诅咒，不但会让人止步不前，还会让人退步。人一旦被抱怨束缚，就不会积极想办法解决问题，对于工作只会应付了事，这种做法无异于自毁长城。我们常能发现社会上有许多才华横溢的失业者，他们都有一个共同的特点，那就是不停地谴责和抱怨原来的工作，不是怪老板不能慧眼识英才，就是怪同事嫉贤妒能，要么责怪公司制度和工作环境，总之牢骚满腹，他们只是沉湎于抱怨，忘记了低头实干，结果沦为了可悲的失败者。所以，千万不要让抱怨主宰自己的生活，即便你因为性子太直，在社会上处处碰壁，也不要把责任全部推给外界环境，如果你希望改变自己的处境，首先要学会停止抱怨，然后平心静气地埋首工作，从"牢骚族"中的一员蜕变成一个实干家。

9. 能屈能伸才能咸鱼翻身

俗话说："大丈夫能伸能屈"，这就如同热胀冷缩的原理一样，人随着情势的变化或伸或曲是出于趋利避害的本能。直性子的人却往往能伸不能屈，伸时潇洒从容，待屈时便感万般屈辱，所以宁愿承受任何伤害也不肯屈膝，结果做不成大丈夫，反而在落魄潦倒中度过了残生，这何尝不是件莫大的憾事。

世间万物大多是先屈后伸的，草木在萌芽之前都是屈着身子的，动物在胎腹中也都屈卷着身体，人类的胎儿在母体中孕育时也是屈着身体生长的。所以生命伊始，最初的形态是屈而不是伸。冯梦龙在《智囊》中说，人和动物一样，在形式不利时，应当以屈为伸，只有这样才能免于倾覆和灭亡。人太刚强，能伸不能屈，易受挫折，只有能伸能屈，屈伸有度，才能化不利为有利，然后咸鱼翻身成为最终的强者。

徐俊和严诚是同一所学校的毕业生，两个人所学的专业都是酒店管理，毕业后进入了同一家国际大酒店上班。由于没有相关工作经验，两人不得不从基层做起，成为了酒店的服务生。徐俊觉得做服务生可

以让自己迅速了解酒店行业，是在为未来打基础，因此对于这个岗位并不排斥。严诚却觉得屈才，认为自己寒窗苦读十余载，又接受了四年高等教育，凭什么一下子就降格成了服务生，因此心中郁郁不乐。

大学生刚刚步入社会时，动手能力普遍较差，在实际工作中难免经常犯错，徐俊和严诚所从事的工作虽然简单，但是刚入职时也没少出差错，每次出错都免不了要受到主管责骂。面对主管毫不留情的指责，徐俊选择了忍耐，他想每次挨骂后自己都能得到一些启示，学到一些东西，所以被批评并不见得是什么坏事，因此能坦然接受主管的责骂。而严诚却不这样想，他觉得自己一个堂堂大学生屈身做服务生已经很委屈了，结果还要忍受主管的责骂，这种日子简直暗无天日，所以每次主管开口责怪他时，他都立即出言反抗，总是和主管针锋相对，大吵一架后心中的郁气才得以平息。

主管对待服务生比较严厉，很多服务生见到主管都畏惧三分，常常想方设法避开主管，有的人看到主管身影就会逃之夭夭，而徐俊却从来都不躲避主管，每次见到他都会礼貌地上前打招呼，还会主动请教自己在工作上需要改进的地方。严诚也不避主管，不过他因为多次和主管发生冲突，每次见到主管都心生恶感，所以从不与主管打招呼，即使面对面擦肩而过也能做到目不斜视，他就是通过这样一种无声的方式来表达自己内心强烈的不满和抗议。

渐渐地，主管批评徐俊的次数越来越少，批评严诚却越来越频繁，这并不是因为主管喜欢徐俊讨厌严诚，而是因为徐俊在自己的批评指正下弥补了工作上的很多不足，出错的几率越来越少，而严诚为了显示拒不屈服的气概，不肯配合上级的工作，对于批评持抗拒态度，工作不但毫无改善，而且出错的概率越来越高。

一年之后，主管在晋升为经理后，将徐俊提拔为主管，而严诚仍然留在基层工作，几乎一点起色也没有。主管语重心长地对徐俊说："经过长期观察，我发现你工作勤勉，而且谦逊好学，最重要的是有一种能屈能伸的精神，虽有高学历也愿意在最基层的岗位上踏实工作，受到批评也能虚心接受，并能及时改正自己的缺点，你具备一个管理人员应当具有的基本素质，所以我是非常看好你的，希望你能再接再厉。"徐俊回答说："我一定不会辜负您的期望。"严诚看到与自己同时入职的校友升职成了自己的上司，心里非常不平衡，于是选择了辞职。

在人们的固有观念中，屈伸代表进退，屈就意味着投降，伸则意味着胜利，这种理解其实非常表面化。人生中的"屈"与"伸"并非那么简单，两者并不是绝对对立的关系，有时是辩证统一的，比如人在走路时双腿要先屈后伸才能行进，人要抓取东西时也要通过手的屈伸动作来达到目的，"屈"是"伸"的前置动作，"屈"的目的是为了"伸"。

漫漫人生路，有时我们要跋山涉水、乘风破浪，有时屈一下身就能昂扬成擎天柱，而在不利的环境下始终不肯屈身就可能留下终生的遗憾，陶渊明不愿为五斗米折腰，挂印辞官，回归田园，虽留下了不少脍炙人口的诗词，然而却失去了施展才华、为国效力的机会。而郑板桥懂得屈身，积极入世，与官场上的不良现象做斗争，为老百姓做了不少实事。项羽兵败之后选择乌江自刎，失去了东山再起的机会，司马迁受了腐刑却坚持写完了流传千古的《史记》……只能"伸"不能"屈"的人很难从人生的低谷中走出来，而能屈能伸的人却能成就一番事业，实现自己的人生目标，所以屈伸自如的人才能傲视群雄，走上人生的巅峰。

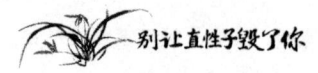

10. 牙硬而早落，舌软却无损

老子说："满齿不存，舌头犹在。"一语道破了刚与柔的真谛。牙齿虽然坚硬，但是不能长久，几经磨损碰撞后便脱落了，舌头虽然柔软，却可以一直保持饱满灵活的状态，即使牙齿全部掉光，它依然完好如初。牙齿刚硬了一辈子，最后颗粒无存，舌头柔软了一辈子，却始终完好无损。这足以说明刚则易断，柔可长存。

论秉性，直性子的人像牙齿一样刚硬，即使他们的内心也有柔软和细腻的一面，外表呈现出的也是刚硬的状态。他们像牙齿一样刚强尖刻，有时甚至不惜以卵击石，碰得头破血流依然不悔。直性子的人不懂得克制和忍耐，也不愿意含蓄地生活，有的人终生保持着牙釉质的硬度和热血沸腾的性格，以致处处受冷遇，历经坎坷，失去了施展才华的天地，甚至不能在社会上立足。

蒋彤和董凌是同一家公司的员工，两个人在同一个主管手下做事，这位主管号称咆哮女王，经常在办公室里上演河东狮吼的戏码，几乎每天都要吼上一阵子。为此手下的员工可谓是吃尽了苦头。有的整天提心吊胆，主管一张嘴就紧张得两腿发麻，有的索性辞职走人，大多数人还是想留在这家颇有发展前景的公司，他们在私下里说："我就不信咆哮女王会永远守在这个位置上，她早晚是要走的，我们不能先离开，等她走了，我们就有好日子过了。"蒋彤和董凌却不像其他员工那样乐观，毕竟公司没有更合适的人代替这位咆哮主管，否则老板早就把她替换了，因为她的脾气连老板都忍不了。下属注定要和她进行一场持久战。

主管是天生的烈性子，脾气又硬，责骂员工从来就不留情面，董凌的脾气也是又直又硬，两个人难免经常出现冲突，面对主管的发飙，董凌毫不示弱，成了整个部门唯一敢和她对抗的人。主管不止一次地说："我发火从来不针对任何人，只是为了工作，也许你们觉得我对你们的要求太过苛刻，可是如果我不严格要求你们，你们能把工作做好吗？"董凌却不以为然："别总拿工作说事，你就是一个情绪化的人，有着超高的标准和超低的耐心，你发火是因为你没有自控能力。"听完这席话，主管的脸色变得很难看，她提高嗓门对董凌说："董凌，我对你已经足够有耐心了，你多次出言顶撞我，我都没有和你计较，今天，你必须为自己的言论付出代价。"董凌的奖金就因为一次激烈的争吵全部泡汤了。主管本来想炒她鱿鱼，因为一时招募不到合适的人，就暂时让董凌留在了自己的部门。

蒋彤的个性和董凌不同，她个性柔和，较为文静，办公室的同事给她起了个绰号，叫做淑女。主管对待她和对待其他员工并没有什么不同，总是以恨铁不成钢的名义对她发火，每当主管指出她工作的瑕疵，大声问："知道自己错在哪里了吗？下次不要再犯这么低级的错误。"她都会心平气和地回答道："知道了，下次我一定注意。"而董凌则会以同样分贝的声音吼回去："知道了！"

董凌搞不懂蒋彤为什么要一味忍让，认为她性格太懦弱了，蒋彤却对她说："我们和主管的地位不对等，硬碰硬等于以卵击石，对待这样的主管只能以柔克刚，爱咆哮的主管一般有三种类型，一种是自恋型，认为只有自己能把工作做得完美，而其他人无论怎样都不能把工作做到位，所以比较挑剔，也爱发火；第二种是缺乏安全感型，这类人信心不足，要靠发怒发威来树立威信；第三种是情绪失控型，这类人工作压力太大，心情烦躁，因此会把怒火转嫁给员工。第一种人需

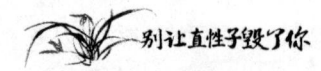

要的是赞美，第二种人需要的是尊重和服从，第三种人需要的是安抚。咱们主管属于第二种类型，她知道下属表面服从自己，心里却不认可自己，她也清楚老板并不喜欢她，自己在公司的地位并不稳固，对待这类人你不能直接挑战她的权威。"

董凌说："你分析得有几分道理，可是我真的忍受不了她。"蒋彤对主管采取的是以柔克刚的策略，董凌却一直坚持以刚制刚，一年之后公司招募了新人，董凌被辞退了，蒋彤却被提拔为助理，薪水也有了较大的涨幅。

人身上最坚固的部位是牙齿，可是最容易脱落的也是牙齿，以硬度而论，舌头是脆弱的，牙齿甚至能将其咬断，然而舌头柔软灵活，有着持久的生命力，这是牙齿无法比的，可见"柔弱"和"坚硬"之间也不是那么容易分辨得出的。个性刚硬的董凌失去了工作，而柔弱的蒋彤却获得了晋升，这说明有时柔性的力量远远强过刚硬。玻璃坚硬，一摔即碎，水至柔却无敌。与其通过硬碰硬的方式来打败别人，导致两败俱伤，还不如以柔克刚，于无声处感化他人。在地位严重不对等的情况下，一味展示自己的强硬，必然招致更多的打压，而如果能将"百炼钢化绕指柔"，便能消解敌意，为自己赢得更有利的发展契机。

第七章

不做孤岛，架起心与心之间
的桥梁：改变以自我为中心的性格弱点

海明威在《丧钟为谁而鸣》中写道："每个人都不是一座孤岛，一个人必须是这世界上最坚固的岛屿，然后才能成为大陆的一部分。"尽管岛屿与大陆之间隔着汪洋，可是皆属于大陆的一部分，这就像人与人之间的联系，每个人都不是孤岛，只有在心与心之间架起情感的桥梁，我们才不至于太孤单，然而直性者太过以自我为中心，以致让自己沦为了与世隔绝的孤岛。以自我为中心是一种不受欢迎的人格特质，多数直性子者都有强烈的自我中心意识，他们只关心自己的需要和欲求，毫不在乎别人的感觉，给人的感觉是粗鲁、莽撞、任性，常会挫伤身边的人。

直性子者为人诟病最根本的原因就是过于自我，他们把自己的主观感受凌驾于所有的法则和价值观之上，经常无视和不尊重别人，所以会沦为人们口诛笔伐的众矢之的，敌人多过朋友。直性子者有必要审视自己的人格特质，纠正自己的意识偏差，学会为别人着想，只有这样才能全面改善自己的人际关系，同时使自己成为一个更优秀更善良的人。

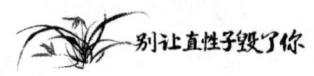

1. "我"和"我们"只是一字之差，却有天壤之别

直性子的人每每开口都喜欢以"我"做主语，他们从不说"我们"，由于长期活在自我的世界里，他们对周围的环境缺乏归属感和认同感，即使和别人没有发展到水火不相容的地步，也很难顺利融入集体。因为"我"和"我们"虽然只是一字之差，却有天壤之别。"我"代表一个独立的个体，而"我们"则代表一个团结的群体。直性子的人崇尚个性，自然更重视"我"，而非"我们"，因为他们不想被群体淹没，失去自我，可是太过自我往往意味着与群体对立。

在经济全球化浪潮的裹挟下，分工协作已经成为了社会主流的工作方式，绝大多数工作都需要多人密切配合完成，团队合作精神已经深入人心，单打独斗的英雄主义时代已经一去不复返了。只强调"我"而忽视"我们"显然是不行的。一个人的力量是渺小的，一个单独的个体在重量上轻若鸿毛，在智力上抵不上三个臭皮匠，人与人之间只有进行信息交流共享和密切协作才能发挥更大的作用，完成更宏大的目标。

刘畅和王浩在毕业前夕，同在一家大型广告公司实习。老板承诺在三个月内，如果他们能迅速适应环境，就将其聘为正式员工。能在小有名气的广告公司实习，两个人已经感到很荣幸了，他们觉得自己一定能在这家公司学到很多有用的东西，假如能成为正式员工，那么必将前途无量。

两个人在大学时学的都是广告专业，刘畅文笔比较好，也偏好写作，因此被安排进了文案策划部门，成了一名实习文案。王浩爱好美术，脑海里有许多奇思妙想，因此主动要求到设计部实习。文案策划部和设计部虽然各司其职，可是有时也需密切配合，两个部门之间经常互通信息，比如要为客户制作一份企业宣传册，两个部门必须通力协作才能做到图文并茂，获得客户的认可。

刘畅自进入部门后，就成为了集体中的一员，他自觉配合同事的工作，经常与大家共享信息，很快就将理论和实践结合了起来，不但文案写得有模有样，还提出了很多好点子。王浩的适应能力却远不如刘畅，他平时比较自我，设计东西全凭个人感觉，工作起来不喜欢被打扰，所以很少与同事交流，他几乎每天都沉浸在自己的世界里，和同事形同陌路。有一次老板吩咐设计部门为客户制作一套企业画册，每个人负责其中的一部分，为了让整套画册看起来浑然一体，设计部门的员工必须加强沟通。设计部的员工聚在一起商量画册的整体风格时，王浩却没有参与讨论，他一个人埋头做起了工作。同事们也不想理会他，大家一致决定派人另外设计一份王浩参与的画页，这样即使王浩的设计风格与整体画册不符，也能及时补救。

刘畅将拟定好的文案交给设计部门，并与设计师们交换了意见，做出了部分合理的改动，等他向王浩征求意见时却没有得到回应，王浩心不在焉地说："我是负责设计的，对文字一窍不通，你看着办就行了。"刘畅说："可是文字的主旨必须和设计的内容完全相符才能让客户满意，我觉得我们有必要交流一下。""你跟其他设计师交流就行了，我现在忙着呢。"王浩说完又开始埋首工作了，刘畅只好扫兴地离开。

画册设计完成以后，赢得了客户的称赞。老板非常高兴，开会表扬了全体员工，并要求文案策划部和设计部在会上发言说说自己的工作心得。刘畅和王浩因为是新人，老板想知道他们学到了什么，所以要求二人首先发言。刘畅将自己部门怎样通力配合拟写文案的过程讲述了一遍，还提到了和设计部的交流工作。所用的主语一律都是"我们。"而轮到王浩发言时，他却只强调自己的表现，每句话都离不开

"我"，几乎一句都没提到"我们"，他最后还说不知道公司为什么没有采用他设计的画页，为此他感到遗憾，因为他觉得自己的心血没有得到足够的重视。设计部的老员工忍不住说："你设计的画页风格根本与画册不相符，你又不肯和大家交流，我们只好让别人代替了你的工作。"

三个月实习期过后，刘畅转为了正式员工，王浩却被劝退了，临走时老板对他说："年轻人，你在设计方面还是比较有灵性的，可是就是太以自我为中心了，缺乏团队合作意识，这样下去是不行的，你必须跳出自己的圈子，敞开怀抱融入集体，否则很多工作都无法完成。"

"我"只是一个势单力孤的小小个体，"我们"才是一个更有智慧更有力量的团体，如果你不愿意让自己融入集体，便只会成为一个游离于社会之外的独行侠，不但发挥不了自身的才能，还有可能连正常的工作都做不好。我们不否认个体的价值，毕竟集体是由个体组成的，我们也不否认个性的重要性，因为失去了个性，人就会变得乏味和平庸，可是为了维持个性而排斥集体，为了强调自己的独立性而拒绝成为团队中的一员，却是不可取的，一朵鲜花打扮不出美丽的春天，一个人的力量总是有些单薄，只有协作才能够移山填海。水滴拒绝融入大海，必将干涸，个人拒绝融入群体，必将难成大业。所谓"众人拾柴火焰高"让"我"加入"我们"你才能释放出更大的能量。

2. 别太把自己当回事，也别把自己不当回事

冰心说："当你孤芳自赏时，天地便小了。"直性子的人太在乎自己，太把自己当回事，甚至一度认为自己才是整个世界的主角，由于把自己看得太重，有时难免承受失重之苦，由于把自己看得太高，有

时就会感到分外失落，自命清高、过于自我的结果就是让自己变得心胸狭窄、目光短浅，并令人心生反感。

在天性上，人人都讨厌自我感觉良好，总是凌驾于众人之上的人。直性子的人却不理会这一套，他们渴望超越世俗的平凡，真实地展现自己的个性、棱角，大胆地追求与众不同的目标。他们为追求真我而生，把自我看得高于一切，殊不知作为大千世界的普通一员，人人皆凡尘，渺小似沧海一粟，一不小心就湮没在滚滚红尘里了。

有一头骆驼顶着烈日穿越茫茫戈壁，从沙漠的一端跋涉到了另一端，一只苍蝇趴在骆驼背上旅行，也穿越了沙漠。苍蝇望着大漠的尽头，心中感慨万千，它从未因为身体的渺小而感到自怜，相反为了自己能征服浩瀚的沙漠而感到无比自豪，当然如果不是骆驼，它是不可能顺利到达沙漠的边缘的，于是它在临走时郑重地向载过自己一程的骆驼道别："真是辛苦你了，谢谢你把我驮了过来，现在我该走了，再见。"骆驼看了一眼苍蝇，很不屑地说："你趴在我身上时，我根本就不知道，你要离开也没有必要告诉我，你根本就没有那么重要，别把自己看得太重了。"

自己把自己看得重要，并不意味着别人也这么看，苍蝇认为自己很重要，骆驼却觉得它无足轻重。所以太把自己当回事就会被现实所伤。别把自己太当一回事是一个看似简单实则深奥的道理，几乎在所有人的心目中，自己都处于最重要的位置上，直性子的人更是把自己看成重中之重，他们做任何事情都是从自我感受出发，很少顾及外界的反应。其实人生一世，如白驹过隙般短暂，没有人像自己想象中的那样不可或缺，世上少了多少横空出世的风云人物，太阳照常升起，地球照常转动，万事万物仍依据宇宙的定律一如既往地运行着，一切都不曾改变，作为芸芸众生的普通一份子，你的分量又会有多重呢？

美国著名指挥家、作曲家沃尔特·达姆罗施年纪轻轻就当上了乐

队的指挥，这是多少同龄人梦寐以求的职位，少年得志的他因此有些洋洋得意，自以为自己的位置无可替代。有一天乐队排练，沃尔特·达姆罗施忘记带指挥棒了，他非常焦急，准备派人到家中去取，他的秘书却轻描淡写地说："没关系，向乐队的其他人借一根就可以了。"

秘书简简单单一句话把指挥过无数次演出的沃尔特·达姆罗施搞糊涂了，他先是怔了一下，然后试探着问乐队成员："谁能借给我一根指挥棒？"大提琴手、首席小提琴手、钢琴手闻言纷纷从上衣袋里掏出了一根指挥棒。沃尔特·达姆罗施瞬间清醒了，他才明白自己并非是什么不可取代的大人物，乐队中的很多人都在暗暗努力，随时都准备对现任的指挥取而代之。了解这一个真相以后，每当沃尔特·达姆罗施洋洋自得的时候，就会想起那根指挥棒，从此他再也不自以为是了，更加卖力地提升自己指挥技巧，为观众献上了一场场精彩无比的演出。

无独有偶，美国著名小说家、戏剧家布恩·塔金在自恃过高时也受到了深刻的教训，有一次他以特邀嘉宾的身份出席了一个艺术家作品展销会，有两个小女孩要求他签名，当时布恩·塔金没有随身携带签字笔，于是问小女孩可不可以用铅笔签名，两个小女孩答应了。布恩·塔金不但签下了自己的大名，还写了几句鼓励的话语，希望小女孩因此受到鼓舞，没想到有个小女孩在接过写有鼓励话语的签名时，竟借来一块橡皮毫不犹豫地把签名擦掉了。布恩·塔金错愕地看着这一幕，从此时刻提醒自己无论任何时候都不要把自己看得太重。

每个人都要学会找准自己的人生坐标，然后摆正自己的位置，不要把自己看成不可替代的稀缺品。诚然每个人都是独一无二的，因为世上没有两片相同的叶子，也没有完全相同的两个人，可是这并不意味着你就是世上最特别的存在，客观上来讲，人人都有特别之处，所以不要刻意用与众不同来定义自己，也不要把自己特殊化。

正视自己就必须跳出自我设定的藩篱，你必须从一个人的世界走出来，放眼观察外面的天地，离开一个人的城堡，你才能看到天地的广大，个人的渺小，从形形色色的人生中体悟到生命的真谛。如此才能把自己看淡一些，烦恼就会少很多，对外界的排斥和抗拒也会因此淡化。太把自己当回事会活得身心俱疲，有时无异于作茧自缚，可是做人也不能太不把自己当回事，任何时候都不能看低自己，更不能妄自菲薄，而要自尊但不狂妄，自强而不妄自尊大，不卑不亢，不为虚名所累，像风一样自由，像山一样静默，平凡但不平庸，沾染烟火凡尘但不为俗事所纠缠，把小小的自我融入广博的世界，成为和谐的一个音符而不是选择无休止的自我放逐。

3.　放下成见，跳出自我的小圈子

假如你刚刚购买了一辆新车，会突然发现路上随处可以看到同款的车辆，于是便感到困惑，为什么大家非要选择同种类型的私家车呢？其实这并不是因为人们的消费偏好越来越趋同，而是因为你只关注和自己有关的事物，而对不相干的事物进行了选择性排除，所以造成了判断上的干扰，这种现象就被称为"选择性注意"。

人们在判断事物时，总是从自己的偏好出发，以自身的经验为蓝本，主观臆断常常偏离客观事实，这就像认为满大街奔跑着的都是同款类型的车一样荒谬。直性子的人通常固守自己的一套判断标准，对超出这套标准的做法和看法有着一种近乎本能的反感，其实这就是一种成见。直性子的人由于长期活在自我的小圈子里，对于外界的信息不甚明了，常常会有意无意地在"选择性注意"的情况下，误以为别人都认同自己的观点，于是对特定群体或现象的成见日益加深，直至彻底站到它们的对立面上。

有一位农夫进城买了一把新锄头，回到家里以后感到分外疲惫，于是倒在帆布床上就睡着了。一觉醒来之后他发现新买的锄头不见了，于是赶忙四处寻找，可是找了半天也没看到锄头的踪影。正当他焦急地翻找锄头时，田间传来了欢快的歌声，他循声望去，只见有一位年轻的农夫正哼着曲子在田间愉快地劳作，手里挥舞着一把崭新的锄头，这不是自己刚从集市上买来的锄头吗？

农夫看着那个小伙子，越看越觉得他是个偷锄头的窃贼，如今很多人都说人心不古，就连淳朴的乡下人也有了贪念，这个小伙子就是典型的一例，农夫越想越气，走下床怒气冲天地推开大门，他一定要当面揭穿小伙子偷窃的劣行，谁知他刚推开门，就听到"砰"的一声，一把新锄头掉落在地，农夫这才想起他睡觉前把锄头挂在了自己门后，当时因为太疲倦忘了。踱步回到床边以后，农夫怒气全消，他望着那个边唱歌边锄地的年轻人，觉得小伙子手里的锄头越看越不像自己买的那把，于是脑海里又传出一个声音：时代虽然变了，但是好人总比坏人多，我们身边仍然有很多淳朴善良的人。

故事中的农夫其实是许多直性子者的缩影，在内心阴暗时就会选择同样阴暗低沉的声音，把偏见强加在别人身上，甚至耿耿于怀，而当心境豁然明朗时才会猛然发现自己的判断是多么失真。直性子者过于相信自己的直觉，又常常有先入为主的看法，一味地抱着成见看待周围的人和事，这无异于带着有色眼镜来窥视世界，这样做当然不能看清真相。若要还世界以本来的面目，就必须抛开自我的主观想法，真正做到心无成见，以平常心来处理问题。

有个女孩有天晚上在机场候机，为了打发时间，她买了一本书和一盒饼干，打算边吃饼干边阅读。她找了个位子做了下来，捧起图书就津津有味地读了起来。忽然，她旁边的一个男青年肆无忌惮地把手伸向了饼干盒，一声不吭地吃了起来。她不想惹麻烦，就装作什么也没看见。

过了一会儿，女孩也开始从盒里拿饼干吃，还不时用眼角的余光来观察那个时常偷吃饼干的贼，那个男青年完全把她视作空气，拿起饼干来毫不客气。女孩闷闷不乐，心想："如果我不是那么有教养的话，早就教训这个无理的家伙了。"她每吃一块饼干，那个男青年也会不甘落后地拿一块，后来盒里只剩下一块饼干了，他笑着拿起最后的饼干，把它掰成了两半，把其中一半大方地分给了她。

女孩接过饼干，生气地想："我从来没有见过这么没有教养的人，不声不响地吃了别人那么多东西，却连一声谢谢都懒得说，真是厚颜无耻。"听到登机通知后，女孩长长地舒了一口气，她马上把书装进了包里，拎起行李走向了登机口，不愿多看那个偷饼干的贼一眼。上了飞机，找好座位后，女孩想继续阅读那本还没看完的书，当她翻包时突然愣住了，因为她发现自己的那盒饼干正原封不动地装在包里，原来偷吃别人饼干的并不是那个男青年，而是她自己。她心里一阵难过，在那么长的时间里她一直责骂别人傲慢无礼、没有教养，而事实上一切不过是场误会。

曾几何时，我们坚信自己的判断是准确无误的，后来才发现事实并非是我们想象中的样子。对他人的主观评价多半源自于根深蒂固的偏见，结果往往背离事实。当我们接触到形形色色的人物时，难免会逐渐形成赞同、鄙视和厌恶等心理活动，于人情冷暖中慨叹世态炎凉，其实这就是成见在作怪，如果不能跳出自我的小圈子，我们将永远生活在成见之中。想要放下成见，我们必须打开心门，以一颗赤子之心来感知这个世界，放弃以自我的主观想象来代替客观事实，而应主动到客观环境中调查取证、去伪存真，将偏见全部剥离，还世界一个真相，抛弃成见还自己一片朗朗晴空。

4. 与人争执前，不妨先换位思考

卡耐基说："每次我去钓鱼的时候，不会想我所喜欢吃的东西，而是想这些鱼儿喜欢吃什么。我会在鱼钩上挂上一条蚯蚓，代替草莓奶作诱饵，这样鱼儿才会上钩。"话中的寓意是只有了解对方需求才能达成目的。在日常生活中，人们常犯的一种错误就是总是大谈自己的需求和喜好，对别人感兴趣的事情漠不关心，从来不愿意站在对方的角度来考虑问题，以致让沟通变得难以进行，使人与人之间的隔膜日渐加深。

直性子的人向来把自己的需求和感受放在第一位，缺乏换位思考的能力，因此常常不能理解他人的情绪和需要，工作和生活中的很多误解和隔膜就是这样产生的。在工作中不会换位思考的领导者难以得到下属的拥戴，不会换位思考的下属也得不到上司和老板的器重；在生活中，一个人不具备换位思考的能力，就会使得朋友疏离、夫妻情感破裂。一个只考虑自己的人，必然不懂得体谅别人，这样的人无论走到哪里都不会受到欢迎。

叶丘自成为高管以来，越发感到郁闷，每次给下属分配工作时，都没有人热情回应，大家都忙着自己手头的工作，从来不把自己下达的命令放在心上。叶丘非常生气，走出办公室时因为气不过竟又回过身来，气呼呼地问道："我刚才安排的工作，大家都听明白了吗？"岂料，里面还是鸦雀无声，他实在想不明白，为什么下属要这样对待自己，难道他们一直在用装聋作哑的方式来表达对自己的反抗吗？

叶丘自认人品正直，心地纯良，他从未做过伤害下属的事，他真搞不懂下属为什么要无视自己，为了查明真相，他把自己的一个朋友招进了公司。这位朋友和大家熟悉了以后，便开始问同事："你们明知道他为人不坏，为什么要那样对他呢？"同事委屈地说："不是我们不想理他，是不敢理他，他每天走进办公室都是筋肉紧绷、满面冰霜，脸色吓人，谁还敢开口跟他说话？我们偶尔和他打招呼，他都听不见，不知道整天在想什么，平时他对我们也是不理不睬的，我们也不想凑上前去自讨没趣。""那么，在分配工作时，你们为什么默不作声呢？"这位朋友又问。"他这个人下达命令向来说一不二，我们都是按照他的吩咐去做的，没有什么可讨论的，他安排什么工作我们照做就是了，还要怎样呢？没想到他刚走出办公室时突然回头会大喝一声，真是吓了我们一跳，大家都处在震惊当中，需要过一会儿才能反应过来，嗨，他的脾气也真是太大了。"

朋友把同事的原话如实告诉了叶丘，叶丘这才明白问题出在自己身上，以前他总是站在自己的角度考虑问题，认为一切都是下属的错，从来没有顾忌过他们的想法和心理感受，经过一番换位思考之后，他改善了对待下属的态度，变得和善起来，办公室的紧张氛围很快一扫而空，每次布置工作任务时，他都能听到响亮的回答，有的员工还拍着胸脯打包票说："放心吧，保证完成任务。"接下来叶丘便问："我刚才安排的工作，有谁还没听明白吗？你们认为在具体实施的过程中会遇到哪些困难，不妨说出来让大家讨论一下。"下属们纷纷踊跃发言，大家热烈地讨论着，叶丘经验丰富，给下属提出了不少好建议，有效防止了他们在实际工作中走弯路。

下属们再也不畏惧叶丘了，冰冷的层级壁垒也被打破了，有位同事在一次员工聚餐时问叶丘："大家都觉得你和以前判若两人，是什么使你发生了改变？"叶丘坦诚地回答说："以前我总是站在自己的角度来看待问题，常常责怪别人，后来我学会了站在他人的角度看待问题，立场变了，视角变了，得出的结论也变了。"

人与人在相处时难免会出现各种矛盾，每个人以自我为中心，只站在自身的立场考虑问题，得出的结论就会比较片面。直性子的人大多缺少全局视野，因为他们分析问题时都是从自身的感受出发的，常犯以己度人的错误，殊不知换个位置体验就会大不相同。所谓"横看成岭侧成峰"，换个角度审视问题，你将看到不一样的风景。如果能做到"换位思考"和"换位体验"，从对方的角度去分析和理解问题，感同身受地去了解对方的体验，就能和对方在情感上实现无障碍沟通，达成真正的共识。

把自己放在对方的位置上去思考，多一些包容和体谅，多一些信任和支持，就会多一份和谐，与人发生争执前，先换位思考，大部分矛盾都可迎刃而解。换位思考可以产生同理心，使自己能更容易地找到与对方沟通的着力点，可惜真正愿意换位思考的人少之又少，直性子的人更是疏于换位思考。原因何在呢？因为人摆脱不了自我的身份，比如老板如果不能在心态上把自己降格为员工，就很难理解员工的所作所为，父母如果不能把自己放在和孩子平等的位置上，就很难清楚孩子成长的烦恼，要想真正地做到换位思考，必须抛开自己的身份，把自己想象成别人，用对方的眼睛去观察事物，用对方的心来感受世界，这样才能在相互尊重和相互了解的基础上，消除隔阂，实现心灵的轰鸣。

5. 为他人照路也能点燃自己的心灯

莎士比亚说："慈悲不是出于勉强，它是像甘露一样从天上降下尘世；它不但给幸福于受施的人，也同样给幸福于施与的人。"揭示了给予也是一种幸福的哲理。爱因斯坦则把慷慨给予和设身处地地为他人着想上升到了更高的境界上，他说："对于我来说，生命的意义在于设身处地地替他人着想，忧他人之忧，乐他人之乐。"和范仲淹的"先天下之忧而忧，后天下之乐而乐"有异曲同工之妙。

直性子的人并非不愿施予或不爱帮助别人，他们当中也不乏热心肠的人，只是直性子者大都具有自我中心性人格，在言谈方面和处理事情上较少考虑他人的感受，更不可能做到设身处地地为他人着想，因此常常在无意间得罪和伤害别人。而但凡能爱替别人着想的人，几乎都能跳出自我的圈子，在为别人提供光亮时也点燃了自己的心灯。

有这样一则故事：一个盲人在走夜路时，手里总是提着一盏灯笼。人们感到奇怪，便问他："你眼睛看不见，为什么走路还要提着灯笼呢？"盲人说："我提着灯笼，可以为别人照亮路，这样别人就更容易看到我，不会在黑夜里把我撞倒。我在帮助别人时，也保护了自己。"这则故事告诉我们，有时替别人着想就是替自己着想，赠人玫瑰就会手留余香。

圣雄甘地愿意为别人着想却没有任何利己的动机，有一次他乘坐火车出行时，不慎将一只鞋子遗落到了铁轨旁，这时火车已经开动了，想要找回那只鞋几乎是不可能了。甘地见状，急忙把脚上的另一只鞋脱下来，扔在了第一只鞋子旁边，然后光着脚走回到自己的座位上，同行的人不明白他为何有这样的举动，丢了一只鞋子已经很倒霉了，为什么还要把另一只鞋子丢掉，这样岂不是损失更多吗？甘地却平静地说："我把另一只鞋子也丢掉，路过铁轨旁的穷人才能得到一双鞋子。"

甘地在自己的财物遭受损失时，考虑的并不是自己的处境，而是别人。他丢了一只鞋子后，并没有想自己光着一只脚是如何不舒服和不便，而是果断地舍弃了另一只鞋子，因为他想到的是，两只鞋子凑在一起才能成双，这样才能被有需要的人利用。这样无私的举动，在

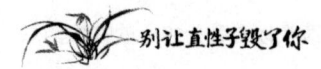

常人看来是不可思议的。对于绝大多数人，不可能达到那样高尚的境界，更多的人在为别人着想时，就像那个在黑暗中举着灯笼前行的盲人一样，是为了与人方便与己方便。

一位牧师问上帝："地狱和天堂有什么区别？"上帝没有直接回答他，而是把他领进了一间屋子里。牧师看见一群人围着一锅香喷喷的肉汤，每人手里拿着一把长汤勺，由于汤勺的手柄十分长，没有人能顺利地把肉汤送进自己嘴里，所以所有人都围着肉汤挨饿，这无疑是一种折磨，人们面容凄苦，眼神里透出绝望的神情。上帝告诉牧师这里就是地狱。

接着上帝把牧师带到了另一间屋子里，那里的陈设和地狱几乎一模一样，人们仍是拿着长长的汤勺围着一锅热气腾腾的肉汤，所不同的是，每个人都具有助人精神，愿意把汤盛给坐在对面的人喝，所以所有人都能吃饱，而且吃得很香，每个人容光焕发，脸上洋溢着幸福的笑容，上帝说，这里就是天堂。

同样的环境和条件，为什么地狱里的人在受苦，而生活在天堂里的人却能过上快乐的生活呢？原因其实非常简单，地狱里的人只想把自己喂饱，谁也不肯为谁提供便利，结果人人都喝不到肉汤，而天堂里的人因为乐于互相帮助，在喂饱别人的同时也喂饱了自己。这说明只有我们乐于为别人着想，善于"投桃"，别人才能对我们"报之以李"。本着理解至上的原则，设身处地地为他人着想，人与人之间就会少一份争吵，多一份谦让，施爱于人，就会收获一片真情。

追求自我没有错，每个人都具有自我意识，可是千万不要忘记了自己的社会属性，作为一个社会人，只有做到我为人人，人人才能为我。人都不是独立于社会之外的单独个体，人与人之间存在着各种各样的联系，而这些联系编织成的网络就是我们熟知的人际关系网，只为自己而活，必然会被排斥在社交网络之外，其实作为直性子者，完全可以在为自己而活的时间里，抽出身来替别人着想一下，这样在和别人交往的过程中，就会少些冒犯，说话行事也会谨慎一些，不会因为出口伤人而引发口角，或者因为行为鲁莽、脾气急躁而被视为不可理喻的人。

为人着想的人必定温和敦厚，对外不具攻击性，只想把方便和快乐带给别人，不会把自己的坏情绪传染给任何人，更不会莫名朝他人发泄怒气，即便真实的自己就像刺猬一样满身长满尖刺也绝不会把刺朝向任何人，直性子的人若能做到这一点，就能彻底摆脱以自我为中心的性格对自己造成的消极影响，重新谱写一个崭新的人生。

6. 想要别人怎么对你，就怎样对待别人

威廉·詹姆斯教授说，人人皆有被肯定和被称赞的强烈愿望，这是人和动物最大的不同点。他指出："在人类的本性中，隐藏最深的就是渴望得到他人的重视。"人人都想换得别人的称赞，希望别人重视自己的存在。如果有人赞同自己、欣赏自己，并认可自己的价值，自重感就能得到巨大的满足。

直性子的人生活中离不开各种责难，免不了要抱怨上司太过苛刻，朋友不理解自己，家人不重视不关心自己，可是可曾想过自己是否给予过他们同样的关怀和支持。一厢情愿地希望别人重视自己、赞赏自己是行不通的，一味向别人索取必定什么也得不到。人是感情的动物，而感情的桥梁只有在互动过程中才能变得畅通。你不能只从自己的期望出发来要求别人，而要学会满足别人的期望，遵循这样一条黄金法则，即你希望别人怎样对待你，你就怎样对待别人。

卡耐基说："如果你想学会待人处事，那么就请你记住三大原则：

不批评、不责怪、不抱怨。"直性子的人时常会批评、指责和埋怨别人，更有甚者会把一切的错误都归咎于他人，这样怎么可能换来别人的善意和欣赏呢？作为一个直性子者，你需要明白："己欲立而立人，己欲达而达人"的道理，将心比心地对待别人，改掉一味否定他人的毛病，用微笑和赞美来赢得友谊。

拿破仑作为一个杰出的军事将领，可谓戎马一生，在漫长的军旅生涯中，他身经百战，可是残酷的战争并没有把他变成一个暴躁苛责的人，反而使他养成了体谅他人的美德。作为全军统帅，自然免不了要经常指出士兵的错误，只有这样才能提升士兵作战的能力，然而每次批评士兵时他从来都不咄咄逼人，能充分安抚士兵的情绪。因此士兵们非常拥戴他，军队的凝聚力和战斗力大为增强，他率领的军队成为了欧洲大陆令敌人闻风丧胆的一支铁军。

在一次与意大利交战的战役中，士兵们都很疲惫，拿破仑夜间巡岗查哨时，发现一名巡岗的士兵竟倚着一棵大树睡着了。他体谅士兵作战辛苦，就没有叫醒那名士兵，而是默默地扛着枪代替士兵站岗，半个小时后，哨兵醒了，发现替自己站岗的竟是军队的最高统帅拿破仑，感到非常惶恐不安。

拿破仑却温和地对士兵说："朋友，这是你的枪，我知道你们作战很辛苦，又走了那么多路，一定很累，夜间打一下瞌睡也是可以理解的，可是依据目前的情况，一时的疏忽就可能导致我们全军覆没。我正好不困，就替你站了一会儿岗，下次你可一定要当心了。"

拿破仑作为全军最高统帅，却没有一点架子，他没有高声呵斥失职的士兵，而是和蔼地指出了士兵的错误，如此厚待士兵，士兵怎能不为他誓死效力呢？拿破仑满足了士兵渴望得到尊重的期望，作为回报，士兵在沙场上英勇作战，以凯旋来满足拿破仑的期望。这说明我们渴望得到什么，必须先给予别人什么，假如我们投给别人的是一个酸苹果，那么就不可能得到任何甘美的果实。人人都不喜欢批判和否定，赞美和肯定才是暖人心房的阳光，被赏识被重视是所有人的愿望，如果你想要得偿所愿，就一定要帮助别人实现这个愿望。

卡耐基在纽约的一个邮局发挂号信时，发现邮务员机械地做着给信件称重、递邮票、找零钱、分发收据的工作，显得倦怠和不耐烦。卡耐基想要说些有趣的事让邮务员开心点，可是对于这个素昧平生的陌生人他并不知道该说些什么，他想或许他可以友好地对对方表达赞赏，他仔细地打量了一下邮务员，终于找到了话题的切入点，于是在邮务员在为他称信时，他说："我真希望能有你这样一头好头发。"

邮务员抬起头来，脸上的表情由惊讶到愉快，他的脸上露出了难得的笑容，他说自己的头发已经大不如从前了。卡耐基则告诉他或许他现在的头发不如从前有光泽了，可是看上去依然不错。邮务员感到很高兴，两个人随即交谈了起来，邮务员说确实有不少人都称赞过他的头发。

就这样卡耐基简简单单几句话就给了邮务员一个好心情，也许这位邮务员在去吃午饭时脚步会变得异常轻松，晚上下班回到家里可能还会对太太提起此事，还有可能照着镜子说："我确实有一头不错的头发。"

如果你想要让别人觉得自己很重要，首先要学会重视别人；如果你希望被友好地对待，首先要友好地对待他人；如果你希望得到赞赏和鼓励而非苛责和批评，首先要学会赞美别人。用你期望得到的方式对待别人，那么就能赢得他人的尊重和友善。

在当今社会，总是一副直肠子，以自己的方式来对待同事、朋友和合作伙伴是行不通的，只考虑自身的感受，弃他人的需要于不顾，就不可能成为一个受欢迎的人，你必须遵循"希望别人怎样对待自己，就怎样对待别人"的黄金定律，满足他人精神上的需求，才能在工作

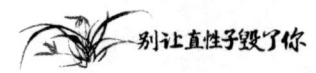

和情感生活中与对方形成共赢关系。

7. 己所不欲，勿施于人：切勿伤人自尊

古语云："己所不欲，勿施于人。"自己不喜欢的事不要施加在别人身上，这是一个再简单不过的道理，把自己避之不及的东西强加在别人身上，必然遭到强烈的反抗，这样做不但会破坏和谐的人际关系，还会把事情搞得一发不可收。人和人虽然存在着个性差异，但是很多的心理感受都是相同的，你所不欲的大多也是他人所不欲的，把自己不想要的东西硬推给别人是不道德的。

直性子的人自尊心比较强，很多时候和别人发生激烈的争执都是为了维护自尊，可是他们无论在言谈上还是在处理各种矛盾上，都完全不顾忌别人的自尊，只是一味地强调自己直言快语的个性，伤了别人自尊心还以自己个性真实不虚伪做辩解，这是典型的己所不欲却施加于人的做法。

有一个白人女子有一次到非洲某国旅游，当地实施种族隔离政策，不允许黑人出入白人专用的公共场所，大多数白人都瞧不起黑人，不屑于和他们交往，见到黑人视若无物，有时还故意躲开他们。这个白人女子虽然不是一个典型的种族主义者，但也不愿意和黑人走得太近。

有一天，她在沙滩上晒日光浴，不知不觉睡着了，等她睡醒时，已经是傍晚时分了。她感到有些饿，便想到沙滩附近的一家餐馆进餐。她推门走了进去，坐在靠窗的椅子上休息了一会儿，整整等了一刻钟，也不见侍者来招待自己。那些侍者仿佛没看见她一样，竟然热情地招呼起比她迟来的客人来。她莫名受到冷遇，气得浑身颤抖起来，她站起身正要去责问侍者时，看到了旁边的一面大镜子，看到镜中被晒黑的面孔，她找到了问题的答案，原来侍者把她当成黑人了，那一刻她才明白了黑人被白人歧视的滋味。

每个人在自尊被刺伤时，都会感到愤怒和痛苦，毕竟人非草木，不可能对外界的刺激毫无反应。可是直性子的人常常犯下这样的错误，总是不惜一切地维护自己的自尊，却总以展现真实的自我的名义毫不客气地践踏别人的自尊，并给所有收敛个性的人贴上伪君子的标签。在批判别人时总是显得那么理直气壮，急于表明自己的立场，常常旗帜鲜明地反对自己反感的人，对于自己不喜欢的人甚至不留一点情面。如此一来难免惹得硝烟四起，不知不觉就成了众矢之的。

一位客人在餐厅用餐时感到很不满意，嚷着要见餐厅经理，一名服务生走上前来询问情况。客人说："你们的牛奶是坏的，把我的红茶都糟蹋了。"服务生礼貌地向客人道过歉，马上换了一杯红茶，碟子旁边放着新鲜的牛奶和柠檬，他对那位客人说："我能不能给您提个建议，红茶里面如果加了牛奶就不要再放柠檬了，因为柠檬酸能使牛奶结块变质。"

客人之前在红茶里既添加了牛奶又放了柠檬，难怪牛奶会变坏，他听完服务生的解释后，脸刷地红了，喝完红茶后就不好意思地离开了。有人问那名服务生："分明是他自己不懂，你为什么不直接告诉他他放错了东西，他跟你讲话的态度那么粗鲁，你为什么不揭穿他，好好把他教训一顿呢？"服务生简洁地回答道："理直气和。"

服务生在理直时没有气壮，选择以和气的方式解决争端。有位作家在理直时也没有得理不饶人，而是充分顾忌到了别人的自尊心，将心比心赢得了对方的钦佩。这位作家有一次在医院输液，有位年轻的小护士负责为她扎针，连扎了三次都没有扎进血管里，作家的皮肤上起了青包，她被扎得生疼时，正想抱怨小护士技术不精，可是待开口时却发现小护士紧张得额头上沁满了汗珠，于是怒气全消，反而安慰

起小护士来："不要紧的，再来一次。"第四针终于成功扎进了血管里。

小护士长长地舒了口气，连忙道歉说："阿姨，真的很对不起，我是这里的实习生，没有任何经验，您是我的第一位病人，要不是您鼓励我再试一次，我真不敢再扎下去了，真的非常感谢您给了我又一次尝试的机会。"作家说："看到你，我就想起了在医科大学学习的女儿，我希望她也能得到第一位患者的宽容和鼓励。"

故事中的服务生在被误解时选择了理直气和，没有用强硬的态度让客人难堪；那位和善的作家在被小护士接连扎痛三次时，也没有大声责怪她，他们都没有用"理直气壮"的方式来解决矛盾，其根本原因是他们不想伤害到对方的自尊心。直性子者像鸟儿在乎羽毛一样在乎自己的自尊心，憎恶一切伤及自身自尊的人，那么为什么一定要把这种错误的行为施加在别人身上呢？"己所不欲，勿施于人"是做人的基本准则，如果你不想被伤害，那么就不要把同样的伤害带给别人，做人不能太自私，凡事都要照顾到别人的自尊心，只有这样才能在互相尊重的基础上形成和谐互助的良好关系。

8. 用慧眼发掘别人的闪光点

爱默生说，任何人都有值得我学习的优点。一个再优秀的人，即使具有造化钟神秀的特质，也不可能将全天下的优点尽揽，一个再微不足道的人也有值得世人肯定和学习的闪光点，所以孔子才说："三人行，必有我师焉，择其善者而从之，其不善者而改之。"可惜大多数直性子的人都有好为人师的毛病，不愿以人为师，眼光总是聚焦在别人的缺点上，却对他人身上的闪光点视而不见。

正所谓"寸有所长，尺有所短"，世上不存在一无是处的人，也不存在完美无缺的人，每个人都有各自的优缺点，好为人师是一种自以为是的肤浅行为，发掘不了别人的优点并不是因为别人真的一无可取，而是因为你缺少一双发现美的慧眼，当你闭目塞听，把一切的精力都投放到了抨击假丑恶上，心灵对于美的感知也会随之屏蔽。

有一天，有个人驱车到市郊的加油站加油，他要赶往某个城市，希望通过加油站的工作人员事先了解情况，于是便说："我以前从来没有来过这里，这个城里的人如何？"工作人员没有直接回答他，而是反问道："你从前居住的那个城市的人如何呢？"那人不假思索地回答道："他们都太精明了，对人都不友好。"工作人员听罢便耸耸肩说："这个城市里的人也是一样的。"那个人本想换个环境生活，听完工作人员的话，只好心情失望地驱车离开了。

没过多久，又有一个人到加油站加油，他问了同一个问题，工作人员以不变的口气反问道："你从前居住的那个城市的人如何呢？"他微笑着说："他们都十分友好。"工作人员面露微笑说："你会发现，我们这个城市的人也一样友好。"

学会发现和学习别人身上的优点，你眼中的世界才能变得美好。善于欣赏别人优点的人往往热情大方、内心阳光、朋友众多，而总盯着别人缺点不放的人看到的都是世界阴暗的一面，时时慨叹人心叵测，长期以往，就会变得孤僻封闭，永远活在自我的小世界里，在孤芳自赏时逐渐走向迷失。同样一种事物在不同人眼里呈现出不同的面貌，比如看到半杯水，有人看到它的一半是满的，有人看到它的一半是空的。同样一个人，有人对其赞不绝口，有人却将其贬低得不名一文。宽厚的人喜欢用放大镜去寻找别人的优点，用缩小镜来观察别人的优点，而直性子的人却恰恰相反，这就是他们好为人师，一直担任受人讨厌的批评家的根本原因。

郑宇文的公司来了两个大学刚刚毕业的实习生，以前他总向老板

抱怨很多工作自己一个人忙不过来，建议公司必须增派人手，现在终于有了助手，他心里一阵窃喜。可是一看助手们的青涩模样，郑宇文就心凉了半截，其中一个其貌不扬，穿着廉价的西服，公文包塞得鼓鼓的，另一个长相有点滑稽，举手投足都显得很笨拙，这两个人有可能不但帮不上忙还会添乱。

郑宇文先让两位实习生熟悉一下公司的环境，又给他们发了些资料供他们阅读，希望他们对公司的业务大体有个了解，一整天都没有让他们插手自己的工作。第二天郑宇文带两个人到了展馆，正想给客户买些饮料，他列好了清单，吩咐两位助手去买，不到半小时，两人就把所需的饮品全部买好了，清单上的东西一样不差，还开好了发票，买回来的一些饮料还是超市里当天的特价品。那天天气非常闷热，两个人搬运东西热得满头大汗，可是丝毫没有一声怨言。郑宇文觉得这两个小伙子即使经验不足，也没有显露出什么特别的才能，至少具有吃苦耐劳的精神，这是当今的很多年轻人都不具备的，于是对两人的看法有了改观。

正式开展后，两位助手开始忙着给客户和合作伙伴打电话、发传真，忙了整整半天，下去又和郑宇文讨论接下来的工作计划。郑宇文发现他们工作起来非常专注和认真，于是开始用欣赏的眼光来看待他们了。随后郑宇文安排他们草拟邮件发给客户，两人拟定的邮件措辞还算得体，这对新人来说是十分难得的。之后，郑宇文又发现了两位助手身上的许多优点，越来越对他们刮目相看了。

每个人都是优点和缺点的混合体，我们要学习别人身上的优点，透过别人的缺点反省自身，有则改之无则加勉，不要抨击别人的短处。做人切忌居高临下地审视别人，更不要对他人指手画脚，无论你有多么出众，都不要轻看别人，一朵野花也有独特的芬芳，每个人都有自己的了不起，当你把自己局限在自我设定的框架中看待众人时，往往远离了事物的本真，如果你总是被丑陋的瑕疵刺伤眼睛，错不在事物本身，而在于你看人的眼光。

9. 利他方能利己

作为高等动物，人类和其他动物一样与生俱来就具有利己性，我们不是圣人，人人皆有私欲，这不是什么可耻的事情，事实上，正是利己动机促使我们自身不断上进强大。然而人类作为群居动物，在与残酷的自然环境抗争的过程中，发展出了利他主义精神，在这种精神的感召下，人们互助合作，不但顽强生存了下来，还不断推动了社会的繁荣和发展。

人在经济生活中，首先表现出利己的特质。比如我们在购买商品时，唯一关心的是商品本身是否物美价廉，换言之就是想付最少的钱买到最好的东西，我们不会在乎卖家是否亏损。而卖方则致力于把商品以高价卖出，丝毫不关心买方是否买贵了。因此我们没有必要打着"存天理，灭人欲"的旗号要求全人类达到绝对无私的境界，可是人如果一心只想着自己，对所有人都漠不关心，必然会被社会所弃。

直性子的人在本性上，并不比其他人更自私，只是他们太过自我，拼命追求独立的人格，对他人的存在性重视程度明显不够。所以大部分直性子的人都比较任性，凡事随心，总是忽略自己的所作所为给别人带来的影响，这便是他们总是遭到别人讨伐的根本原因。

在一座城市的郊区有一座水库，每逢烈日炎炎的夏季，都有一大批喜欢游泳的人前来享受里面的清凉。放眼望去，到处都是在水库里尽情畅游的人，游泳者虽然得以消暑，又锻炼了身体，可是给当地的水源带来了污染，因为该水库是城市自来水工厂的重要水源。

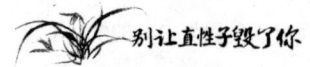

　　自来水厂为了保持水质的清洁，就在水库旁边竖起了多快"禁止游泳"的牌子，还写了各种标语，可是人们都对其视而不见，到了夏季照旧纵身一跃，跳到水库里痛快地游泳。自来水厂见警告毫无效果，就撤去了所有"禁止游泳"的牌子，在库区竖起了一块公告牌，上面写道："你家用的水来自这里，为了你和家人的健康，请保持清洁卫生。"这个警示起到了立竿见影的效果，此后到水库里游泳的人就非常少见了。

　　这则故事是对人性中的自私性的一个很好的展示，人们在行事时往往会在第一时间从利己的动机出发，只有自身利益受到触及时才会改变原来的做法。然而具有社会属性的人如果只在乎个人的需求和利益，弱化或无视他人的正当权益，就会成为群体中的公敌。马克思说："人的本质不单单指一个自然性的人，还包括人和社会，是人和社会一切关系的总和。"任何人的生存和发展都脱离不了社会，这就决定了人在保持利己本性时，要兼顾利他主义精神。利他方能利己，想要自己受益必须学会利他。

　　美国马里兰大学的一位生物学家为了对社会行为模式展开研究，曾经认真深入地观察过吸血蝙蝠的生活方式。他的实验对象完全依靠吸食哺乳动物的新鲜血液为生，它们的新陈代谢非常快，倘若三天尝不到新鲜的血液就会活活饿死。可是猎食的过程并不容易，几乎三分之一的年轻吸血蝙蝠在外出之后一无所获。生存如此艰难，吸血蝙蝠是如何存活下来的呢？生物学家带着疑问亲自前往吸血蝙蝠的巢穴里潜伏观察，他发现吸足了血液的吸血蝙蝠不仅会把新鲜的血液喂给自己的后代，还会与其他饿肚子的同伴分享。

　　为了进一步证实自己的想法，生物学家在自己的实验室里养了几只吸血蝙蝠，这样他就可以更近距离地观察它们的生活状况。经过研究，他发现吸血蝙蝠一直都是互帮互助的，它们在吸食了血液之后会把食物喂给同伴，得到帮助的同伴在下一次吸到血液后，也会和帮助过自己的同类分享食物。

　　吸血蝙蝠的生存条件是非常苛刻的，人们也许会担心如果有的吸血蝙蝠自私自利，在猎取了血液后自己独吞，或者好吃懒做总是让同伴喂养自己该怎么办？这些自私的吸血蝙蝠得到了更多的营养会不会比同伴更强大，根据自然界优胜劣汰的法则，那些无私的吸血蝙蝠会不会被无情淘汰呢？答案是不会。任何一个自私自利，不肯与同伴分享血液的吸血蝙蝠，都会被集体遗弃，同伴得到血液后将拒绝与其分享，结果是它们将活活饿死。

　　生物学家发现自私自利的吸血蝙蝠的后代存活率非常低，不出 4 周就会死去一半，两代之后，自私自利者几乎全部死掉了。显然吸血蝙蝠非常遵守契约精神，它们友好地对待同伴，自己的生存也得到了保障，这就是吸血蝙蝠族群在残酷的自然条件下不断繁衍壮大的原因。

　　吸血蝙蝠通过反哺同类使自己得以存活，这是它们的社会生活模式，其实人类社会生活模式遵循的也是同样的规则，任何一个只为自己着想，弃他人于不顾的人在人类社会中都会生存维艰，所以作为一个直性子者，做事情不能只遵循自己的个人意志，弃社会的共同准则于不顾，在追求自我独立性的同时一定要兼顾到他人的利益和需求。

10.　让善良与生命同在

　　雨果说："善良是历史中稀有的珍珠，善良的人几乎优于伟大的人。"马克吐温称："善良是一种世界通用的语言，它可以使盲人'看到'、聋子'听到'。"善良是人性中蕴藏着的一种最柔软同时又最有力量的情愫，它是闪现在暗夜的光芒，能带给人光明与希望；它是照耀

在冰原上的阳光，能给人带来温暖和渴盼；它是第一缕春风，吹开了万紫千红的春天；它是润物细无声的丝雨，浇灌着我们干渴的灵魂。

善良的人是美好的，他们不忍伤害任何人，对任何生命都怀有深深的敬畏。他们坚信施比受更幸福，愿意身体力行地帮助有需要的人。多数直性子的人都坚定地认为自己具有善良的品质，因为他们当中同样有不少人古道热肠，喜欢助人，他们把光明磊落视作做人的法则，不屑于与蝇营狗苟之辈为伍，我们不怀疑直性子者善良的秉性，他们之中确实不乏善良者，可是因为缺少不忍之心，他们的善良也打了折扣。孟子说："人皆有不忍人之心。"可是直性子者在伤害别人时却没有充分体现这一点。不少直性子者心直口快、语出伤人，还口口声声说自己是真性情，从不体恤别人感受，其中不乏刻薄者。攻击别人绝不是一种善良的举动，率真直爽也不可能和毫无顾忌地伤害别人扯上任何关系。一个至善之人不可能是一个以自我为中心的人，真正善良的人宁愿自己痛苦也不愿给别人带来伤痛，无论有意还是无意伤人，为了遵从自己的主观感受，从不克制自己的情绪和行为屡屡伤人的人都是需要反省的。

韩嵩是一家私营企业的老板，他认为自己是个很善良的人，除了关心员工的工作外，还非常关系他们的生活，无论谁遇到了困难他都愿意慷慨相助，有些新来的员工经济比较拮据，他甚至愿意提前预付工资。他自认为对员工不错，可是大多数员工不但不领情，还常在私下里说他是一个刻薄的老板。

员工们大多认为严嵩人品不错，从不克扣工资，奖罚也算公道，也不和任何人要心计，可就是没有口德，教训人比打耳光还让人难堪。他经常对犯了小错的员工说："我们这里可不是废品回收站，如果你不能把自己锻造成合格的产品，就会被当做垃圾清理掉。"或者说："我从来没见过比你还蠢的人，我真怀疑你的脑容量是否进化到了现代人的水平。"有时还说："我要是你就会羞愧地找个地缝钻进去，这么简单的工作都不会做，真不清楚你在学校都学了什么？难道你学的知识都随着排泄物排出体外了吗？"韩嵩讲话犀利，嘴巴比刀子还快，脸皮比较薄的员工常被训哭。

韩嵩和员工经常发生矛盾，有时还会惹得骨干员工威胁出走，有一次一名叫王霜的骨干员工气冲冲地打好了辞职报告，声称要永远远离韩嵩的毒舌，韩嵩并没有批复他的辞职报告，因为公司正是缺人之际，骨干成员的出走会给公司的正常运营带来影响。

为了留住王霜，韩嵩和他进行了一次开诚布公的谈话。韩嵩说："我这个人脾气直，说话可能太直接了，可是我对谁都没有恶意，我对你们怎么样你们心里是清楚的。"王霜听老板这样一说，气也消了大半，他说："老板，我们知道你不是坏人，你很热心，平时也爱帮助别人，可就是太苛刻了，说话也太难听了，真的没有人能接受你的讲话风格。"

"我的脾气你们是知道的，你们又何必和我计较。我自认为待你不错，你是公司里的第一批员工，和我合作了这么多年，我已经把你当成朋友了，我给你的待遇一向比较优厚，在情感上像对待亲人一样对待你，上次你生病住院我亲自到医院里照顾，你的家人不在身边，我代他们履行职责，难道我对你还不够好吗？我不曾亏待过任何一个员工，哪个员工需要帮助时我没伸过手？"韩嵩诚挚地说。王霜默想了一会儿，决定不辞职了，不过他给韩嵩提了个建议："老板，我真希望你在说话时能稍微照顾一下我们的感受。你对我们的好我们都记在心里，我们也知道你是一个善良的人，如果能稍微改改你的直脾气，我们肯定会更加爱戴你。"

王霜离开会议室后，韩嵩开始反思自己平日的言行，他终于明白了自己对别人一片真心却换不来拥护和支持的原因，以前他一直认为

自己是个正直善良的人，可是平心而论，他说话做事都是凭个人喜好出发的，确实不曾顾忌到给别人带来的伤害。他有善良的品性，可是人性是复杂的，他并非是个完美无瑕的人，想通之后他决定接受王霜的建议，改变对员工的态度。

　　人与人之间需要相互尊重和理解，我们不可以随意地去伤害别人，而要选择善良地对待别人。善良可以拉近心与心之间的距离，增进彼此的友谊，医治所有的伤痛。善良是沁人心脾的清泉，是救赎灵魂的解药，它像钻石一样熠熠生光，有着最纯净的质地，如果生命与善良同在，人与人之间的误会、隔阂、偏见和仇恨都会完全消解，留下的将是爱与宽容。善良的人深知人间的疾苦，并有一颗慈悲之心，愿意治愈他人而非伤害他人。希望每一位直性子者能更深入地探求善良的真谛，从而考虑抛弃个人品格上的瑕疵，让自己成为一个更加善良的人。

第八章

大智若愚，难得糊涂：
糊涂自有糊涂福

　　人生的糊涂分为两种：一种是真糊涂，此类人像孩童一样天真，永远处于一种懵懵懂懂的状态，这种特质是与生俱来的；另外一种是假糊涂，也就是我们常说的大智若愚，能够洞悉世事，对一切都了然于心，外表却是一副愚憨的糊涂模样，这便是糊涂的最高境界。

　　直性子者凡事要争个明白，大事小事都要较真，自己活得累，还常常惹人不快，活得如此明白还不如糊涂一些好。人生苦短，何必计较太多？与其事事与人论短长，还不如缄口不提，睁一只眼闭一只眼。活得清醒，容易烦恼，人生在世苦恼已经很多，何苦让自己承受更多的精神折磨？世事的荣辱与人生的沉浮只能让人身心俱疲，放下执念，选择一种更简单的生活，才能觅得人生幸福的滋味，这就是糊涂自有糊涂福的道理。

1. 外愚内智才是大智

所谓"大音希声，大象无形，大智若愚"，真正聪颖智慧的人看起来往往是质朴和木讷的，接近于愚的境界。外露的智慧称不上是至高的智慧。大智若愚被奉为做人智慧中最高妙的境界。直性子的人追求表与里的统一性，所以不屑于隐藏自己的智慧，总是直接地、赤裸裸地、一览无余地展示自己的才华和智慧，由于年轻气盛、锋芒过盛而讨人厌嫌，毕竟在中国的传统文化中，谦虚被奉为公认的美德，而夸耀和张狂被看作肤浅的幼稚行为。

总是彰显智慧的人不会被当作真正的智者，这类人只是被看作有些小聪明，而大智若愚的人从不轻易显露自己的智慧，平时愚憨糊涂，可是在关键时刻却能一鸣惊人。生活中，我们常常看到这样一种现象：一些学识渊博、才华过人的人，表面看来却显得愚钝，和平常人并没有太大区别。倒是那些略有才干未成大器的人，喜欢咄咄逼人、气势汹汹地争辩，什么事情都要争个明白。所谓"聪明反被聪明误"，人自持聪明，处处彰显自己其实是一种愚笨的表现。

大智若愚的人懂得把复杂的事情简单化，而略有小聪明的人却总把简单的事情复杂化，还自以为把事情看得无比通透了，要么一语击中别人要害，指出别人的浅薄无知，要么当场让他人丢面子，这样的人只会让人敬而远之。

英国的温莎公爵曾应邀主持招待印度居民首领的宴会。等到宴会结束时，侍者端来银质洗手盆，以供用餐完毕的客人洗手。可是印度客人并不知道那些做工精致的银质器皿有何用途，只见银器里盛满了水，误以为是供他们饮用的，于是端起洗水盆将里面的水一饮而尽。在场的英国贵族看得瞠目结舌，不知该如何向客人说明情况，所有人都把目光投向了温莎公爵，希望他能想出办法。

温莎公爵脸上却没有露出任何惊异的表情，他就仿佛什么事情都没有发生一样，继续与客人愉快地交谈，而且还仿照那些客人的做法，端起洗手盆把里面的水全部喝掉了，动作和神态都是那么自然，一点也没有让客人察觉出什么异样。英国贵族们见状，也都纷纷端起面前的洗手盆，喝光了里面的洗手水。宴会在祥和的气氛中取得了圆满成功。

在英国的礼仪中，洗手水自然是不能喝的，然而印度客人并不了解这一情况，冒失地饮用了洗手水，可是温莎公爵并没有聪明地指出他们的做法，而是选择了装糊涂，神色自若地喝下了洗手水，这样做主要是为了避免让印度客人尴尬。温莎公爵显然是一个会装糊涂的聪明人，这是典型的大智若愚的表现。真正聪明绝顶的人大都真人不露相，他们就像铅华洗尽的风景，淡褪了所有的浮夸，于不动声色中高明地彰显着自己拙朴的底色。

有位师父门下有三个弟子，他想测试一下弟子之中哪一个最聪明，于是给每人分发了十文银子，吩咐他们用买来的东西把房间装满。这显然是一个难题，十文银子根本买不了多少货物，想要把房间装满简直是不可能的。然而弟子们都不愿意轻易放弃，第一位弟子平时自恃聪明，经常在他人面前夸耀自己的本领，但是对于师傅出的题目，他反复思考了很久，心中仍是没有答案。于是他想，三个徒弟当中，他是最聪明的，如果他不能把房间填满，其他弟子也不能，这样一想心里虽然舒服些，可是仍不能向师父证明自己的才智，于是他又想：十文钱虽少，多买些体积大、价格低廉的东西也许能填充不少空间，之

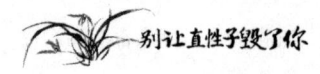

后他到集市上买了不少棉花，可是也只装满了房间的一半。

第二位弟子平日里虽不像第一位弟子那样自负，但是作为一个自信的人，他也从不掩饰自己的骄傲，他认为谦虚就是一种变相的虚伪，人若要表里如一，就必须毫无保留地向别人展示自己最真实的一面，所以没有必要掩藏自己的聪明才智。于是他跑到集市上反复寻找体积大又便宜的货物，最终他买了很多稻草，行走在路上时，他信心满满，认为自己能成为师父眼中最聪明的弟子，可是最后买来的稻草只填满了房间的三分之二，他忽然觉得自己并不像想象中的那样聪明。

前两位弟子都没能顺利完成师父交给自己的任务，于是都等着看第三位弟子的笑话。第三位弟子平日很是木讷，几乎没有人看得出他有什么特别的才能，所以前两位弟子认为他也许用十文钱买来的东西连房间的十分之一都填不满。果然第三位弟子两手空空地回来了，前两位弟子忍不住窃笑起来。

第三位弟子把师父和另两位弟子领进了房间，然后把窗户和房门关牢，里面一片漆黑，师徒们都感到有点错愕，这时那位弟子拿出从集市上买来的火柴和蜡烛，将蜡烛点燃了，房间里立刻有了光亮，虽然光线微弱，可是光芒把房间里的每寸角落都照到了，他用光填满了整个房间。师父赞许地点点头，他终于意识到平时这个看起来最笨的弟子才是三个人当中最聪慧的一个。另外两位弟子也自愧弗如地低下了头。

其实，"智"和"愚"绝不会流于表象，大智之人不但有着深刻的洞察力，还能做到淡定与超脱，他们不爱与人争锋，宁愿做个糊涂的智者，而自以为是的愚者却恰恰相反，洞察力和判断力都欠三分火候，却偏偏要以智者的身份教训众人，这样的人当然不能让人心服口服。

2.　小事糊涂，大事睿智

《雾里看花》有这样一段歌词："借我借我一双慧眼吧，让我把这世界看得清清楚楚、明明白白、真真切切。"直性子的人追求的也是这种境界，希望自己能明察秋毫、洞悉世事，所以对于任何蛛丝马迹都很较真，总认为真相隐藏在所有的细节和小事中，因此对于鸡毛蒜皮的琐事也会严肃对待，结果让人感到莫名其妙，有时令人很不愉快。

其实在一些无关痛痒的小事上，还是模糊一些、糊涂一些好，人生在世难得糊涂，在大事上要睿智，小事该糊涂就糊涂，糊涂者不极端、得心静、逍遥自在，烦恼少、纷争少，何乐而不为呢？孔子发现了糊涂，取名为中庸；老子发现了糊涂，取名为无为；庄子发现了糊涂，取名为逍遥；郑板桥发现了糊涂，发出了"难得糊涂"的慨叹，并进一步阐明自己的糊涂哲学，他说："聪明难，糊涂更难，由聪明转入糊涂更难。放一着，退一步，当下心安，非图之后福报也。"

有一位糊涂学大师概括得非常好：世间多少十亿人，幡然醒悟须谨记；错错错，错在斤斤计较；莫莫莫，莫再耿耿于怀。在充满纷争的世界里，只有难得糊涂的人才能拥有"闲看庭前花飞落，漫随天外云卷舒"的洒脱和豁达。对朋友"糊涂"一点，友谊才能更牢固；对亲人"糊涂"一点，血浓于水的亲情才有了更深刻的诠释；对同事"糊涂"一点，便少了许多职场上无谓的争斗。

杨新亚参加了一次同学聚会，在宴席上大学同窗各自谈论着各自的人生轨迹。其中有不少人已经成家立业，有的人已然事业有成，而有的人却工作生活两失意。同窗都褪去了校园时代的青涩，有的在面

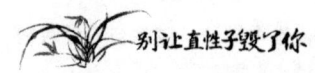

相上还发生了巨大的变化。志得意满的人变得满面红光，不如意的人面色黯淡，校花郭妍在面貌上变化最大，大学时的她相貌可人，一副小鸟依人的样子，笑起来露出一排洁白的牙齿，看起来既明媚又可爱。可是现在的她，已然蜕变成了一个幽怨的妇人，清秀的眉毛飞扬了起来，面部柔和的线条也变得生硬和凌厉起来，嘴角的笑容也变得刻薄。是什么样的人生经历把一个清纯美丽的女孩子摧残成了这副样子？

"这些年你过得很不开心吗？"杨新亚忍不住问郭妍。郭妍深深地叹了一口气："是的，我的婚姻很不幸福，工作也不如意，以前交往不错的朋友也不愿意和我来往了，现在我心里除了怨恨和愤怒什么都没有了。"杨新亚对于这个回答感到颇为惊讶，他关心地问道："能告诉我都发生了什么事情吗？"郭妍说："我的丈夫不爱我。""你是怎么得出这个结论的？"杨新亚问。"有一次我得了感冒，外面正下着大雨，我让他出门给我买感冒药他拒绝了。""就因为这点小事？"杨新亚感到有些不可思议。"这怎么会是小事？如果他把我看得比自己还重要，就会冒雨为我买药，他没有这样做说明他更爱自己，不爱我。当然我和他关系变淡了不止因为这一件事，还发生了许多其他的事情。"郭妍又讲述了几次和丈夫吵架的经历，在杨新亚看来都是一些琐事上的争执，而郭妍偏要透过现象看本质，把事情上升到深刻的命题上。

谈论完家庭，郭妍又提起了工作上的事："同事都说我神经质，还说我太严肃，觉得我凡事太较真难以相处。其实不是我爱较真，只是不想睁一只眼闭一只眼，毕竟我们人类天生有一双眼睛，我就是想把这个世界看个明白。他们不喜欢我，是因为他们圆滑世故，接受不了我这个爱讲真话的。罢了，我和他们不是一路人，各走各路便是了。"接下来郭妍又说起了自己的社交生活："有一次我和一个朋友到外面吃饭，我和她相处了好几年了，已经亲如姐妹了，那天我出门没带钱包，本以为她会请我的，没想到她说自己的钱包在路上被小偷偷了，因为结不了账，我只好打电话把我丈夫叫来餐馆付账，我真没想到她会这么小气，还谎说钱包被偷，一时生气就数落了她几句，之后她就和我断了联系了。"

　　杨新亚刚想说如果她的钱包真被偷了呢，可是话还没出口，郭妍就说出让他更震惊的话来："我打算过段时间重新换个工作，然后离婚，跟所有合不来的朋友说拜拜。""你是不是太冲动了？"杨新亚说，"毕竟你和你的丈夫、朋友、同事都没有发生什么大的矛盾。""我和你说了那么多，你还认为我和他们没有产生大的矛盾吗？"郭妍不悦地说。"我觉得你太较真了，在有些事情上，不妨糊涂些。"杨新亚最终说出了自己的看法。

　　生活中的很多苦恼其实都和大事无关，而是由许多微不足道的小事引起的，如果你对琐事过于在意，喜欢较真，非要争个所以然来，就会被世事所累，直性子的人总想活得明白，其实在大多数情况下，活得明白还不如活得糊涂，活得太明白，就会闹得曲终人散，留下自己一个人来面对凄风苦雨，有时候只要糊涂一下，一切的矛盾都会化解。难得糊涂是一种彻悟，越是饱经风霜、历经坎坷的人越是倾向于认同这一观点，如果人能在人生大起大落时都处之泰然，又怎么会被凡尘琐事迷失了心性？

3. 放下执念即菩提

执著是一个难得的优点，对生活执著的人，必定心中怀有坚定的信念，对工作执著的人，必定十分境界，对感情执著的人，一定是个性情中人。直性子的人大多都很执著，甚至执迷不悔。可是有时候做人太执著就会让自己活得很累，还会给别人带来压力。很多时候，与其死死地抓住即将离去的东西不放，还不如潇洒地放手。

人活一世，心中要有信念，可是千万不要对任何事物太迷恋太执著，世事无常，万事不可强求，随遇而安、顺其自然才能得大自在。上帝如果关上了一扇门，还会为你开启一扇窗，如果一味强求那扇关闭的门打开，就会错过生命中的那扇窗。做人就该拿得起放得下，学会割舍一些东西，虽然这个过程很痛苦，可是却能让你得到真正的自由。

在云南的某个地方，猎人仅靠一个木箱和一个桃子就能猎捕到猴子。当地的猎人制作了一个笨重的木箱，又在木箱上打了个小洞，大小正好可供猴子把手伸进去，木箱里面装着诱饵——桃子。木箱通常会被放在猴子经常出没的地方，猴子如果想吃里面的桃子就会把手伸进去，可是当它拿到桃子之后就没法把手拿出来，桃子太大，不能穿过小洞，它只有放下桃子才能把手抽回逃跑。奇怪的是，得到桃子的猴子看到猎人的身影以后，还是死死地抓着桃子不放，之后就被猎人捉住了。

猴子只要肯放下手中的桃子就可以轻易脱身，可惜它对桃子太执迷，最终付出了极大的代价。割舍和放弃我们渴望的东西，心中自然会有很多不舍和留恋，失去曾经珍视的东西，必然引发创痛，这个过程就像做一次手术，我们感受到的是某些重要的东西正与自己的生命相分离，如果在这个过程中太过清醒，就会痛苦难当，所以与其清醒不妨给自己注射一针麻醉剂，这支麻醉剂的名字就叫做糊涂，有时糊涂一点就能超越放下的痛苦，让灵魂得到解放。

有位艺术家经历了家庭变故，他挚爱的妻子弃他而去，他感到非常痛苦，整日对着妻子的照片喃喃自语，可惜这些照片在一次火灾中付之一炬。艺术家十分伤心，决定凭借自己的记忆将妻子的相貌永远封存在画像中，可是几经努力他始终没有完成那幅画作，主要原因在于他画艺不精，没有办法将妻子画得惟妙惟肖，于是他决定云游四方拜师。

艺术家听说在某个国家有个高人能把人画得像从画像中走出来一样，于是带足了经费，又带上了画布和画笔、颜料等出发了。他把各种作画的颜料都装在了自己衣服上的布袋里，他的衣服上到处都是布袋，因此人称"布袋旅人"。因为负重旅行，他感到十分劳累，有时实在走不动了，就在路旁歇息。有一天他正倚着一棵树休息，忽然听到有个人说："左边布袋，右边布袋，放下布袋，才能自在。"他心想那个人说得确实有几分道理，他背了一身的布袋，人都被压得喘不过气来，哪有那么多力气继续旅行呢？于是把两个布袋里的颜料取了出来，用刀把布袋从衣服上割了下来，这样上路就轻松多了。

艺术家在接下来的旅程中每当感到体力不支时都会放下一个布袋，等到见到那位会作画的世外高人时，身上只剩下两个布袋了。那位画家问他布袋里装的都是什么，他回答说是颜料。画家说这里有绝好的颜料，他根本没有必要带着颜料走怎么远。艺术家却坚持说他一定要用自己常用的颜料来作画。画家说："执著是一个艺术家应有的精神，

可是放下才是艺术家应有的境界，你必须学会放下才能摆脱所有的束缚，灵魂得到自由后，才情才能得到释放。"说完，他对艺术家说了声放下，艺术家看了看自己身上的布袋，用刀把其中的一个布袋割下了。画家又说了声放下，艺术家把最后一个布袋也舍弃了。可是画家还是不满意，仍然对他说："放下。"

艺术家不解地看着画家："我该放下的都放下了，你还要我放下什么？""放下你生命里的困惑，放下你心中的痛苦，放下你执迷的一切，放下我从你眼睛里读到的一切东西。"艺术家明白了，他知道自己无论怎么做都不可能挽回妻子的生命，即使他画出了世上最逼真的画像，所以他不再执迷于这段无望的感情，接下来的日子里心无旁骛地和画家学画，几年之后他回到了故乡，画作一经展出就惊动了画坛，他从一个籍籍无名的三流艺术家变成了一个人人仰慕的大画家，后来他又找到了真爱，画布上有了另外一名女子的影子，幸福的人生重新拉开了帷幕。

有一则很美的小诗，描述的心境与舍弃执念之后的心态非常近似，它这样写道："心是菩提树，身为明镜台。明镜本清净，何处染尘埃！"有时太过倔强，太过执著，换来的不是无怨无悔，而是深入骨髓的伤害，我们越是苦苦地紧抓着什么，就会更快地失去什么。执著就像桎梏绳索，牢牢束缚着我们，几乎令我们窒息，由此生出数不尽的烦恼，衍生出比失去本身更深刻的痛苦，唯有学会放下一切，我们的心灵才能像菩提树一样超然，像明镜台一样澄澈。直性子者们，千万不要用此生的光阴去追逐得不到的东西，也不要和自己执拗地较劲，任何时候都不要用失败者来定义自己，如果清醒地失去令你痛苦，那么请选择糊涂地舍弃，无论如何，拿得起放得下，你才能告别过去，开启崭新的人生。

4. 花半开酒半醉，留一分糊涂留一分清醒

花半开酒半醉是一个恰到好处的境界，花开过盛不是被人采摘而去，就是即将凋零，花开荼蘼只不过留下霎那的芳华，终免不了零落成泥的命运。饮酒不可过量，过量不宜怡情，还会伤身，小酌一番，处于微醺状态最是风雅。留一分清醒留一分醉，醉在半睡半醒间最能体会其中的微妙感觉。这就好像人生，亦醉亦醒也不失为一种糊涂，这种糊涂是比清醒更超然的一种境界。

在某些时候，太过清醒就会物极必反，而适度糊涂一点才更能体会其中滋味。直性子者不喜欢糊涂和模糊的概念，他们宁愿清醒地面对任何残酷的现实，也不肯用糊涂哲学给自己减压，这种执著只会让自己承受更多的痛苦。"众人皆醉我独醒"固然难得，可是独醒的孤独和压抑又是多少人能真正承受的？所以逃避主义者但愿长醉不愿醒，喜欢借酒消愁，这种醉生梦死的方式固然大错特错，可是人生在世，活得太明白也是一种错误，唯有留一分糊涂留一分清醒才能活得更潇洒更悠然。

在一望无际的大海上，一艘船发生事故沉没了，船上的两个人落水了，好在两个人都会游泳，因此如果能支撑到其他船只路过，还是有生还的希望的。两个落水者之中，一个视力非常好，一个患有近视。然而在相当长的时间里，他们只能看到辽阔的水域，其他的什么也看不到，两个人在水里挣扎了一段时间，感到精疲力竭了，死神正一步步逼近他们。

正当绝望之际，视力好的落水者惊喜地看到了一艘正驶向自己的

小船，近视的落水者也模糊地看到了一艘船，两个人有了生的希望，拼尽最后一点力气游向小船。可是游着游着，视力好的落水者就停了下来，因为他看清了，向他漂来的并不是什么小船，而是一截浮在水面上的枯木，但是近视的落水者并不知道这一点，他仍然奋力地前游去。等他终于游到目的地时，发现根本没有什么小船，激起自己求生欲望的仅仅是一截枯木时，他离岸边已经不远了。结果是视力好的落水者由于过早认清了严酷的现实放弃了希望而殒命，而那位近视的落水者却因为视力上的缺陷而活了下来。

糊涂一点有时能给自己带来海市蜃楼般的希望，虽然这在一定程度上带有某种自我欺骗的性质，但是却能鼓舞自己继续前行，战胜前进道路上的重重阻碍，而太过清醒地面对残酷的现实则会让人在压力和重负之下过早地缴械投降。未来是捉摸不定的，即使表面上确定的事情，也会因为个人选择的不同而呈现出不同的结局。

在美国，有这样两家规模大小和效益都差不多的公司，一家公司的总裁叫罗伯特，一家公司的总裁叫史蒂夫·罗伯特是一个较为精明的人，看问题总能比其他人看得更清晰更长远，他甚至提前预测到了2008年美国的金融危机。他预计到了2008年，经济危机将给美国的经济带来重创，美国30％的公司将破产，他的公司也不可能逃过那场危机，所以他提前将公司解散了，他还给自己及员工下发了一些生活费，以防公司负债累累时大家的权益失去保障。

罗伯特固然具有先见之明，可是没有做出任何挽回公司的努力就宣告破产，未免太悲观了些，史蒂夫作为公司总裁，当然对于未来严峻的经济形势也做出了预测，可是他并没有像罗伯特那样迅速宣布解散公司，而是选择不动声色地掌控全局。他认为未来不是能精准预测的，谁也不能百分之百地保证未来一定像自己想象中的那样，人为的因素是可以改变局势的。他决定只要公司能存在一天，他就要全力以赴地做好自己的工作，绝不提前投降。史蒂夫给人的感觉并不像罗伯特那样精明，他总是不露声色，给人以一种愚憨的印象，在其他公司纷纷陷入恐慌、纷纷裁员的时候，他仍然面不改色地管理着自己的公司，鼓励员工努力工作，结果在很多公司都在那场席卷全球的金融危机中宣告破产时，他的公司竟奇迹般地生存了下来。

有远见并没有什么错，所谓"预则立，不预则废"，然而在现实生活中，计划远远赶不上变化，因此尚未确定的事不要言之凿凿，不要自以为拥有洞若观火的本领，有时糊涂一点，有点阿 Q 精神，反而会使自己从不利的情势下解脱。全然糊涂和全然清醒都不利于把握现状，前者太过怯懦和消极，后者又对自己过于冷酷，只有把握好清醒和糊涂之间的度，才能游刃有余地掌控人生。

游走在糊涂和清醒之间，如能达到花半开酒半醉最是奥妙，只有在这样的状态中，你才能闻到醉人的缕缕花香，品味到美酒的芳醇，人生才不至于太过痛苦。一分糊涂一分清醒是明智的选择，人在天性上本来就是追逐幸福规避痛苦的，几乎没有人能享受痛苦，对于痛苦，人总是被动地承受，而糊涂则能在人迷惘痛苦时带来模糊的希望，给人以奋进的力量，所以适度的糊涂要比绝对的清醒对人来说更有利，我们没有必要拒绝这样的糊涂，就像没有必要拒绝花香和美酒一样。

5. 守拙的智慧：表面糊涂，心头洞明

切斯特菲尔德说："要比别人聪明，但不要让他们知道。"这句话告诉我们聪明不要外露，心头要洞明，表面上尽量要糊涂些。《红楼梦》中有副对联为"世事洞明皆学问，人情练达即文章"，指的是为人处世要洞察世事，在人情世故面前要熟练通达。这和糊涂哲学不谋而合。真正拥有大智慧的人，表面看来都是愚笨的；而真正有才华的人表面看来几乎与其他人无异，这就是守拙的智慧。

直性子的人排斥任何伪装色，他们追求绝对的表里如一，因此表面糊涂的人，内里也一定是糊涂的，而表面聪明的人实际上却不像他们自以为的那样聪明。表里都糊涂的人自然是不足取的，而表面聪明的人除了让人感觉自以为是，徒增反感以外，并不能从聪明中获得任何益处。

苏轼在《贺欧阳少师致仕启》中说："力辞于未及之年，退托以不能而止，大勇若怯，大智若愚"，我们可以理解为有意回避不情愿做的事，本有大勇，却装出露怯的样子，本来机智聪敏，却装出愚拙的样子。真正有大智大勇的人并不会太过张扬，他们秉承抱朴守拙的理念，做人谦虚低调，具有十足的亲和力，心头却有一方明镜，将一切尽揽其中。

有一次，日本航空公司欲引进美国飞机，日方代表和美方厂商进行谈判。为了让日方更加清晰地了解美制飞机的性能，美方事先做了大量的工作，将有关飞机模型、图表、数据及其他资料全都准备齐全了。在谈判当天，美方代表侃侃而谈，滔滔不绝地讲解着飞机性能的情况，日方代表却始终保持沉默，只顾低头做笔记。

几天之后，谈判进入到了实质性阶段，日方仍对价格绝口不提，美方忍不住问："你们认为如何？"日方代表脸上露出困惑的表情，含糊地回答道："我们不明白。""不明白？这是什么意思？"美方认为自己已经解释得足够清楚了，对于日方的态度颇为不理解，因此显得有些急躁。日方代表仍说："不明白，一切都不明白。"美方代表觉得日方的理解能力太差了，自己浪费了这么多口舌却没有取得实质性的效果，这太令人沮丧了，只好对日方代表说："那么，你们希望我们怎么做？"日方代表礼貌地请求道："你们可以把有关产品的所有资料重新为我们解释一遍吗？"

美方硬着头皮又解释了一遍，可是解释完毕后，日方代表仍摇头说不明白，美方代表头痛不已，只好硬着头皮再次解释一遍，反复几次之后，美方代表丧失了耐性，日本人成功把价格压到了最低点。

日方代表果真什么都不明白吗？显然不是的。他们不但对美制飞机的资料精心地做了笔记，而且对其性能了然于胸，更重要的一点是他们非常了解美方代表的心理，所以在最终的谈判中能把价格降到最低。而美方代表则截然相反，一开始他们就显露出自己的聪明，在谈判的交战中，一直口若悬河，在气势上绝对压倒了日方代表，表面看来他们似乎非常明白商业法则，对谈判超级自信，以为一切尽在掌控中，而最终他们却使自己陷入了被动的地位。由此看来表面聪明的人其实是比较糊涂的，而表面糊涂的人才是真正的聪明人。

李白曾经写下过一句非常耐人寻味的诗句："大贤虎变愚不测，当年颇似寻常人"，意思是在一些特殊的情况下，人要像猛虎伏林那样隐藏自己才能从容行事。自恃聪明、过于张扬只是表面聪明，其内里却是糊涂的，因为这是一种自负和自傲的表现，处处彰显高人一等，必

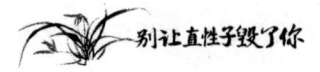

然遭到众人排斥，有时还可能招致祸端。

举世闻名的兵马俑历经岁月的变迁，除了跪射俑以外，其他的兵勇都有不同程度的损伤，那么为什么唯独跪射俑能保存完整的风貌呢？秘密就在跪射俑的高度上，它的身高只有区区 1.2 米，而其他兵俑的身高接近真人太小，高度在 1.8 米～1.92 米之间，当洞壁坍塌时，其他的兵俑都被压碎了，而小个子的跪射俑却安然无恙地保存了下来。

跪射俑从不凸显自己，把所有的风华都隐藏在矮小的躯体之中，却在出土之后因为其完整性成为了我国独一无二的马俑。与跪射俑相比，加拿大多伦多的国家电视塔则要张扬许多，它是市区里的地标性建筑，高度可达 550 米，被视作是世界上最高的电视塔。正因为如此，它的知名度很高，可是它也为自己的名气付出了惨重的代价，平均每年遭受雷击的次数不低于 400 次。每次电视塔被雷电击中，市民的电视屏幕上就会呈现出一片雪花。有一次，电视塔的天线还燃起了大火，消防员赶到现场灭火时，银白色的天线已经烧得焦黑不堪了。

如果你经常留意新闻的话，就会发现类似跪射俑和加拿大国家电视塔的新闻非常多，越高的建筑越容易被毁坏，而越是低矮的建筑或小巧的物品越容易长存。比如旷野中突兀的房子要比附近低矮的灌木受到雷击的次数更多。如果你可以化身为一栋建筑的话，你会如何选择呢？高高矗立的建筑就好比表面聪明、狂妄自大的人，不但不讨喜，还非常容易受到外界的攻击，而低矮的建筑则好比那些心头洞明、内敛低调的人，他们表面上看起来和平常人没有什么两样，甚至比平常人还愚拙些，这样才能不为人事所累，拥有一个幸福、平缓的人生。

6. 好汉要吃眼前亏

俗话说："吃亏是福"。可是有很多人并不认可这样的观点，认为吃亏就是吃亏，无论如何都不可能衍生出福气的。直性子的人因为自身性格的弱点，吃过各种各样的亏，当然更不会认为吃亏是福。民谚有云"好汉不吃眼前亏"，面对对自己不利的情形，适时避让，放弃逞一时的匹夫之勇，方能让自己的处境更加有利。直性子的人具有不妥协的个性，他们不允许自己在任何的大事小事上糊涂处理，非要争个明白，结果因为不愿吃小亏反而吃了更大的亏。

有一天，狮子吩咐 9 只野狗跟自己一块扑食打猎，等到太阳下山时它们一共逮到了 10 只羚羊。狮子威风凛凛地站在野狗面前说："你们当中得有个英明的站出来合理地分配这顿美餐。"一只野狗随口就说："一对一分配就很公平。"霸道的狮子当然不愿意和弱小的野狗平均分配食物，因此对这个答案很不满意，气恼之下立即把那只野狗打昏在地。

其他的野狗面面相觑，都感到非常害怕，谁也不敢再贸然提什么建议，这时有只野狗大着胆子站出来对狮子说："我兄弟刚才说错了，如果我们给您 9 只羚羊，您和羚羊加起来就是 10 只，而我们 9 只野狗加上剩下的羚羊也是 10 只，这样我们就都是 10 只了。"狮子对这个答案分外满意，笑着问道："你是怎么想出这个绝妙的分配方法的？"野狗如实地回答道："当你把我的兄弟打昏时，我就增长了点智慧。"

9 只野狗只分到 1 只羚羊，明显是吃了眼前亏，而狮子却独占了 9 只羚羊，明显是倚强凌弱，这显然是不合理的。但是野狗们如果不肯

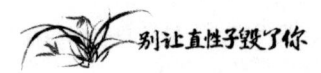

吃眼前亏，坚决坚持一对一分配又如何呢？其结果只能是换来狮子一通利爪的袭击，甚至连1只羚羊也得不到了，整整一天等于免费为狮子服务，还有可能因为惹恼了狮子而命丧狮口。其实从长远来看，野狗也只是吃了一点小亏，不过是遇到了一顿饭分配不均的问题，而生存则是更高远的目标，吃点眼前亏只是为了避免蒙受更大的损失和灾难。

"好汉不吃眼前亏"只是一种生存之道，而"好汉要吃眼前亏"才能更深刻地反应出一个人的胸襟和气度。两者只一字之差，反应的却是不同的品格。前者是被动无奈的选择，是在双方力量悬殊时采取的妥协策略，而后者却是一种主动的选择，在双方利益发生微小的摩擦时，主动吃点眼前亏，不去斤斤计较，在狭路相逢时主动给别人让路，别人通过时，自己的道路也会变得宽松，这才真正达到了"吃亏是福"的境界。

李勇和赵岩在买车之后，都发生了与别人的车相撞的事故，好在只是一般的刮蹭，维修费用也不算昂贵，如果能和别人互相谦让一下，事情本来是很容易了结的，可是李勇是个较真的人，他非让刮伤自己爱车的人下车郑重赔礼道歉不可。对方走下车来，听到李勇讲话的语气也感到很恼火："是你先撞的我好不好？只有你的车被刮坏了吗？我的车也有损伤。你凭什么让我道歉？你这个人讲讲道理好不好？"李勇一听气不打一处来："明明是你先撞的我，你还抵赖？真没见过像你脸皮这么厚的人。我没让你赔偿就不错了，让你道个歉你都不肯。"

两个人怒目而视，互不相让，最后由口角发展成肢体冲突，两辆车挡在马路中间影响了交通的正常运行，引起了其他车主的强烈不满，赶时间的人见两人僵持不下，便拨打了报警电话，经过交警的一番调解之后，车流才得以疏散，李勇和那个与自己撞车的人都受到了严厉的训斥。两个人经过一番斗殴之后都已经鼻青脸肿，最后他们都带着满脸的瘀伤垂头丧气地开着各自的车回到了家中。

赵岩有一天开车上班，在途中也和其他车辆发生了碰撞，两辆车几乎同时停了下来，从另一辆车上走下来一个瘦高的男人，若论体型，赵岩明显比那个男人健硕得多，由于经常到健身房锻炼，赵岩显得更加健美而强健，可是他并不想用武力解决冲突。在那个瘦高男人开口之前，赵岩语气平和地说："真对不起，我也不知道怎么回事，两辆车就撞上了，你的车没事吧？"那个瘦高的男人本想破口大骂，见赵岩如此有涵养，也感到不好意思了，他忙说："我的车没撞坏，其实我也搞不清两辆车是怎么碰到的，你的车还好吧？"赵岩说没事，又声称自己着急上班，两个人就这样和和气气地各自开着自己的车上路了。

在有些时候，愿吃眼前亏并不代表软弱可欺，相反，它是一种自信豁达的表现，能吃眼前亏的人不会为了所谓的尊严和面子而和别人僵持不下，而重尊严好面子的直性子者坚决不肯吃眼前亏，不是因为气量不够，而是因为舍不下面子，放不下尊严，其实吃点眼前亏，在一些小事上选择宽容忍让并不有损于颜面和尊严，反而会使自己的面子更有光彩，在吃亏这一个问题上糊涂一点，有时就能得到真正的福祉。

当对方强于自己百倍时，以卵击石是愚蠢的，不吃眼前亏，把自己修炼得足够强大再与之抗衡方是上策，而当对方与自己势均力敌或者不如自己时，也不要硬碰硬或恃强凌弱，而要主动吃点眼前亏，将矛盾化解于无形，同样是一种智慧。

7. 笨人能因傻得福

俗话说"智者千虑必有一失，愚者千虑必有一得。"有时笨人无意中得到的，比聪明人枉费心机得到的还要多，这就是傻人有傻福的道理。刘德华曾经高唱"老天爱笨小孩"，这并不是什么不切实际的励志宣言，"爱"与"福"是命运冥冥之中给予"傻人"的馈赠。

聪明人机关算尽，终有失手的时候，笨人不爱算计，有时却能笑到最后，成为最大的赢家。直性子的人大多具有笨小孩的绝大多数特征，可惜因为在现实生活中屡屡受挫，他们也会为自己是否要继续坚持这份朴素的纯真而产生动摇，有的人恨不得自己能迅速脱离"傻人"的行列，马上跻身到聪明人俱乐部中去，殊不知得与失本是相对的，当你变得更加聪明，更爱算计时，虽能尝到一点甜头，日后却有可能失去更多，更大的代价是彻底迷失了自己。

有一位国王在即将退位时，想从三个儿子当中选一位继承人来继承王位，他给三个儿子每人发了一颗瓜子，并声称谁能种出王国里最好的瓜，他就选谁当国王。三个儿子领到瓜子后便立即将其种到了地里。过了一段时间，三个兄弟拿着花盆一起面见国王，大儿子、二儿子的瓜秧长势良好，两个人的脸上都浮现出对王位志在必得的表情，三儿子的花盆里却什么也没长出来，结果国王却把王位传给了他。大儿子、二儿子都感到不解，国王这才解开了谜题，原来三颗瓜子都是炒熟了的，它们根本就不可能生根发芽，更别提结出硕大的瓜来，两个聪明的儿子明显都作了弊，只有三儿子是诚实的，他没有因为想得到王位而欺骗任何人，如此童叟无欺的人才是最适合的王位继承人。

一个人是否有真本事固然重要，可是个人品质更为重要。换言之，一个人可以没有令人称颂的本领，但不能在人品上大打折扣。傻人得到信赖并不只存在于童话故事之中，在现实世界里，这样的故事同样不胜枚举。几十年前，有位目不识丁的女商贩，连钱都不认识，为了不收错钱，她用一枚两分钱的硬币当样板，一杯水只卖两分钱，每收一次钱她都会拿出硬币来对照一番，小于两分钱或大于两分钱的硬币都不收，她更不收自己认不得的纸币。一杯水两分钱当然是卖亏了，那几乎是市场的最低价，于是人们都笑话她傻，当地人在骂人时也总拿她当反面教材。

女商贩并不理会别人说什么，一杯水仍卖两分钱，她做的只不过是小本生意，可是几乎每天都吸引了无数的顾客，人们喜欢在她的水摊前驻足，有的人为了喝两分钱一杯的水特地慕名而来，连省城里非常有名望的领导也听说过她的名声，专门到她的水摊喝了一杯水，她那两分钱一杯的水瞬间轰动了，女商贩生意越做越红火，结果人人眼中的傻人却成为同行业的佼佼者，在当地几乎无人能与之抗衡，女商贩的傻并没有使她吃亏，反而使她盈利更多。

再精明的人也不可能把什么都算计到，正所谓"人算不如天算"，棋差一招就会全盘皆输。诸葛亮足智多谋，屡屡旗开得胜，他赢便赢在聪明上，可是有时他吃败仗，输也输在自己的聪明上，顾虑过多，考虑过多，同样是兵家大忌。《红楼梦》中的王熙凤，乃是八面玲珑的凤辣子，生前八面威风，是个无比精明的人，可是最终也是落得人财两失的下场，死后也只是裹着一条草席草草下葬，难怪曹雪芹发出"机关算尽太聪明，反误了卿卿性命"的哀叹。相反像故事中国王的三儿子那样保持着自己的本色，不藏私心，不算计，反而收获了更多。而那个表面上看来没有一点经商头脑的女商贩获得的利润却远远多过

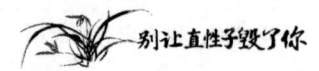

那些精打细算的同行，可见在某些时候，老天的确更偏爱笨小孩。

直性子的人也许会被经常告诫要学得聪明点，千万不能因为太傻而让自己吃亏，在经常吃亏上当后，也想过要彻底颠覆自己的性情，成为聪明绝顶的那类人，殊不知在变聪明以后，得到的仅仅是一点蝇头小利，失去的却有可能是本色的人生。精明和傻，糊涂和明白本来就不像表相中理解的那样，人如果精明到了极致，反而连智力不全的小孩都比不上，而憨傻到一定程度才能成为真正的智者，《神雕侠侣》中的老顽童周伯通便是典型的一例，名震江湖的英雄豪杰有"东邪西毒南帝北丐中神通"，其中的"中神通"老顽童似孩童一般天真，反而被放在了更为重要的位置上。表面上糊涂的人只是不爱计较而已，并不是真糊涂，而事事都要争个明白的人才是真正的糊涂。很多时候，聪明人常会搬起石头砸自己的脚，而笨人却能因傻得福，所以直性子者们不要责怪自己太傻，更不要千方百计地让自己变聪明，人生在世利益并不是唯一值得追求的东西，能守住自己的底线，活得简单快乐何尝不是一种更大的福祉？

8. 善辩之才从不信口开河

老子说："大直若屈，大巧若拙，大辩若讷。"意思是最正直的人外表上看是随和的，最聪明的人不爱彰显自己，表面看来好像很笨拙的样子，真正能言善辩、口才极佳的人发言持重，表面看来好像笨嘴拙舌的样子。直性子的人个性刚直，无法理解直与屈的辩证关系，认为正直的人必然不会屈从于任何人，他们也无法明白人们为何要表里不一，智者不愿彰显智慧，有辩才的人总是谨慎发言。

其实大辩若讷并不是指心口不一，它无关勇气，也无关腹黑，而是一种心智成熟的表现。说话毫无顾忌，经常慷慨陈词，不计后果的人即使口才再好，也不能被视作聪明的辩手，而真正的辩才即使才思敏捷发言时也会再三斟酌，没有把握的话不说，没有弄清楚的事不讲，可能伤害到别人的话更是绝口不提，这种表面上的木讷才是一种智慧的态度。

著名作家贾平凹曾经这样评价自己："我是很笨的那种人，就像一条狗，你给它开了再大的门，它还是从小洞里钻；就好像一只鸡，你把它放在粮堆上，它还是扒着吃。"然而汪曾琪却说："平凹确实是一个很平易淡薄的人。从我和他的接触中，他全无'作家气'，在稠人广众之中，他总是把自己缩小到最小限度。他很寡言，但在闲谈中极富机智，极富幽默感。"为此，汪曾琪还给贾平凹送了个"鬼才"的美誉，他的解释是"鬼才者，非凡人才能之人也。"

贾平凹平时是沉默寡言的，然而寡言并不代表无知，他当然不像自己说的那样像狗一样只会钻小洞，或者像鸡一样只知道低头扒食，不知道抬头看天。他只是自恃过谦，不爱表现而已。贾平凹常说自己是个笨人，不会讲普通话，也不会用电脑。那么贾平凹真的像他自己声称的那么笨吗？当然不是，笨人哪能写出数十本散文、小说，并凭借长篇小说《秦腔》获得茅盾文学奖？他说自己笨不过是自嘲、自谦而已。《美文》的执行主编穆涛说："平凹是'大直若屈，大巧若拙，大辩若讷'，拙和讷是他给人的外在印象，而巧和辩才是真实的他。"

穆涛对贾平凹的评价有真实的例子为证。有一次他和贾平凹坐火车同行，当火车路过陕西秦岭时，穆涛用开玩笑的口吻对贾平凹说："你们陕西人真谦虚，那么大一个山，怎么叫个岭。"没想到话音刚落，贾平凹就立即接过话茬说："你们河北人更谦虚，那么大一个省会，怎

么就叫个庄？"后来穆涛把这段有趣的对话写进了自己的文章里，他说贾平凹平素不善言辞，而且总说自己笨，其实都是大智若愚的表现。

聪辩之士向来讷于言，一方面是因为他们谦逊谨慎，另一方面是因为他们了解自己认知的局限性。现实世界往往比我们所知所感要复杂得多，即便是面对熟知的事物，我们也不敢保证自己的言论就一定代表正确答案。事实上，越是学问高深的人越能了解自己学识的疆界，越是聪敏之人越不喜欢妄下结论。

大辩若讷的人比任何人都更了解人类的无知和自己的无知，古希腊哲学家苏格拉底聪明过人，但常常声称自己一无所知，有一天他的朋友到神庙祈求阿波罗神谕，询问世间是否有比好友苏格拉底更聪明的人，得到的答案是没有。苏格拉底得知后，觉得甚为不解，他总认为自己缺乏更大的智慧，并没有人们想象中那样聪明。

为了弄清这个问题，苏格拉底拜访了很多世人公认的智者，包括有巨大影响力的政治家、妙笔生花的文学家和心灵手巧的能工巧匠等，这些人都有一个共同的特征，那便是每个人都认为自己全知全能，觉得世间没有什么人能比得上自己，他们讲起话来全都雄辩滔滔，可是通过交谈，苏格拉底发现实际上他们学识有限，也并没有超凡的本领，技术也没有达到十分精通的程度，他们只是精通一部分事情，对其他事情都处于一知半解的状态中，苏格拉底这才明白了神谕的奥秘，他之所以能成为最聪明的人是因为他有自知之明，只有自感无知的人才是真正有智慧的人。

在现实生活中，慎言比直言更明智，直性子的人好直言，或许是因为觉得自己的言论接近事实真相，或许是因为认为自己拥有发表意见的权利，可是过于随意地发表自己的看法，不但会在一定程度上暴露出自己的无知，还有可能因为出言不慎而伤人。大辩若讷不单是古人的智慧，也适用于现代社会，心理学家发现，一个人所说的话百分之九十以上都是废话，极少有人能字字珠玑，说出非常有哲理和内涵的话来，有些废话脱口而出还有可能给自己和别人带来不利的影响，所以真正的聪明人绝不会为了多说几句废话把事情搞砸，他们宁愿让自己表现得更加木讷些，这一点是非常值得直性子的人学习和借鉴的。

9. 面对变故，要有一点阿Q精神

漫漫人生路，不可能处处都是坦途，所谓的心想事成、一帆风顺不过是人们美好的祝愿和希冀而已，在人生的旅途中，我们不可避免地会遭遇这样或那样的挫折，比如学业不顺、失去工作、身体健康状况恶化、婚姻不幸、家庭破裂等等，面对突如其来的重大变故，有的人心灰意冷、一蹶不振，有的人则一次次质问命运：这一切究竟是为什么？为什么要让自己承受这么多的痛苦和灾难。直性子的人凡事都想追问个明白，免不了在失意落魄时"把酒问青天"，可是没有人能给他们答案，他们自己也找不到答案。

存在主义认为，很多事情的发生不过是随机事件，它不反映任何人的意志，因为一切都不是预演好的，所以我们不可能对发生在自己身上的事情找到合理的答案。不是所有的方程式都有解，与其苦苦追寻不存在的答案，还不如用阿Q精神自我解脱。阿Q精神虽然属于精神胜利法，起到的不过是自我麻痹的作用，可是它又具有安慰剂的作用，能缓解你心灵深处的痛苦，从另一个角度看，它是一种冷幽默，就像卓别林的喜剧，能让人在笑中带泪的氛围中感到释然。

苏格拉底的妻子是个十足的悍妇，经常对他大发脾气，如果是其

他人娶了这样的太太，一定会认为自己很不幸，可是苏格拉底却常对别人幽默地说："娶这样的老婆有很多好处，可以锻炼我的忍耐力，加深我的修养。"有一天，苏格拉底的妻子火冒三丈，又一次对他大发雷霆，吵闹了很久也不肯罢休，苏格拉底只好暂时先离开家，打算等妻子气消了之后再回来。谁知刚刚走到门口，他的妻子忽然从楼上倒下一盆水，把他全身都淋湿了，他冷得直打颤，但仍用戏谑的口吻说："我早知道响雷过后必有大雨，果然不出我所料。"

苏格拉底对于坏脾气的妻子感到无可奈何，可是他并没有抱怨家庭的不幸和命运的不公，而是采用自我解嘲的方式使自己从狼狈不堪的窘境中超脱出来，正如他自己所说的那样，他的修养和忍耐力因此得到了增强。

苏格拉底能直面婚姻的不幸，海伍德·布洛思则能勇于面对事业的失意，在经历人生低谷时，他并不是强迫自己勇敢起来，而是同样选择了用精神胜利法来减轻心灵的创痛。他40年的积蓄因为投资不利，在1929年的经济危机中化为乌有。当他得知这个消息时，他并没有捶胸踩足地大哭，也没有其他过激的反应，而只是淡淡地说了一句："来得快，去得也快。"他一夜之间失去了大半生的积蓄，果然"去得快"，可是这些钱来得可并不快，那可是他积攒了40年的储蓄。他用自嘲的方式来形容自己的人生变故，不过是为了在自我安慰中更快地恢复过来。

苏格拉底是古希腊的大哲学家，海伍德·布洛思是沉浮商海的大商人，他们都具有抵御挫折的能力，善用自嘲的幽默，那么普通人是否也能做到这一点呢？事实上，普通人在面临人生的不幸时也同样可以活得洒脱和悠然。有个家资殷实的人，突遭家庭变故，失去了往昔光鲜的生活，甚至沦落到家徒四壁的悲惨境地。然而他却总对别人说：

"我家无所不有。"说完他伸出两只手指说，"所缺少的，只有天上的太阳和月亮了。"他话音刚落，儿子就告诉他厨房里的柴禾烧完了。他听完之后，又伸出了一只手指说："现在缺少太阳、月亮和柴禾。"

自我解嘲是心理防卫的一种方式，通过这种幽默的自嘲方式，你能更加冷静地看待挫折，在丢了钱包之后用"破财免灾"安慰自己，在遭遇重大变故时告诉自己"福祸相倚""否极泰来"等，这也是"难得糊涂"的一种境界，学会笑自己比苦闷地质问命运更能化解你心头的郁结，只要你掌握了这门技术，就能潇洒地走完坎坷的人生，这种状态是饱经世事沧桑之后才有的成熟和从容。

阿Q精神并不代表愚昧，它也不是掩耳盗铃式的自我欺骗，更不是愚蠢的鸵鸟心态，它是对命运超然物外的解读，是根植于苦难土壤的瑰丽之花，是浩瀚大漠里倔强生长的绿色植物，只有真正超越沧桑、超越痛苦的人才能体会到它的真谛。有的病人在忍受常人难以想象的病痛时，却乐观地说："我能感觉到痛，说明我还活着。"做完化疗的癌症患者常指着自己的光头开各种玩笑。这些类型的人能从变故和痛苦中找出苦涩的诗意来，所以他们不会被任何困难和挫折击垮。

人对挫折的耐受力是不同的，有的人能快速从创伤中恢复过来，而有的人会心理失衡甚至精神崩溃，这是为什么呢？原因在于挫折会给人带来抑郁、焦虑等不良情绪，不会自我解嘲，拒绝让自己暂时糊涂一下的人，往往能真真切切地感受到深入骨髓的痛苦，所以他们的承受力更差，而善于用阿Q精神自我解嘲的人则能以一种相对放松的姿态应对命运严酷的挑战，他们更加乐观，懂得苦中作乐，所以能从人生巨大的变故中走出来，勇敢地迈向生活的正轨。

10. 装聋作哑，巧妙应对对方攻击

俗话说"有人的地方就有江湖"，人行走于江湖，难免遇到争斗和攻击，面对攻击，是立即反唇相讥，与他人展开口水战，还是表面装糊涂，选择一笑而过呢？直性子的人最不能忍受不被尊重的感觉，因此会毫不犹豫地选择反击，可是这样做往往会使自己陷入徒劳无益的纠葛之中。在某些情况下，装聋作哑比高声抗议更能瓦解对方的士气。

默不回应有时比任何语言起到的效果更佳，这就好比一记重拳打在水上，水并不会像坚硬的物体那样立即给拳头一个反作用力，然而它却能将力化解于无形。面对别人的无理取闹，当你选择充耳不闻时，对方就好像在表演滑稽的独角戏，如果连他本人都感觉无聊透顶就会选择草草收场，面对别人的无理挑衅，你有意装出一副不懂的样子，脸上是一副困惑和懵懂无知的表情，对方也不知道该怎样接招，只会发出对牛弹琴的慨叹，最后便会悻悻地走开。

某机关有一个文静的女孩子，平时不爱讲话，一直默默地工作着，她的脾气很好，脸上总是挂着甜美的笑容。后来机关里来了一个攻击性很强的女孩子，她几乎把矛头指向了每一个人，很多同事因为受不了她的攻击，不是辞掉了工作，就是申请调到了别的部门。最后，这个飞扬跋扈的女孩把矛头指向了那个文静的女孩。

有一天，好斗的女孩劈头盖脸地炮轰文静的女孩，说了很多难听的话，谁知那个文静的女孩竟然一点反应都没有，她默默地看着对方，直到对方骂累了，她才抬头问了一句："啊？"好斗的女孩意识到刚才的话全都白说了，文静的女孩根本心不在焉，什么也没听进去，她立刻气得满脸通红，良久说不出一句话，最后只得偃旗息鼓，自讨没趣地走开。半年之后，好斗的女孩几乎把所有的同事都得罪了，由于树敌太多，她也感到压力倍增，于是自愿调到了其他部门。

同事们都认为文静的女孩实在太有涵养了，面对攻击竟然可以默不作声，可事实的真相却不像大家想得那样，这个女孩听力有障碍，她听不清别人在讲什么，所以即使别人攻击和责骂她，她也不会迅速作出反应，所以脸上经常浮现出无辜、茫然的表情。无论别人对她发作多久，浪费了多少口水，她的脸上始终是一副不解的表情，攻击她的人自知白费力气，最后只好鸣金收兵了。

聋哑之人在通常情况下是不会与人起争执的，因为他们听不到任何攻击性的话语，也不能用同样的话语来回敬对方，所以没有人会无聊到要和聋哑人吵架。而健全人，皆有敏锐的听力和锋利的舌头，听到不顺耳的话就会马上反击，于是双方吵得不可开交，而装聋作哑，摆出一副完全听不懂的样子，则是回击的另一种对策，它会以一种微妙的方式让对方败走。

吴娟身材微胖，同事张密和李进就总是"冬瓜"长"冬瓜"短地调侃她，因为平时三人关系还不错，吴娟并不想因为被取绰号而翻脸，可是对于非常介意自己身材的女孩子来说，张密和李进的攻击确实令她十分难过。有一天，张密和李进在办公室里称她为冬瓜，引起了其他同事的窃笑，吴娟非常生气，刚想对两个人发作，可是转念一想，这样做岂不是不打自招，毕竟两人并没有直呼其名呀，直接对冬瓜这个词作出敏感反应岂不是对号入座，面对这种情况，吴娟佯装什么都不知道，她平复了自己的情绪，缓缓地走向二人，对张密说："张密，听说你有一米八三那么高，恐怕没有吧？"又转向李进说："你今天早上喝豆浆了吗？声音很洪亮啊。"

　　正处在兴奋中的张密和李进立即愣住了，两人面面相觑，对吴娟的一番话都感到丈二和尚摸不着头脑，他们没有兴致再高呼别人的绰号了，纷纷住了口。吴娟的装聋作哑之计出奇制胜，她巧妙地化解了自身尴尬的局面，又没有让张密和李进难堪，可谓是达到了"不战而屈人之兵"的效果。

　　对于最终无法伤害自己的事物，选择装聋作哑装糊涂，比直接进行有力的回击更能挫败对方的气焰，在受到攻击时，故左右而言他，避开不愉快的话题，让对方意识到自己并不在意刚才的攻击，他无法通过挪揄自己而达到伤人的目的，面对这样的招数，对方多半会选择退避，不会继续招惹是非。面对装聋作哑的听众，大部分语言暴力都将失去效力，它们不会对你产生任何杀伤力。可是如果你表现得过于激动，就会让对方知道你的确被触到了痛处，对方如果性情卑劣一点，就会揪住一点不放，直到把你彻底打败。直性子者，保护自己是需要策略的，直来直去地回应攻击，并不能使你处于更有利的地位，适度地装糊涂，避开对方的锋芒，有时比任何强有力的回应更能让对方却步。

第九章

爱要"软磨"，不能"硬撞"：
百炼钢也怕绕指柔

在恋爱初期，直性子者容易以豪爽纯真的个性俘获另一方的心，可是当两个人的感情过了蜜月期以后，这种横冲直撞的性格就会暴露出很多问题。再炎热的爱也需要温柔的抚慰，爱是需要"软磨"的，相爱的两个人在磨合的过程中，如果有一方总拿自己的棱角撞对方，另一方即便再有容人之度也会选择抽身离去。恋人需要的是被爱的美好感觉，而不是遍体鳞伤的疼痛。

直性子者需要明白，你面对的是自己一生挚爱的恋人，而不是阶级敌人，没有必要寸土不让，一味展示自己的"直"和"硬"。爱情不是一场战争，输赢皆不重要，百炼钢也怕绕指柔，如果你真爱着对方，就要学会用柔情包裹他（她），全心全意地付出，不计较对方的过往，包容对方的缺点，即使爱情不复存在了，也能真心祝福对方，这才不枉两个人真心相爱一场。

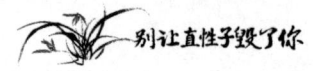

1. 把争吵变成感情的润滑剂

爱情是人世间最为浪漫的一种情愫，诗人徐志摩说："我将在茫茫人海中寻访我唯一之灵魂伴侣。得之，我幸；不得，我命。"多少人视爱情如难获的至宝，可是又有多少人在伤过之后将爱情弃如敝履？爱一个人就会把对方对自己的好视作理所当然，浑然不知珍惜彼此的感情，有时无理取闹发脾气，有时因为鸡毛蒜皮的小事争吵，甚至在朋友面前也不肯给对方面子。

在爱情的世界里，不只有电光石火般的激情，还有吵架时的飞沙走砾，直性子的人向来心直口快，说出的话往往最伤感情。然而争吵是爱情中避不开的小插曲，一个人的吵架模式，反应出了他（她）内心的需求，有时一时的气话就像酒后的真言，可以暴露出两个人感情的问题，为弥补其中的裂痕提出了现实的需要。可是直性子的人在吵架时往往表现得有些过激，甚至不惜直击对方的软肋，这样的争吵无益于加速彼此的磨合，反而会使两个人更快地分道扬镳。

杨曼凝和郭云飞一见钟情，他们在海边邂逅，被对方深深吸引，交换了手机号码之后就开始了频繁约会。杨曼凝青春靓丽，郭云飞高大英俊，两个人手拉着手走在一起颇有几分青春偶像剧里的感觉。双方的感情非常炙热，甚至到了难舍难分的地步，二人的恋情曝光后，收获朋友们的祝福，却遭到了父母的强烈反对。杨曼凝的父母嫌郭云飞出身于贫寒之家，而郭云飞的父母则反对他和十指不沾阳春水的娇小姐交往，可是两人都认定自己遇到了真爱，无论双方父母怎么棒打鸳鸯也不肯分开。

后来杨曼凝和郭云飞不顾双方父母的反对,从家里搬了出来,两人合租了一间公寓,本以为共筑爱巢后他们的感情会更加甜蜜,没想到因为生活习惯的差异,两人经常争吵不断,郭云飞性子比较直,说话非常不中听,经常对杨曼凝恶言相向,吵得激烈时还曾把杨曼凝的行李扔出门外。杨曼凝以个性不合为由提出分手,可是冷静下来的郭云飞却不同意,他口口声声说自己一时冲动说了伤人的话,希望得到杨曼凝的原谅,起初杨曼凝对这段感情还有些不舍,一次次地原谅了郭云飞的中伤,可是有一天,她感到真的累了,觉得自己继续退让下去也不会有结果,尤其是郭云飞当着大学同学的面嘲弄自己时,她越发感到忍无可忍,当天她便收拾好了行李,不管郭云飞怎么出言挽留,她都表示去意已决,在洒下了几滴伤心泪之后,她头也不回地离开了两人租住的公寓,彻底告别了这段苦涩的恋情。

大部分吵架都是为了宣泄情绪,直性子的人常用这种较为激烈的方式来表达不满或情感需要,因为表达方式过于直接,不但不能通过争吵弥合双方感情上的裂痕,使彼此的恋情得以升华,反而会使分歧进一步扩大。如果能理性地控制自己的情绪,在争吵时多多讲究一些策略,吵架非但不会演变成一场灾难,还会变成双方感情的润滑剂。

吵架是两个人的事,所以争吵要注意场合,不要在大庭广众之下争吵,更不要在亲朋好友面前争吵,这样有利于顾忌到对方的颜面,也不至于让自己太难堪。吵架时切忌使用伤人的字眼,尽量降低自己声音的分贝量,可以据理力争,但千万不能无理取闹,更不能对对方口出恶言。

对于直性子的人而言,最为重要的一点是在争吵时要顾及到对方的心理感受,不能用犀利的言辞刻意丑化对方,也不能直接攻击对方的弱点,要学会见好就收,适时给对方一个台阶下。吵架时有两句话

千万不能说，一句是"我们分手吧"，一句是"我们以后不要再见面了。"因为对方很有可能信以为真，一段美好的感情很有可能因为一句轻率的话而走向尽头。争吵过后，要想办法修复感情的裂痕，女方要谨记男方大多好面子，所以不能伤他情面，不要把他的耐心磨光，在对方提出和好请求，又赔礼道歉后，不要再继续耍小脾气，而要适时给对方一个笑脸。男方要谨记的是，女孩是需要宠爱和哄的，吵完架后一定要把女友哄开心，切忌和对方冷战，最简单的做法是说几句温柔的软话，然后拥对方入怀，两人共谱爱情的甜蜜序曲。

直性子的人对待恋人大多一往情深，但是多数缺乏幽默细胞，在吵架时如果能学会使用幽默的武器，火药味十足地争吵也有可能换来对方的会心一笑。比如对方火冒三丈地质问你为什么不肯接电话，你可以幽默地回答："我当时正戴着耳机学外语，想要弄清怎么用十八国语言表达对你的爱意。"两个人吵过之后，不妨用便签纸画个卡通笑脸给对方，然后在下面备注一些幽默温馨的短语，让对方一扫心头的阴云，感受到爱情的暖意和你的诚意。

2. 爱情不是等价交换

爱情不是公平的等价交换，你永远也不能用天平衡量彼此曾经付出了多少。他（她）爱你，就愿为你倾其所有，他（她）若是不爱你，即使只付出了一点点也会心不甘情不愿。直性子的人在爱情面前也许会感到困惑，不明白自己在付出一切之后，为何换不来对方的真心，于是责怪对方无情和冷漠，甚至因为得不到所爱而陷入深深的痛苦之中。

直性子的人在毫不吝惜地献出自己的深情、痴心和忠贞时,希望换来同等的回报,可是恋爱并不是一种以物易物的交换,你的付出完全出自自愿,它不应该寻求任何回报,痴爱对方是你的个人选择,对方是否爱你则是对方的自由。强求的爱不会产下甜蜜的果实,不要委屈地质问对方为什么不肯多爱自己一点,索爱是一种不合理的要求,不会被轻易接受。你或许为对方投入了不少情感、金钱、时间和精力,为了一朵花放弃了整座花园,于是希望对方能对自己涌泉相报,可却常常对对方的表现感到失望。

如果你真心爱一个人,就不会过分奢求对方回报自己,你无怨无悔地付出,是为了让对方更开心更幸福,对方的快乐就是你得到的最好的回报。你也许会非常羡慕甜蜜的恋人和感情甚笃的夫妇,却只能看到他们获得了什么,没有看到另一方放弃了什么,才换来了如今的美满和谐。在恋爱关系中,如果爱对方多一点,就会对自己的关注减少一分,当你不在计较付出与回报的比例,就会把对方的幸福放在首位,这份真情足以感动得铁树开出花朵,如果对方的心不是石头制成的,终有一天会被你的真情所融化,到那时,即便你不追求什么回报,对方也会对你寄上一片深情。

朱启光自从和小敏交往后,生活方式发生了很大的变化,因为小敏是素食者,两个人吃饭时他再也没有碰过荤腥,渐渐地他也成了朋友们口中的"食草动物"。小敏害怕孤独,他便放弃了很多打游戏的时间来陪伴她,两人经常手牵手在大街上压马路,华灯初上时欣赏都市美丽的夜景。小敏爱美,为了漂亮,不爱穿厚衣服,天气转凉时,朱启光都会特意多穿件衣服,以便随时可以把最外层的衣服脱下来给小敏御寒。朋友们常嘲笑他穿得像头蠢笨的大熊,他只是不置可否地笑笑。

朱启光无怨无悔地为小敏付出，却不曾要求小敏做出相应的回报，他真心疼惜小敏，愿意做她的守护天使，即便他知道小敏最爱的人其实不是他。小敏最喜欢的人是陆飞，他们两个人从小青梅竹马，可是后来陆飞为了出国放弃了小敏，小敏肝肠寸断，曾长期处于失恋的痛苦之中，暗恋小敏多年的朱启光趁机追求小敏，下定决心要修复小敏心中的伤口，小敏望着他那双真诚热切的眼睛，同意和他试着交往。

小敏知道朱启光为自己做了很多事，她也很感动，可是她却无法用任何方式来回应他对自己的爱，有时她也会对朱启光说："你不要对我那么好，我不能给你任何回报。"朱启光却说："我不需要任何回报，只要看到你快乐，我就快乐。"后来朱启光的父母逼他出国留学，为了小敏，他坚决不肯漂洋过海，他不想让小敏再经历一次分离之痛，于是毅然决然地放弃了去美国深造的机会。小敏得知后，不禁问道："为了我放弃更好的人生值得吗？"朱启光回答道："有你在，我才有更好的人生。"小敏动容地说："我真怕你会像陆飞那样一去不返，以前我不敢确定对你的感情，总觉得你爱我更多一点，而我对你太过淡然，可是自从听说你要出国之后，我满脑子都是我们两个人的美好回忆，你对我的种种好像电影一样在我的脑海里回放，我这才意识到你已经成为了我生命中的一部分……"

一年之后，朱启光和小敏喜结连理，朋友开玩笑说他终于守得云开见月明了，朱启光在人们的注目中把一枚闪闪发亮的戒指缓缓地套进了爱妻纤细的手指上，小敏深情款款地望着自己的丈夫，心中溢满了幸福。婚后两个人一直感情融洽，小敏学会了烹饪和熨衣服，朱启光仍然悉心地呵护着他此生最爱的女子，两人的感情就这样在波澜不惊中瓜熟蒂落。

爱一个人就不要计较付出与收获，爱情不是公平的交易和买卖，它更像一种情感投资，不过投资人期待的并不是功利，而是对方的感情回报，然而投资都是有风险的，你可能获得高收益，也有可能赔得血本无归，如果你太过计较得到了多少，就会不愿放开手脚投资，而投资的越少你的收益就会越发微不足道。在爱情面前，你要放弃一切获利的心态，就算是什么也没得到，情有所属、爱有所依也是一种幸福。如果你能一如既往地倾情付出，也许有一天也会让对方以同样的方式爱自己，也许对方仍然不为所动，无论结果如何，爱的过程都是美好的，它带给你的珍贵回忆将成为你一生守护的珍宝，回忆是无价的，比现实的回报更令人动容。

3. 试着欣赏伴侣的一切，包括对方的缺点

在两性关系中，每对情侣都要面临这样的难题：你是和他（她）的优点谈恋爱，却要和他（她）的缺点朝夕相处。这就意味着你不但要欣赏对方的优点，还要对对方的缺点全盘接纳，而接纳对方缺点就意味着不去指责对方的短处。这一点对于直性子的人来说，是相当有难度的。直性子的人拙于赞美对方的优点，又总是对对方的缺点直言不讳，长此以往必然会危机到已经过了蜜月期的感情关系。

爱情是有保鲜期的，在热恋时你会像崇拜偶像一样崇拜自己的恋人，认为他（她）是世界上最有魅力的人，在甜蜜的恋爱中，他（她）的缺点都成了你视线里的盲点，你只能看到对方闪光的一面，并沉迷其中无法自拔。可是过了恋爱蜜月期之后，你的头脑似乎突然清醒了，于是他（她）不那么美好的一面立即刺痛了你的眼睛，你这才意识到原来他（她）并非是没有瑕疵的美玉，而是像大街上走着的男人或女

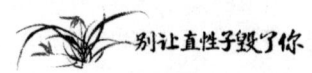

人一样，有着诸多缺点。这时如果你心直口快地指出对方的缺点，就会在不断地挑剔中让爱情速朽。

爱的真谛便是彼此尊重、理解、欣赏和包容，有关爱情有一个流传很久的解释便是"爱是恒久忍耐"，还有人这样解读过爱情：爱是LOVE——L代表Listen（倾听），爱就是要无条件无偏见地倾听对方的需求，并给予协助；O代表only（唯一），爱就是百分百的纯正，对唯一的你所作出唯一的承诺；V代表Valued（尊重），爱就是展现你的尊重，表达体贴，真诚的鼓励，悦耳的赞美，尊重他或她的选择；E代表Excuse（宽恕），爱就是仁慈的对待，宽恕对方的缺点与错误，维持优点与长处，并帮助他改正错误。总之爱情的真正魅力源自相互尊重和欣赏，所谓"士为知己者死""女为悦己者容"，一次称赞、一个眼神、一个微笑都能使爱情升温。直性子者，如果你管不住自己的嘴巴，那么请先改变自己的心，当你拥有一颗懂得欣赏爱人的心，就会由衷地赞美对方，赞美的背后往往跟随着幸福的省略号。

4. 用甜言蜜语俘获恋人心

恋爱中的人需要甜言蜜语吗？答案是非常需要。爱情中少了甜言蜜语就好像菜肴中没有放盐和味精一样，变得索然无味。直性子的人不会说甜言蜜语，虽然他们有一颗至死不渝的心，可是爱一个人只有真心是不够的，因为爱是很抽象的东西，如果对方听不见、看不见、触不到，很难感受到它的存在。甜言蜜语可以让爱情变得可以感知，当温情款款的话钻进对方的耳朵，就像有一颗蜜糖在他（她）的心中融化，这才是甜蜜热恋的感觉。

不少直性子的人认为甜言蜜语是一种华而不实的东西，嘴巴抹蜜的人都油腔滑调，远不如用行动呵护爱人来得实际些。心理学家却说，动情的语言能让对方得到极大的情感满足，如果一个人长期得不到这种情感上的满足，心情就会变得沮丧。可见甜言蜜语在恋爱关系中有多么重要。

王萌和王晓是一对姐妹，两个人几乎在同一阶段谈起了恋爱。两姐妹性格迥异，恋爱对象的性格也大相径庭。王萌的男朋友曹亮是个直来直去的人，不懂浪漫，也不会说甜言蜜语，可是对王萌非常钟情和专一，在这个充满诱惑的时代，曹亮的踏实和稳重给王萌带来了极大的安全感，她甚至一度认为曹亮是理想的结婚对象。王晓的男友薛番个性不像曹亮那么沉稳，他喜欢玩浪漫，总是用甜言蜜语包裹王晓，王晓觉得他是个有情趣的人，跟他在一起非常快乐，两个人的感情也非常稳固。

王萌和王晓从来没有放弃过向对方输送恋爱经验，作为姐姐，王萌多次告诉王晓薛番那样油滑的男生靠不住，今天他可以用甜言蜜语哄你开心，明天他便会用同样的招数讨其他女孩子欢心，嘴巴甜的人，心地都不朴实，曹亮那样的人才更可靠些。王晓并没有为薛番辩驳，只是问姐姐："难道你没有觉得你们的感情生活中缺少了什么？""我们挺好的，什么也不缺。"王萌不假思索地说。"你们现在是在热恋中，怎么看起来像老夫老妻那样，没有一点激情，一点也不浪漫，你真的能体会到恋爱的感觉吗？"王萌没有回答，因此她也开始感到困惑。

曹亮是个很闷骚的人，从来没有给过王萌任何惊喜，也没说过一句让王萌感动的话，有时互相通话，两个人根本就不知道在说些什么，完全没有情侣间的甜甜蜜蜜。吵架过后，曹亮也不知道怎么哄王萌开心。当王萌撒娇地说"你要向我道歉"时，曹亮只简简单单地说了三

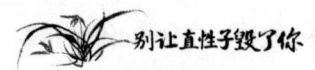

个字"对不起"。王萌不满足，又问："然后呢?""对不起。"曹亮机械式地重复了那三个字。"除了对不起你还能说点别的吗? 一点诚意都没有。"王萌嗔怪道。"我错了，对不起。"曹亮一副作检讨的样子。两个人和好后，王萌开始怀疑自己的选择，她才 20 多岁，正值青春年华，难道真的要和只追求柴米油盐过日子的人谈恋爱吗?

相较之下，王晓和薛番的恋爱才更有青年男女热恋的感觉，薛番不但经常送花给王晓，还把写满绵绵情话的情诗夹在花束中。拨通电话后，他会说："没有什么特别的事，只是想听听你的声音，因为我抵挡不住对你的思念。"那种温柔的声音足以使所有女生沦陷。薛番不仅懂得怎样制造花前月下的浪漫，还知道如何对恋人深情告白，他曾经拉着王晓的手很认真地说："不管将来发生什么事，也无论你会变成什么样子，你都是我此生最爱的人。"有一次他曾痴情地对王晓说："任何时候、任何情况下，只要你需要我，我都会在第一时间出现在你面前，不让你孤单、不让你害怕、不让你受委屈、不让你流泪，我会尽我所能地去爱你、保护你和呵护你。"

甜言蜜语就像是情人节里的玫瑰花，它并不是可有可无的，而是不可或缺的，它又像咖啡中的方糖，能于甜腻中带给人美妙的享受。爱情的美好就在于那种微妙的情愫，没有爱的表白、没有海誓山盟的宣言，爱情就会像白开水一样没滋没味。作为一个直性子者，你需要学会用甜言蜜语来装点爱情，最重要的是让对方心动，就算自己天生不善辞令，也要想方设法提高表达技巧，不要天真地以为爱情只要一颗火热的心就够了，爱他（她）在心口难开，对方根本不能感受到你的爱意，学点甜言蜜语，你们的爱情将有更多的惊喜。

5. 含蓄的温柔比任何武器都具杀伤力

温柔是最具杀伤力的恋爱武器，它是女人的杀手锏，常令男人无法抗拒，它是男人俘获女人芳心的制胜法宝，无论什么样的女人，碰到温情脉脉的男人，都会掉进温柔陷阱。温柔是含蓄的诗意，它像缕缕花香，包裹在恋人周围，给人以熏醉的错觉。可是对于不解风情的直性子者来说，温柔似乎很难和他们扯上太多关系。直性子的女人多半有点像男人婆，一向有什么说什么，个性风风火火、大大咧咧，既不淑女，也不小家碧玉，有时可能因为太过强势而让男人失去保护欲。而直性子的男人则个性刚烈、讲话直接，虽然心里疼惜女人，却无法通过合适的方式表达出来，有时可能因为火爆的脾气而刺伤女人的心。

不温柔的男人和不温柔的女人很难获得完美的爱情。温柔对于女人来说比美貌更重要，女人可以用美貌征服男人的眼睛，但无法完全俘获男人的心，女人只有善施温柔才能征服男人的心灵。绝大多数男人都喜欢温柔贤淑、善解人意的女人，女性的最大魅力不在于气质外貌，而在于温柔。然而温柔并不是女性的专利，男人同样需要温柔，既不乏阳刚之气又懂温柔的男人才是女性心中理想的白马王子。

高秋是个温柔的男人，朋友都说陶晶能找到高秋这样体贴的男友，真是很有福气。陶晶从小就手脚冰凉，遇到天气骤变时，尤为明显，可是她并不喜欢用暖手宝，因为在别人对温度变化并不敏感时，提前使用暖手宝，会让她觉得自己和别人不一样。每次发现她手脚冰凉时，高秋都会用自己宽厚的大手为她暖手暖脚，不但捂热了她的手脚，而且捂热了她的心。

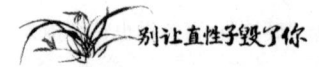

无论刮风下雨，高秋总是接陶晶下班，天气转凉时，常脱下外套披在陶晶身上。有时陶晶加班到很晚，两个人就数着漫天的繁星慢慢走一段夜路，他知道陶晶工作压力大，需要放松。每次高秋出差，临行前都会给陶晶一个大大的拥抱，为了让陶晶随时都能联系到身处外地的自己，他的手机几乎全天候开着，随时欢迎陶晶骚扰。

陶晶在跑步机上做瘦身运动，累得气喘嘘嘘时，高秋会走过来含情脉脉地对她说："不要太累，其实我还是抱得动你的。"高秋的温柔是含蓄的，他不会骑着摩托车带着陶晶在街道上疾驰，因为他不是那种疯狂的青年，而是个体贴内敛的男人，他的柔情给陶晶带来了很多感动。高秋不像那些大男子主义的男人那样不屑于进入厨房，他的厨艺不错，总能变着花样烹制出新鲜的菜肴，刚刚出锅装盘就迫不及待地喊陶晶："亲爱的，你先尝尝！"扎起围裙的他一副眉飞色舞的样子，比穿西装看起来更加耐看。

高秋除了善烹调，还非常会削水果，他削的果皮总是连绵不断，陶晶吃着刚削好的水果，觉得格外香甜。陶晶不善家务，高秋就包揽了整理房间的活，有一次他突然翻出了一套旧相册，立即要求陶晶过来一起欣赏，通过那些照片两人重温了相识的点点滴滴，他是那样怀旧而深情，这让陶晶很是感动。他们相恋八年了，虽然他们之间没有言情小说里的苦恋和虐恋情结，也不像电影里那样缠绵悱恻和轰轰烈烈，可是陶晶无时无刻都能感受到高秋给予自己的温暖和幸福，所以她感到分外满足。

女人的温柔不止于回眸一笑的媚态，男人的温柔也不限于磁性的嗓音和柔情的表达，温柔的女人不仅娇羞百媚，而且贤惠识大体，温柔的男人不仅有着迷人的眼神和温暖的微笑，而且懂得在细微处照顾女人，让女人在寻常的细节读出自己的情深意长。直性子的女人若要变得温柔，必须放下女汉子的架势，女人再强悍，在内心深处也是敏感和柔软的，想要获得对方的柔情，首先要让自己变得温柔起来。直性子的男人想要掌控温柔的武器，必须适度改变自己直通通的表达方式，对恋人多一些体贴，不要过分固守着硬汉的本色，女人是需要疼惜的，你的温柔就是对她最好的疼爱。

6. 当旧情不在时，放手是最好的选择

有人说，真爱只有一次，爱过之后就会"取次花丛懒回顾""除却巫山不是云"，失去了一生唯一的挚爱，便不再会爱了。其实真爱可以有很多次，极少有人能和自己的初恋携手终老，只要你愿意追寻，就有机会邂逅美妙的爱情。可是直性子在对待爱情的态度上，显得有些偏执，一旦陷入热恋，他们就希望一辈子也不要放手，即使知道对方已经不爱自己了，也不肯放对方走，强求的结果便是让对方更快地逃离自己。

分手和失恋虽然是苦涩的，可是维系一段变质的爱情会比结束爱情更加折磨人。爱情不是霸占和拥有，而是无怨无悔的付出，爱的最高境界是牺牲和成全，如果对方能更幸福一些，宁愿自己忍住心痛潇洒地放手。世界上最遥远的距离不是天涯海角，而是心与心之间的距离，当两颗彼此贴近的心再也感受不到曾经的柔情蜜意时，爱情便走到了尽头。你有一千个理由去挽留对方，只有一个理由结束这段感情，可是这唯一的理由比那一千个理由都更具说服力，它就是：双方已经不能给彼此幸福，勉强在一起只能更痛苦，分手无论对谁来说都是最好的选择。

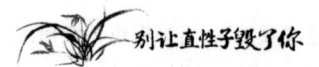

　　二十五岁的戴晓惠像一朵盛放的玫瑰，她娇美迷人，沉浸在爱的阳光中，男友无微不至地呵护了她整整五年，她本以为两个人会像童话中的公主和王子那样永远快快乐乐地生活下去，从来没有想过男友会变心。

　　她生日那天，高高兴兴地吹熄了所有的蜡烛，闭上眼睛许下愿望，希望能和男友白头偕老。可是第二天她就察觉出了男友的异样，于是趁男友进洗手间时，偷偷地查看了他的QQ聊天记录，刚刚看了几句简短的对话，她就感到天旋地转，万般没有想到的是男友已经有了跟自己分手的打算，他对自己的朋友说两个人的感情似乎已经提前进入了七年之痒，双方在一起成了一种习惯，谁都不能再给予对方心动的感觉，与其再这么耗下去还不如分手。

　　戴晓惠盯着那几行文字，眼泪不知不觉地落了下来，男友的话就像一枚炸弹一样让她措不及防，他不再爱她了，而她还幻想着跟他度过一生一世。男友从洗手间出来之后，看到泪眼婆娑的戴晓惠，忙问出了什么事，戴晓惠稳定了一下心绪，追问男友道："你是不是有什么话要对我说？今天你吞吞吐吐的好像有什么事瞒着我，有什么事就尽快说出来吧。"男友说："今天你心情不好，改天再说吧。"戴晓惠是个直性子，心里藏不住事，于是便主动开口道："你想跟我分手是吧，你移情别恋了吗？为什么要那么对我？要知道你是我唯一爱过的人。"男友赶忙解释道："小惠，事情不是你想象的那样。"戴晓惠什么也不想听，哭着跑了出去。

　　失恋之后，戴晓惠心如死灰，起初她不肯接男友的电话，甚至直接关掉手机，因为她不想让任何信息干扰自己。她把自己留在了一个安静的世界，任由悲伤逆流成河。可是后来她发现自己无论如何也忘不掉男友，于是期盼着两个人复合。三天之后她打开了手机，男友锲而不舍地给她打电话、发短信,迫切地想要知道她的近况,她觉得男友还是在乎自己的,于是心头萌生了希望。"我们谈谈吧。"男友对她说。她答应了这个请求,两个人约好了在一家咖啡馆见面。

男友只是想和戴晓惠谈心,因为他担心她会承受不住失恋的打击,可是戴晓惠却把那次见面当成了约会,她精心地打扮了自己,还穿了一条时髦的短裙,笑意盈盈地看着男友,希望能用自己妩媚的风情再次征服男友,可是男友却对她说,我们做朋友吧。戴晓惠气得把一杯咖啡直接泼到了男友身上,然后一路流着泪徒步走回了家。

戴晓惠不甘心自己被抛弃,继续对男友纠缠不休,还经常到男友工作的单位去找他,频繁地献殷勤,口口声声对男友说:"我不能没有你,你不能离开我",男友本想好聚好散,日后以朋友的身份继续关心戴晓惠,可是戴晓惠的表现让他感到窒息,最后他不得不辞掉了工作,中断了与戴晓惠所有的联系。

直性子的人一朝失恋,就有可能不敢再恋,情场失意后他们需要漫长的时间来疗伤,甚至有可能患上失恋后遗症,否定恋人和爱情,认为世间没有真爱,痴情的人总是被伤害,或者认定全天下的男人或女人都不是好东西。他们不相信自己还有机会重返爱河,即使又有了心仪的对象,也会像在边缘地带游走的螃蟹一样不敢踏足爱情的领地。

直性子执拗,认准一条路就不会回头,在爱情方面,也只认可最刻骨铭心的一次。其实在现代社会,爱情极少是一步到位的,恋人都是在很多次分分合合中修成正果的。青涩的初恋永远是心底最美好的一段回忆,可是它并不能成为永恒,狂热的热恋往往会伤你最深,可是伤过之后你还是可以继续去爱。每一次恋爱对你而言都可以是全新的,也都可以是真爱,只要你全情投入,每一场恋爱都是刻骨铭心的,但是前提是你要学会对过去的感情放手,给昔日的恋人自由,也给自

己继续寻爱的机会，结束一段无果的旧恋情未必是一件坏事，因为这意味着一段新恋情即将开始。

7. 躲开沟通陷阱，让对方了解自己的心意

在恋爱出现问题时，情感专家往往会说："有问题，只要坐下来沟通，就能解决"，听起来好像把沟通当成了万能解药，其实这并不是放之四海而皆准的真理，沟通是要讲究方式的，如果沟通不当，不但不利于解决问题，反而会制造出新的问题。

直性子的人不善沟通，因为他们不懂得用委婉的方式来表达自己的心意，言辞过于生硬，语气也欠缺温柔，再加上无法理解对方的感受，所以很难和对方达成共识。有时沟通不当，还有可能把一场争论演变成激烈的争吵。

肖辰是一名 90 后，他家境优越，读书时成绩在班级里一直名列前茅，而且还打得一手好球，因此他的生活里一直充满了鲜花和掌声。可是交了女朋友之后，他从女友身上几乎找不到这种优越感了。他的女友林蕾也是一个 90 后，同样家资殷实，读书时也一直有着漂亮的成绩单，经常受到老师的称赞，两个人在各方面都有很多类似之处，肖辰本以为相似的两个人相处起来会更容易一些，却没想到同样自信甚至有点自负的女友自始至终都没有高看过他。

肖辰翻看了一些有关恋爱的书籍，认定男人一定要被自己所爱的女人崇拜才能获得爱情，可是想想对自己不屑一顾的林蕾他就感到心寒，他不明白自己究竟有什么不好，为什么林蕾就不愿花些心思来发掘自己的优点。每次他以玩笑的方式自夸的时候，林蕾都会泼他的冷

水。他觉得必须找个合适的时间与林蕾开诚布公地沟通一次，因为不去沟通，两个人之间的隔阂根本无法消除。

有一天，肖辰郑重其事地对林蕾说："我们应该好好谈谈。"林蕾爽快地回应道："谈吧。"肖辰不爱拐弯抹角，直接说："我觉得你是个傲慢的女孩，除了自己谁也看不上，看得出来我并不是你欣赏的那种类型。"林蕾听完这句话，脸色突然变了，她冷笑着说："我是个傲慢的女孩？你还是个自大狂呢？我不欣赏你怎么会答应和你交往？你平时就是太自以为是了，这让我很看不惯。你希望我像其他人那样追捧你，很抱歉，我可没有那么浅薄。""总之，我不喜欢你对我的态度。"肖辰的语气变得激动起来。"我怎么对你了？"林蕾的声调也高了起来，"告诉你傲慢的人是你而不是我，你就喜欢别人把你捧到高处仰视你，我用正常的视角平视你你就受不了了，问题出在你身上，你明白吗？"

"难道你自己不是这样吗？自以为是没人可比的千金小姐，眼睛长在头顶上，走起路来像个招摇过市的火鸟。"肖辰的用词越来越刻薄。"我在你心目中就是这副样子吗？你一直都是这么看我的吗？"林蕾听完这席话感到非常伤心。肖辰没有立即作出回应，林蕾就当他默认了，她最后说："我不想再和你吵了，你如果真的那么讨厌我，我们就不要再交往下去了。"肖辰急了："我什么时候说过讨厌你了？我只是想和你沟通一下，让你了解我的真实想法，希望你能改变对我的态度。""可是你根本就没有沟通的诚意呀。你一开口就指责我傲慢，然后我们就吵了起来，这哪里是沟通，你分明就是想和我吵架。"林蕾说。"我们只是在争论而已，不是在吵架。"肖辰进一步强调他只是想好好沟通一下，并没有想要吵架的意思。林蕾感到糊涂了："我们刚才不是在吵架吗？"

直性子的恋人在沟通时，表面上好像在聆听对方的心声，其实耳

朵是合上的，眼睛也是紧闭着的，他们多半是在自说自话，只顾着口舌上的发泄，这样怎么可能解决双方的情感问题呢？在多数情况下，只会挑起更多的愤怒，制作出更多的新问题。沟通的目的是为了让对方了解自己的心意，而不是强迫对方单方面与自己达成意见上的共识，这不是"东风压倒西风"或是"西风压倒东风"的问题，人与人之间思维方式不同，价值观也不相同，沟通是为了更好地消除分歧，填平心与心之间的沟壑，当然也不能强求对方和自己一致，求同存异、互相包容才是更好的相处之道。

直性子的人在与恋人沟通的过程中，要注意自己的语气，不要采用消极的语气和对方交谈，更不要使用命令性的句式，不能给对方贴标签，可能惹怒对方的话最好不要直说。还需注意的一点是不要带着不满的情绪和对方说话，最好在自己心情平复之后冷静地和对方沟通。

8. 让往事随风而逝，别再纠缠恋人的过去

有人说：成熟的人不问过去，豁达的人不问未来。对于恋人的前尘往事，很多的人都觉得有进一步了解的必要，并理所当然地认为，爱一个人，就应该了解他（她）的全部。有的人喜欢旁敲侧击地询问恋人过去的情感经历，而直性子的人则会直接要求对方对自己和盘突出，罗列了一个又一个问题，例如："你和前男（女）友是怎么分手的?""你现在还爱他（她）吗?""在你心目中，我和他（她）谁才是你最爱的那一个?"这样的盘问无疑会令人抓狂，在大多数情况下，对方都会用敷衍或转移话题的方式应付，如果恋人还是坚持刨根问底，对方就会不胜其烦，两个人的感情也会因此受到影响。

　　大部分人对爱人都有占有欲，人们介意对方过往的情感经历，总以为过去会影响未来。其实过去就像死火山，尽管曾经轰轰烈烈地喷发过，可是它已经成为了历史，对未来不具任何意义。我们不否认在某些情况下，恋人会与过去的情侣藕断丝连、甚至死灰复燃，可是这种概率是极低的，过去对于他们而言，只不过是一种封存的美好回忆，也可能是一道心伤，你没有必要去窥视或者问个明白，如果对方对过去讳莫如深，你无论怎么逼问都不可能得到答案，假如对方真心想与你分享这些隐秘，即使你没有主动提起，也会对你坦露心扉，可是你未必有接受真相的心理承受力。

　　夏冬雪一直追问男友贾铭的恋爱史，并表示自己绝不介意他的过往，只是想对他增进了解，可是贾铭却对这个话题非常抗拒。贾铭的态度激起了夏冬雪强烈的好奇心，他越是对过去绝口不提，她越觉得里面大有文章，所以一再逼问他老实交代。

　　贾铭讨厌女友像审问罪犯一样盘问自己，好几次都差点和夏冬雪闹翻。夏冬雪说："我真是不明白，谁还没有个过去，你有什么不能说的？"贾铭说："过去的都已经过去了，还有什么好说的？""可是我就是想知道。"夏冬雪不依不饶地说。贾铭只好简单地讲了一点，但是夏冬雪并不满意，总觉得他对自己有所隐瞒。于是她又开始追问他和前恋人之间比较敏感的问题，他不是回避就是敷衍，根本就没打算如实回答她。后来他实在忍受不了她刨根问底的毛病，干脆主动向公司请缨频繁出差，此后他和夏冬雪总是聚少离多，感情越来越淡，最后两个人以和平分手告终。

　　并非所有的人都像贾铭那样忌讳谈论过去的情感经历，情史丰富的大文学家列夫·托尔斯泰就曾经毫无隐瞒地对妻子索菲亚·别尔斯交代过自己的过去。1862 年，34 岁的托尔斯泰与年仅 17 岁的索菲亚

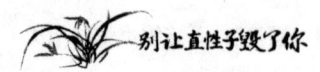

·别尔斯步入了婚姻的殿堂，婚后他的妻子帮助他打理庄园，并将他的生活安排得井井有条，托尔斯泰因此才能全身心地投入到创作当中，为世人留下了《战争与和平》《安娜·卡列琳娜》等不朽力作。

托尔斯泰为了向妻子袒露心扉，将自己年轻时代的行为日记交给了妻子，里面如实地记录了他青年时代放荡不羁的岁月，他曾和无数的女人有染，是个地地道道的风流公子，还和一名女工生过一个私生子。托尔斯泰的坦白，并没有拉近和妻子的距离，相反却给他的妻子带来了无穷无尽的苦恼。索菲亚·别尔斯在得知真相后，大为恼火，她在日记中气愤地写道："我真想烧了他的日记和他的过去。"

与其花时间盘问对方的前爱，不如把精力放在创造你们的未来上，知道对方的过去对你未必有益处。在茫茫人海之中，丘比特之箭射中了你们，于是你们相恋了，也许你并不是他（她）第一个爱上的人，也可能不是他（她）最爱的那个人，可是他（她）愿意和你共度今生，这样的情分难道不值得珍惜吗？为什么一定要纠缠对方的过去呢？不要让过往成为记忆的蛛网，现在才是最值得珍惜的时刻，明智的人会活在当下，畅想未来。

梁思成和林徽因的结合可谓是珠联璧合，林徽因在婚前与著名诗人徐志摩有过一段浪漫的恋情，可是梁思成从未因此揪住妻子的过去不放，他坦然地包容了她的一切，包括她的过去，徐志摩死于空难后，梁思成还亲自赶往事故现场捡回了飞机残骸，林徽因将其挂在墙壁上睹物思人，直到去世为止，梁思成从未对此事过问。也许绝大多数人都不能像梁思成那样宽厚，可是对对方的过去斤斤计较并不能得到什么，就算对方追忆过去，对昔日的恋人还有那么一点点不舍和留恋，但是往事如风，逝去的终归逝去了，只有把握好当下，你们才能迎来幸福的生活。

9. 妥协是一种优雅的让步

爱情没有谁对谁错,它不是一个理性的命题,在感情的世界里,无论走出过多少对痴男怨女,仍不能用是非的标准来评判它。有的人认为爱情是加法,一旦拥有了它,自己就会被窒息般的幸福所包围,所以无比期盼它。可是走进爱的围城才发现,其实爱情是减法,你只有懂得放弃和妥协才能得到幸福。

直性子的人具有毫不妥协的个性,在爱情面前,仍要严肃地宣讲原则,这实在有些大煞风景。两个人吵架,总有一方要先道歉,道歉的一方并不是真的输了,或者做错了什么,而是因为更在意这段来之不易的感情。两个个性不同的人在情感上很难达到水乳交融的境界,在爱情的道路上总会遇上些磕磕绊绊,两个人需要长时间磨合,彼此经营一份默契,才能换得相濡以沫的结果。执子之手与子偕老是一个多么幸福的结局,当你已经年华不堪,仍是对方眼里最漂亮或最英俊的人,这不是因为对方的审美观出现了什么问题,而是因为他(她)懂得了妥协的艺术。人不能留住岁月的脚步,也无法将爱情升华到完美的境地,可是却可以选择和现实和解。

许静喜欢体贴温柔的"暖男",可是她的男朋友王宪却是一个木讷的闷骚男,王宪是外贸公司的高管,个性沉稳持重,许静对他并没有怦然心动的感觉,可是作为恨嫁女,她仍打算试着和王宪交往。

和料想中的一样,许静和王宪交往的过程是单调而乏味的,两个人约在高级餐厅里吃饭,王宪只顾谈论公司里的事情,除了工作,他似乎没有其他的爱好,话题总躲不开他的客户和生意,就连两个人一

257

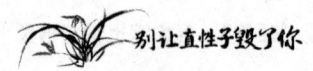

起外出旅行，他也带着公文包随时准备处理公务，有时一忙就是一个小时，完全把许静冷落在一边。半年之后，许静实在无法说服自己继续维系这段感情，于是果断地提出了分手。王宪感到非常惊讶，他说他非常喜欢许静，如果自己哪里做得不好都愿意为她改变，请她再给自己一次机会。

许静直率地说："你并没有什么不好，只是我觉得我们俩在一起不合适。你不是我想要的那杯茶。""那么你想要的那杯茶是什么样子？"王宪追问道。许静说出了自己的择偶标准，最后又总结道："我不想凑合着过日子，我的生活里不能没有爱情。"说完就要起身离开。王宪一把拉住了她的手，说："一直以来我都忙于工作，忽略了你的感受，我愿意为你做出改变，虽然我们两个人并不是完全合拍，但是两个人相处总是需要慢慢磨合的，希望你重新考虑一下。"许静看着他焦灼的眼神，知道他还是非常在乎自己的，于是在他作出了承诺后，她也作出了让步，不再斩钉截铁地说分手，而是答应他两个人再继续相处一段时间。

让许静倍感欣慰的是，王宪果真没有许下空口的承诺，他抽出了不少时间陪伴她看电影、逛街，无微不至地扮演着她心目中的"暖男"角色。她渐渐发现王宪其实也没有那么无趣，他不过是事业心太重了，其实骨子里还是挺有幽默感的，两个人一起吃火锅的时候，他常逗得她哈哈大笑。尽管两个人的结合并非天衣无缝，有时许静觉得他们之间缺少了那么一点心有灵犀的默契，可是许静能感觉到王宪是真心爱她的，愿意为她做任何事情，他在努力跟上她的节奏，两个人的共同话题越来越多，交集也越来越多，许静感到幸福而满足，她真庆幸自己当初没有放手，否则她错过的可能是这辈子最爱自己的人。后来两人在亲朋的祝福声中走进了婚姻的殿堂，婚后二人感情一直很好，他们甚至成为了朋友圈中公认的神仙伴侣。

何其芳说："爱情原如树叶一样，在人忽视里绿了，在忍耐里露出蓓蕾。"爱是一种优雅的妥协，你爱他（她）就不会固守着自己的执念，将对抗演绎到底，忍耐和妥协是爱情世界里必不可少的内容，世上没有天衣无缝的爱情，即使天造地设的一对也需要在磨合中寻找默契，爱神并不会为你量身打造伴侣，脚与鞋的默契也是在磨合中成就的，不要苛求完美无瑕的爱情，也不要过早地对爱下结论，适度地调整心态，做出妥协，爱情才不会演变成可望而不可即的奢侈品，幸福才能变得真实可触。

10.　用钝感的力量捍卫爱情

无论什么样的人一旦开始恋爱，都会变得像含羞草那样敏感，若有一点风吹草动，都会立即作出反应。直性子的人不爱遮掩，一旦察觉出异样，立刻会质问对方："你刚才那句话是什么意思？""我觉得你对我不如以前好了，我想知道是为什么？""你的身上有股陌生的香水味，你能告诉我是怎么回事吗？"恋爱中的人，无论以前是多么粗线条，都有可能摇身一变，成为目光敏锐的侦探，不但能按图索骥地查找可疑的蛛丝马迹，还能嗅出一切对自己不利的微小元素，可是如此敏感并不利于捍卫爱情，只会引发更多的猜忌和争吵，一场风花雪夜的恋爱很有可能因此终结。

敏感是因为对自身的不自信和对方的不信任，它是一种心理防御的表现，如果你的心灵弱不禁风，并把对方想象成鬼鬼祟祟的背叛者，那么神经随时都可能被撕扯，如果你时常拉下脸来，咄咄逼人地质问

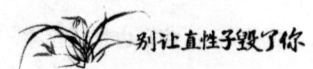

对方，莫名其妙地发火，或者委屈地哭泣，终有一天会惹恼对方，那么你们的关系就会变得难以维系。也许你们经历了很多风浪和许多分分合合才最终走到一起，你们的爱经历过最艰难的考验，可是却经不起琐碎的东西，尤其经受不了没完没了的怀疑。在爱的旅途中，阻挡你脚步的并非是什么巨石，而是鞋子里的细沙，所以你要学会放过那些不确切的怀疑，在真相没有水落石出之前不要直接质问对方，不妨让自己停留在"模糊地带"，用钝感来保护自己的心灵不受伤，同时保卫彼此的爱情。

"昨天我给你打电话，你为什么要关机？还有你身上为什么会有香水味，你是不是有事瞒着我？"小雅在大庭广众之下毫不避讳地质问自己的男朋友。她本不是细腻敏感的女孩，可自从谈了恋爱以后，感官变得敏锐起来，甚至有点神经质。她的心里好像盘踞着一个计算器，男朋友对她的态度只要稍微有点变化，她就草木皆兵，她时刻关注他的每一个眼神，留意有关他的每一处细节，发现有什么不对，立即兴师问罪，讲话又非常直接，常常惹得男友不快。

男友耐着性子回答她提出的问题："昨天我没有故意关机，是我的手机没电了。我身上的香水是同事恶作剧喷的，我的同事大毛你是认识的，平时就喜欢擦香水，最喜欢的牌子是古龙香水，昨天我取笑他没有男子气概，他就用香水喷了我一身，今天早上我起晚了，没来得及换别的衣服，就穿着那套有香水味的衣服匆匆忙忙上班了。我本以为你不会介意我身上香水的味道，因为那不是女士香水而是男士香水。"

"你知道我从来不擦香水，分不清香水的牌子，我怎么知道你说的是真话还是假话？"小雅说。"好吧。"男友无奈地叹了口气，"我可以证明给你看。"于是在大街上随意拉了几个路人，让他们辨认自己身上的香水味。经好几个路人证实，他身上喷的确实是古龙香水，可是也有好多人摇头，承认自己辨不清香水的品牌。小雅对这个结果并不满意，男友哀叹道："我真是跳进黄河也洗不清了，你真的就那么不相信我吗？好吧，我们俩到古龙香水的生产厂家去调查一下好不好？"小雅说："那倒不必了，只是你以后不要再让我从你身上闻到香水味。"一场纷争总算不了了之了。

小雅的好朋友小艳则是个非常钝感的人，小雅常说她没心没肺。男友没有在情人节送她玫瑰花她也不恼，小雅却为她忿忿不平："他的心思不在你身上，过情人节连朵玫瑰都不送，这哪叫谈恋爱呀？"小艳说："他给我打电话解释过了，他本来买好了玫瑰，可是却被他的室友用康乃馨掉包了，原因是他的室友在追女孩子，附近花店的玫瑰卖完了，就买了束康乃馨，怕表白失败所以偷走了我男朋友的玫瑰。""这种蹩脚的解释你都相信，你真是太傻太天真了，他有可能把原本要送给母亲的花转手送给了你。"小雅不以为然地说。"你刚才用了'可能'两个字，那么也就是说那只是一种未被证实的猜测，我为什么要为这种猜测烦恼呢？其实能收到康乃馨也是不错的。"小艳平静地说。

一年之后，小雅的男友因为受不了她没完没了的猜忌而提出了分手，而小艳和男友的恋情却渐入佳境，她从来不去直接质问男友，两人之间如果出现了什么误会，男友都会主动解释，两个人的感情一直很稳固，两年之后，他们组建了一个幸福的家庭，过上了和谐美满的生活。

两个敏感的聪明人相爱了，爱情就会变成一场战争，在恋爱关系中，一方过分敏感，就会凭空想出数不清的绯闻，过于敏感的人得不到幸福，只会在无聊的猜忌中毁掉美好的恋情。而钝感力强的人才更容易在爱情的道路上赢得无限风光。钝感一词由日本作家渡边淳一提

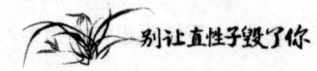

出，指的是对周遭事物不过于敏感的能力。钝感不等同于迟钝，而是指抛弃无端的猜疑，不敏感、不纠缠，理性地看待问题，在两性关系中，敏感意味着痛苦，而钝感则是一把保护伞，它能让相恋的两个人抵御各种痛苦，使双方不为琐事和猜忌而动摇，并获得持久的爱的力量。敏锐就像刺猬身上的尖刺，会在你寻求自我保护时刺痛对方，如果你能把这些尖刺磨钝，两个人不仅不会伤到彼此，还能偎依着取暖。

第十章

高智商驭物，高情商驭人：
情商高才能立于不败之地

　　高智商的人能驭物，所以部分人成了高新技术人才，而高情商的人能驭人，他们大多数成为了优秀的企业家和出色的管理者。可见情商才是人走上事业巅峰的法宝。我们常看到某些高学历的人才，由于情商水平有限，变得孤芳自赏和愤世嫉俗，和社会格格不入，结果一辈子碌碌无为。而某些智商略逊一筹，情商偏高的人却能发展得顺风顺水，在特定领域做出傲人的成就。

　　高情商者能够立于不败之地，关键在在于其驭人的本领，所谓的驭人包括两方面的含义，一是指驾驭自己情绪的能力，一是指影响他人的能力。高情商的人善于管理自己的情绪，从来不会因为感情用事而把事情搞砸，他们待人友善，能让别人迅速接纳和喜欢自己，在交际圈里影响力颇广。这样的人更容易走上社会的舞台，绽放自己的光芒，成就不一样的人生。

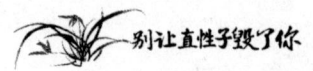

1. 情商比智商更重要

在当代社会，情商比智商更重要已经成为被普遍接受的事实。除了少数天才外，大多数人的智商几乎相差无几，正常人的智商均在 90～110 之间，所以决定一个人命运和前途的，不是智商，而是情商。高智商的人在当今时代已经不占优势，很多天才儿童，由于情商方面的缺点长大后泯然众人。而智商平平、情商偏高的人却在自己擅长的领域取得了傲人的成就，奥美广告创始人大卫·奥格威智商只有 96，他自己曾经自嘲说以他的智商水平，只适合当挖沟的工人，可是事实并非如此，他非但没有成为平庸之辈，反而成为了广告界叱咤风云的领军人物。这足以说明情商重于智商，意向思维比认知思维更重要。

直性子的人常常抱怨怀才不遇，有时还把责任推给社会，认为竞争机制不够公平，好妒忌的人常打压自己，或者自己不爱向看不惯的现象妥协，是导致命途不顺的根本原因。其实那些都是客观因素，从主观上来看，直性子的人遭遇挫败的原因多半是和情商不够高有关。

茉莉亚是个聪明的女孩，学习能力和工作能力都比周围的人强，可是情商却出奇地低，常和同事闹得很僵，她经常被坏情绪控制，一不顺心就要发作，不开心时她会打电话请假，有时一连三天都不到公司上班。短暂地休完假后，积压了一堆工作，茉莉亚的压力倍增，坏脾气又发作了，和同事有了更多的冲突，同事们都不愿配合她工作，她一个人忙来忙去更加吃力了，由于总不能按时完成工作，她经常被老板批评，挫败感与日俱增。

茉莉亚承认自己是个失败者，她本有份很有发展前景的工作，可是她没有把握好它，因此不被上司看好，也不被老板器重，最要命的是连工作能力远在她之下的同事也轻看她，这让她大为光火，颇有几分"龙游浅水遭虾戏，虎落平阳被犬欺"的愤慨。

茉莉亚的公司有个叫蜜雪儿的女孩，她的工作能力和茉莉亚不相上下，可是情商却比茉莉亚高出好多，她几乎从不与人争执，脸上总是挂着甜美的笑容，认识她的人都喜欢与她共事，不少人还愿意主动帮忙。蜜雪儿从不满足于现在取得的成绩，经常利用业余时间充电，几乎每个周末都会到图书馆学习，人们都赞她是个自制力强、有上进心的女孩，上司和老板也很欣赏她，她在公司里晋升得也很快，短短一年时间就荣升到部门主管了。

茉莉亚也不讨厌蜜雪儿，她很羡慕蜜雪儿，只是她不明白为什么自己取得成绩时总能引起别人的妒忌，而同样出类拔萃的蜜雪儿，却能收获真心的祝福。这个问题让她大为困惑，朋友听她诉说完苦恼后，发表了自己的看法："若论智商，你和蜜雪儿不相上下，可是说到情商，你就远远赶不上蜜雪儿了。""你的意思是我是个高智商低情商的人？"茉莉亚说。朋友怕自己的话惹恼她，赶忙推卸责任："这是你自己说的。"意思是我可没这么说。茉莉亚轻叹了一口气："也许你说得对。"她终于找出了自己事业失败的根源，她不知道该感到庆幸还是该感到难过。

有人曾经提出过这样一个公式：成功＝20％智商＋80％情商，多数直性子的人跌入失败的泥潭问题不是出在智商上，而是出在情商上。国外的研究人员曾经对一大批智商高达140以上的天才进行过长期研究，这些天才们在儿童时期展露出超常的智慧，非常引人注目，可是长大以后大多数人并没有成为栋梁之才，他们像普通人一样过着循规蹈矩的生活，在一家普普通通的公司上班，拿着不多的薪水，有的人

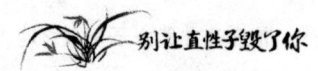
甚至还在杂货店打工或者成为了低端的体力劳动者。大部分天才都没有长才，可是智商在110～130的人却取得了比天才更高的成就。这个结论在今天看来并不让人吃惊，因为在现实生活中，我们身边不乏高智商的失败者，也不乏高情商的成功人士，一个高智商的人也许会轻而易举地解出一道高难度的数学题，可是步入社会以后他要面临的问题并不是算算术那么简单，只有情商高的人才能在社会环境中扮演好更复杂的角色。情商在一定程度上决定着优胜劣汰的法则，所以直性子者要想摆脱失败者的角色，必须修炼自己的情商。

2. 察觉情绪信号，将坏情绪扼杀在摇篮里

我们都知道情商很重要，那么到底什么是情商呢？情商简称 EQ，由美国心理学家约翰·梅耶和彼得·萨洛维最早提出，它指的是人在情绪、情感、意志、耐受挫折等方面的品质，包括自制、热忱、坚持、自我驱动、自我鞭策的能力五个方面，囊括了解自身情绪、管理情绪、自我激励、识别他人情绪、处理人际关系五个主要领域的内容。

对自身情绪的认知是情商中的一个基本内容，情商的高低从自我情绪的觉察方面就可见一斑。面对相同的外界刺激，情商高的人往往不为情绪左右，不会马上作出回应，而是在理智分析情况后，让自己不失礼数地处理好眼前的问题，所以这类人往往能处变不惊，较为沉着冷静。而情商低的人一旦受到刺激，马上失控，甚至暴跳如雷，有时毫无征兆地发作，他们不能提前识别自己的情绪，也无法控制负面情绪，只能任由坏情绪摆布。直性子的人比较接近后者。

谢凡是个很纠结的人，他常被坏情绪左右，每次发脾气都让人措

手不及，他自己也毫无预料。有一次他为客户精心做了一套广告方案，完成之后把方案交给了客户，希望听听对方的看法。客户对双方的合作项目很重视，提出要布置讨论会专门讨论广告方案的问题。

在研讨会上，客户方有位领导对谢凡的广告案全盘否决，逐条批驳其中的漏洞，面对这样毫不留情的批评，谢凡再也坐不住了，他忍不住站起来大声辩驳道："我在这个方案上花了很多心血，虽然它不完美，可是仍有它的价值，请你不要一味信口开河，胡乱攻击好不好？"客户方被谢凡的架势吓到了，他们没想到谢凡的脾气那么大，客户方一位代表赶忙说："你何必发那么大火呢？我方也只是说说自己的看法，你没有必要那么激动嘛。"

谢凡还是余怒未消，他高声问道："我只是想知道这是讨论会还是批判大会？""你这样说未免太严重了。"客户方说。"如果你们说得不是那么过分，我根本就不会发火，我听得真的是很难受，我本以为忍忍就过去了，可是你们还没完没了的，你们这种态度，对双方的合作是没有一点帮助的。""你先坐下来，我们心平气和地慢慢谈好不好？"客户方颇感无奈地说。谢凡这才发现大家全都注视着自己，脸刷地红了，他为自己的一通发泄感到羞愧，接下来默不作声地听完了客户方对方案的修改意见。

事后，谢凡也对自己无理的态度感到有些后悔，从内心深处他也不喜欢和任何人发生争执，可是就是控制不了自己的情绪，发完火之后经常感到后悔。他当然清楚发火并不能解决问题，可是一旦觉得自己遭到了冒犯就会怒不可遏，朋友告诉他每次想发火时最好让自己先冷静一下，做几次深呼吸，过不了多久怒火就会熄灭了，他却说他也不清楚自己什么时候会发火，有时怒火突然被点燃了，想要控制已经来不及了。

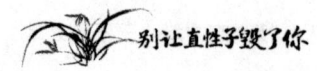

有不少直性子的人在情绪认知方面属于后知后觉，只有等到负面情绪爆发后，才知道自己处于满腔怒火的状态。要管理好自己的情绪，首先要学会对情绪进行监控，一旦发现自己心跳加速、呼吸急促、脸红、胸闷、胃痛或者其他不适，就要当心自己的情绪问题了。无论情绪隐藏得多深，都会留下些许蛛丝马迹，发现这些迹象后要果断将坏情绪扼杀在摇篮里，免得给自己惹来更多的麻烦。然而单纯监控自己的情绪是远远不够的，你还要学会通过一些情绪信号解读出其背后的深层诱因，这样才有利于对坏情绪斩草除根，比如你认为自己的原则和价值观受到了冒犯，希望落空了，或者压力太大，弄清负面情绪的根源后，制定出相应的计划，对症下药地改善自己的情绪。

3. 情绪是野马，不能"信马由缰"

调节负面情绪的能力是情商的第二项内容，但凡高情商的人都善于抑制自己的负面情绪，使自身保持健康良好的精神状态。而对于低智商的人来说，情绪就好比脱缰的野马，他们没有掌握好悬崖勒马的本领，因此常坠入负面情绪的深渊。有些直性子的人比较任性，对于负面情绪信马由缰，还常用"真性情"作借口为自己打掩护，由于情绪频频失控，把人际关系搞得一团糟，严重影响日常工作和生活。

在民间流传着一个有关成吉思汗怒杀爱鹰的故事，相传成吉思汗有一次带着自己最喜欢的老鹰到山上去打猎，过了一段时间，他开始感到口干舌燥，于是四处在山林里搜寻水源，终于发现了一处正在渗水的山谷，他取出杯子耐心地接着滴滴答答渗出的泉水，刚刚接满一杯水，准备一饮而尽时，老鹰突然跃起来把杯子打翻在地，成吉思汗大怒，耐着性子重新接了一杯水，仰起头准备喝的时候老鹰又一次把杯子打翻了，成吉思汗气得火冒三丈，拔出剑来将爱鹰一剑斩杀。后来他徒步到更高处接水时，才发现水源里有一条死去的毒蛇，原来爱鹰打翻他的杯子是不想让他饮用毒水，可是他却误以为那只鹰在一次次逗弄他，在盛怒之下杀死了它，成吉思汗很是后悔，可是一切都已经无法挽回了。

用情商理论来分析，成吉思汗做出让自己后悔不迭的举动是因为被坏情绪绑架，糟糕的情绪破坏了他的逻辑思考能力，最终酿成了大错。心理学上把紧张、焦虑、悲伤、痛苦、愤怒、沮丧等情绪统称为负面情绪，这类情绪具有巨大的破坏性作用，如果积压过多就会让人憋出"内伤"，除了影响自身的身心健康外，还会将其传染给别人，或者造成人际关系的紧张。如果你整天在同事和朋友面前愁眉不展、唉声叹气，或者动辄怒火冲天，就会成为最不受欢迎的人。如果你一直带着坏情绪学习和工作，学业和事业都会受到极大的影响。

善于调节情绪的人，情绪都比较稳定，他们懂得如何把负能量转化成正能量，即使面临不利的形势也能微笑应对，就算步入了人生的低谷，也不自怨自艾，而是时刻准备着整装待发，这样的人具有较高的情商，不但不会任由自己被情绪摆布，还能自如地驾驭自己的情绪，属于真正的强者。

汽车巨子亨利·福特在年轻时做过工程师，有一次他负责修筑河堤，不料天气骤变，下起了瓢泼大雨，辛辛苦苦建造的工程被大水冲毁了，机器设备也被淹没了，大雨停歇之后，洪水渐渐退去，工人们看着一片狼藉的工地和东倒西歪的机器，都非常沮丧。

亨利·福特却笑着问道："你们怎么个个都哭丧着脸。""你自己看吧。"工人们愁云满面地说，"到处都是污泥。"亨利·福特四处看了看

说："我怎么没有看见？"工人不解地看着他，不断地指给他看，手指向工地一指："这不是吗？"又把手指指向了溅满泥浆的机器，"还有这里。"亨利·福特却不去看那些脏脏的污泥，而是用爽朗的声调说："我只看见了一片蔚蓝的晴空，那上面可是一点污泥都没有，即使有，泥土又如何能抗拒阳光的照射呢？地上的污泥经阳光一照很快就会结块，那样我们就可以重新开动推土机了，不是吗？"

高情商的人看到的是一片朗朗晴空，而低情商的人只能看到满地的泥泞，这是因为一个选择抬头，而一个只会低头抱怨。如果地上积满了污泥，你为什么不能让自己透透气，抬头欣赏一下眼前的蓝天白云呢？对于坏情绪你没有办法强行压制，但是可以通过舒缓的方式对其加以调节，但你的身心被坏情绪占据时，不妨通过转移注意力的方式来调整自己的心态，心情不好时多做一些高强度的体能锻炼，痛快地出出汗，或者听听舒缓的音乐、喝一杯香浓的咖啡来舒缓情绪，抑或投身户外，与大自然亲密接触，在鸟语花香中寻找快乐，最重要的是逐渐改变自己的世界观，以积极乐观的态度看待人生。

4. 提升你的逆商，把"拦路石"变成"垫脚石"

拿破仑说："我是我自己最大的敌人，也是我自己不幸命运的起因。"他认为人生的不幸来自自己，而非外界。外界是变幻莫测和难以掌控的，人能掌控的唯有自己。掌控不了自己的人，就会被不幸的命运吞噬。高情商的人从来不相信宿命论，因为他们能自信地主宰自己的命运，低情商的人却把所有的不幸归结为命运的不公。多数直性子者都属于这类人。在遭遇挫折时，他们只会抱怨世事艰难，把拦路石当成了不可撼动的泰山，而高情商的人从来就不会因为遇到了拦路石而停下前进的脚步，他们会把所有的拦路石变成助自己腾飞的绊脚石。

高情商的人通常情况下逆商也很高，通过提高逆商，可以进一步提高情商，逆商也称逆境商，它指的是人们应对挫折、战胜逆境的能力。逆商低的人抗挫折能力差，遇到困难就会灰心丧气，而且长期沉浸在悲观的情绪中无法自拔，他们无法看到事物光明的一面，凡事只看糟糕的一面，欣赏不了娇艳的玫瑰，只能看到玫瑰花的刺。逆商高的人是天生的乐天派，他们常常忽略消极和阴暗的一面，能在黑夜里欣赏斑斓的星辉，在冰天雪地的恶劣天气里感受到阳光照耀的温暖。他们拥有顽强的意志力，在困难面前从不低头，始终坚守着自己的信念，愿意负重前行，直到冲出困厄达成人生的目标。

1939 年，卡亚正忙着筹办婚礼，沉浸在幸福的喜悦中，可是没过多久他的美梦就被纳粹德国粉粹了。德国军队占领了波兰的首都华沙，作为一名犹太人，卡亚这位准新郎官还未来得及迎娶新娘，就被粗暴地推上了卡车，然后被送往集中营。在那个人间地狱般的魔窟里，卡亚的身心受到了极大的摧残，他每天都生活在悲伤和恐惧中，心情糟糕到了极点。

集中营里的一个犹太老人看着他闷闷不乐，就对他说："孩子，你只有坚强地活下去，才有机会和你的未婚妻团聚。记住，你一定要活下去。"想起美丽的未婚妻，卡亚心头泛起了一丝柔情，是呀，活着就有希望，无论现在多么痛苦，他总是可以熬过去的，未婚妻在等他，他不甘心就这样轻易死去。他下定决心一定要保持积极的心态，活着走出这个炼狱般的牢笼。

集中营的生活令人绝望，被关押的犹太人每天以一块面包和一碗汤充饥，还要遭受纳粹的残酷刑罚，体质弱的犹太人被折磨致死，活

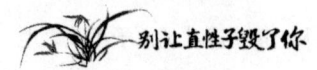

下来的一些犹太人因为承受不了精神和肉体的痛苦疯掉了。卡亚不想早早地死去，也不想成为疯子，他尽最大努力往好的方面想，把悲伤、愤怒、恐惧等坏情绪抛诸脑后，尽管恶劣的环境把他折磨成了皮包骨，但是他的精神状态依然良好。

5年后，集中营中的4000犹太人大部分都死去了，活下来的人不到400人，幸存下来的犹太人拖着沉重的脚镣被赶往另一个集中营，时值隆冬时节，很多人因为寒冷和饥饿死在半途中，然而卡亚却奇迹般地存活了下来。1945年，盟军解放了集中营，卡亚作为为数不多的幸存者终于获得了自由。若干年后，他把自己在集中营的可怕经历写成了书，在前言中他写下了这样一段文字："如果没有那位老者的忠告，如果放任恐惧、悲伤、绝望的情绪在我的心间弥漫，很难想象，我还能活着出来。"

哈佛大学教育学家克莱里·萨佛曾经说过："若你能改变思想，从悲观走向乐观，你便能改变自己的一生。"其实拯救卡亚的人并不是那位老者，而是他自己的乐观情绪，与卡亚不同的是，许多直性子的人在逆境中任由悲观的情绪主宰自己，一旦遭遇厄运就叫苦不迭，内心充满了愤懑和抱怨，结果在厄运的泥潭中越陷越深。人生的道路不可能一马平川，阻遏是客观存在的，努力提升你的逆商，把苦难变成你的财富，把拦路石变成垫脚石，你才能浴火而生，成为主宰自己命运的优胜者。

5. 用自我激励翘起命运的杠杆

美国哈佛大学的威廉·詹姆斯研究发现，一个没有受过任何激励的人，只能发挥其能力的 20％～30％，而受过激励后，其能力可发挥至 80％～90％，也就是说一个人受过激励后，能将自己的能力提升 3～4 倍。激励的方式无外乎两种，一种是他人的激励，一种是自我激励，自我激励是指在不受外界的肯定和鼓励下，仍能激发自己的能量，满怀信心地朝着自己的人生目标坚定不移地走下去。

直性子的人因为情绪控制能力差，在被外界否定时，便会立即被负面情绪所环绕，很难再有自我激励的正能量，这也是直性子的人情商偏低的一个重要原因。自我激励是情商中不可或缺的重要内容，一个具有自我激励能力的人，更容易从平庸走向优秀，从优秀走向卓越。马云说："任何团队的核心骨干，都必须学会在没有鼓励，没有认可，没有帮助，没有理解，没有宽容，没有退路，只有压力的情况下，一起和团队获得胜利。成功，只有一个定义，就是对结果负责。如果你靠别人的鼓励才能发光，你最多算个灯泡。我们必须成为发动机，去影响他人发光，你自然就是核心！"懂得自我激励的人，就算得不到任何鲜花和掌声，也依然能发光发热，这就是高情商的表现。曾有一名叫坎贝尔的女子一个人徒步穿越了非洲大陆，当有人问她是如何完成这一壮举时，她说："因为我说过我能。"问她是对谁说的，她坦诚道："对自己说过。"在全世界都不相信自己时，相信自己能够做到，并用实际行动来证明，这就是自我激励的力量。

法国著名戏剧家乔治·费多精通幽默荒诞的滑稽剧，其代表作是《马克西姆家的姑娘》。然而这部剧在首演时并没有获得观众的认可，他没有迎来热烈的掌声和喝彩声，反而得到了一片喝倒彩声，剧院里喝倒彩的人仿佛故意让他难堪似的，叫嚷个不停，可见这部剧在当时的观众眼里是多么糟糕。

乔治·费多那天晚上观看了自己编写的戏剧，听到此起彼伏的喝

倒彩的声音，他并没有感到难过，他像其他观众那样也跟着一起大声喝倒彩。坐在他旁边的朋友以为他受了什么刺激，不禁问道："费多，你难道疯了吗？"乔治·费多回答说："没疯。只有这样我才听不见观众的谩骂声，使自己不会因此而感到伤心和难过。"

乔治·费多能不为质疑所动，在一片倒彩声中仍能相信自己的才华，在无人喝彩时自己为自己鼓劲，所以他才没有被嘲笑声压垮，成为了一代戏剧大师。无独有偶，罗杰·斯密斯在初出茅庐时，也是个非常擅长自我激励的青年。24岁那年，他接受父亲的建议进入了美国通用汽车工作，他的自信给公司的管理人员留下了非常深刻的印象，当时他应聘的职位是会计，应试员告诉他这个岗位要求很高，新手恐怕难以胜任，他却自信自己能百分百胜任这个职务，并表示自己有朝一日能成为通用汽车的董事长。

刚刚工作一个月后，罗杰·斯密斯就对外宣布自己的人生目标是成为通用汽车的总裁。人们虽然对他超凡的自信惊奇不已，但是在当时并没有太多的人认可过他，他是靠着高度的自我激励，一步步地从财务的位置登上了董事长的宝座。

信心是一个人不断上进的动力之源，在外界普遍不看好自己时，你只能自己鼓励自己，自己给自己信心。信心作为一种精神支柱，自我激励则是杠杆的支点，你若对自己有信心，无论遭受了多少的嘲弄和质疑，都能翘起一个属于自己的世界。在遭到冷眼、嘲笑、批评时，你需要自我激励，在走进情绪低谷时，你同样需要自我激励，你是自己的精神导师，你是自己的救世主，就算整个世界都抛弃了你，你仍能从失意的废墟中倔强地昂起头来，把自信、自强的旗帜插在冰冷的荒原上，如果你认为自己能行，就没有人能阻挡你前进的脚步，如果你知道自己将走向哪里，全世界都将为你让路。

6. 靠同理心赢得好人缘

每个人都渴望被关注、被理解被认同，这是一种最基本的心理需求。高情商的人普遍具有同理心，能够对别人的感觉感同身受，满足他人的心理需求，所以更容易赢得好人缘。与人产生同理心，并不是简单地认同他人的感受，而是深入地理解对方的思想和行为。

同理心可以帮助你消除对别人的误读。很多直性子的人眼中看到的别人其实是自己内心感觉的投射，比如带着负面情绪上班，就可能把同事无意识的一句话或一个眼神，当成对自己的挑衅，带着怒气回家，又会把和家人的拌嘴当成故意针对自己。只有跳出自己的世界，用同理心客观冷静地分析别人，把自己当成别人，才能更准确地把握外界信息，避免无谓的争吵，为自己营造出和谐健康的人际关系氛围。

有个小朋友在父母的陪伴下看医生，医生给他扎完针后他一直啼哭不止，破坏了病房的宁静。妈妈不耐烦地说："拜托你，不要再哭了好不好，医院的病人都被你吵得受不了。"小朋友仿佛没有听见似的，仍旧在哭闹。妈妈只好哄着他说："宝贝，乖，别再哭了，你要是能做个安静的乖孩子，妈妈就会给你买好多好玩的玩具哦。"小朋友还是不听劝，继续大哭大闹，看来玩具对他来说毫无吸引力。爸爸走过来，劝说道："不要哭了，我一会儿给你买好吃的麦当劳，好不好？"结果美食的诱惑还是没有止住孩子的哭声。这位小朋友哭得嗓子都哑了，还在声嘶力竭地哭叫着，他的父母手足无措，试遍了各种招数也不能让他安静下来。

后来有一位年轻的护士走了过来，轻声对孩子说："打针很痛喔。"

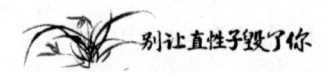

孩子用力点了点头，停止了抽泣，他的父母都很诧异，他们料想不到这么简简单单一句话就能起到如此神奇的效果。孩子安静地看着护士，护士继续轻声和他交流："你很想不打针是吗？是不是很想把点滴拿掉？"孩子又点了点头，两人开始展开了的对话。孩子说他一直害怕打针，护士问他是从什么时候开始的，孩子回答说记不清了，只要一看到针头就害怕，他真希望自己可以永远不要打点滴。谈论了一会儿，孩子有些困倦了，于是安静地睡着了。

护士能成功止住孩子的哭泣，是因为她善于运用同理心，一句话说到了孩子的心坎上。而孩子的父母因为不能充分理解他的感受，使出浑身解数也没能让他停止哭闹。成年人和孩童身份不同，思维方式迥异，成年人无法理解孩子的世界，因此在与孩子相处的过程中显得力不从心。人与人之间思维上和感受上差异并不小于成年人和孩童的差异，所以一个人想要全方位地感知和理解别人并不容易，在解读别人时很容易受到个人心理的不良投射。掌握同理心的原理，会让你变得更富人际包容力，使你在清晰地了解别人的感受和需求后，迅速与他人建立起认同感和合作关系，更快地扩大自己的朋友圈，成为备受喜欢的社交达人。

直性子的人或许会认为同理心就是同情心泛滥，无原则地迁就别人，这是一种对同理心的误解。与他人的内心世界产生共鸣，并不会让你丧失独立的判断能力，它只是让你排除自我感觉的投射，更准确地了解别人的感受。同理心是为人处世的基本技巧之一，擅长运用同理心的人能够从细微处察觉到他人的需求，并能将心比心、设身处地地为对方着想，在和他人相处的过程中，能够充分尊重、谅解对方，这些都是一个人获得好人缘的关键。学会运用同理心和别人相处，将为你良好的人际关系打下牢靠的基础。

7．真诚地对别人感兴趣，像读书一样读人

直性子的人最感兴趣的人就是自己，最感兴趣的事物就是自己沉迷的事物，对别人一点也不感兴趣。所以大部分直性子者无法体察别人的情绪，也不爱察言观色，总是在无意中得罪了很多人。只对自己感兴趣不是直性子者独有的弱点，不少人对自己的名望重视到无以复加的程度，有钱人不惜出巨资请人出书立传，希望自己的名字因此不朽，古代的帝王将相常把功绩刻入石碑，以为这样自己的故事就能流传千古，总之人们对自己的名字比对全世界的名字加起来还要感兴趣。可是只对自己感兴趣的人往往会更快速地被人们忘记，只有对别人也同样感兴趣的人才会赢得人心。

每个人都是一部信息量巨大、富有层次感的图书，只阅读你自己，你就不可能了解真实的世界。一个高情商的人不但对自身有着深入客观的了解，还懂得如何像读书一样阅读别人。显然读人比读自己更难，对别人发生兴趣也不是那么容易的事，人在婴幼儿时期，分不清自我和别人的界限，以为自己感受到的就是世界的全部，人到了青春期变得更加自我，对周围的人视若无睹，只有进入了心智成熟的阶段，人们才能抛开以自我为中心的意识，真诚地对别人发生兴趣。

每个人都希望得到别人的重视，人们终其一生都在寻找一种至关重要的感觉，这种感觉就叫做重要感。如果你想让别人喜欢你、接受你，就必须让他们感觉自己很重要，其前提是了解他们真正感兴趣的东西，有一位推销员对客户的喜好和品位了若指掌，他在推销时从来没有把讲解产品当成话题的重点，而是和客户大谈他们所感兴趣的活动，比如钓鱼、下围棋、打高尔夫、赛马等，他的这种做法使他收益

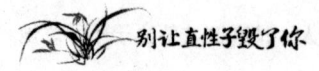

良多，在和客户建立起良好关系之后，他获得了超额的回报，销售额呈直线增长。怎样迅速拉近与别人的距离呢？答案很简单，学会对别人感兴趣，并认真阅读别人，迅速找到合适的话题，使双方有更多的交集，这样你们就会成为互相信赖、相处愉快的好朋友。

8. 人际关系是一笔无形的财富

人际交往能力是衡量一个人情商高低的重要标准。卡耐基说，成功来自于85％的人际关系，15％的专业知识。比尔·盖茨说："一个人永远不要靠自己一个人花100％的力量，而要靠100个人花每个人1％的力量。"所谓"独木不成林，百花方为春"，人要取得事业上的成功必须依赖良好的人际关系。据有关调查显示，在被解雇的职业者中，有90％的人遭到辞退的原因是因为处理不好人际关系。可见没有社交能力的人很难在职业竞争中获得优势，更不可能有什么大的作为。

直性子的人由于性格上的弱点，交际圈相对较窄，朋友类型也比较单一，他们说话做事不太顾及别人的感受，控制情绪能力较差，长期忽略别人的情感需要，常在无意的指责中断送友谊，所以朋友会越来越少，这无论是对其个人生活还是职业发展都是极为不利的。高智商的人之所以能成就一番大业，是因为他们与直性子者截然不同，他们比较照顾别人的感受，愿意解读对方的情感和需求，亲和力较强，让人感到轻松愉快，朋友圈子广，和这类人打交道，人们能感受到一股强大的正能量，并时常能听到由衷的鼓励和赞美，所以都喜欢和他们交往，也愿意在他们有需要的时候鼎力相助，进献自己的绵薄之力。

　　詹姆斯交友圈子非常广，这都和他的情商有关。他对待身边的每个人都很热情，从来不随意批评和指责别人，还经常邀请朋友们到家中做客。即使知道朋友们临时有事，没有时间赴约，他也会主动邀请他们改天到家里小聚。每次好友相聚，他都会烹制最好的菜肴招待，席间大家谈笑风生，有时还小酌几杯，感情日益深厚。然而詹姆斯交的并不是什么酒肉朋友，而是真正的挚友，其原因是他不但热情好客，还喜欢帮助别人，凡事不求回报，朋友们都被他的真诚打动了，所以一旦他有什么需要，所有人都倾囊相助。詹姆斯就是靠着朋友的帮助才慢慢地从事业的低谷中走了出来，迎来了发展的第二春。

　　和詹姆斯一样，查尔斯·施瓦布也是凭借着良好的人际关系，走上了人生的巅峰，38岁那年他接管了陷入困境的伯利恒钢铁公司，使其扭亏为盈，成为美国盈利最高的公司之一，其年薪高达百万，查尔斯·施瓦布是凭借什么本领获得企业的器重的呢？是因为他天生是商业奇才还是因为他比其他人更了解钢铁产业？都不是，用他自己的话说是因为他相信工人们比他懂得的还要多，所以他由衷地尊重每一位工人，与他们建立起了良好的关系，获得了广泛的支持，企业的效益因此蒸蒸日上。他从来不对工人咆哮，而是用更友善的方式和他们沟通，工人们在他的激发和鼓励下，工作热情高涨，并且都愿意拥护他，所以他才获得了丰厚的回报。

　　情商水平不像智商水平那样可以通过测试用准确的数值表示出来，它只能根据人的综合表现来判断。心理学家指出，情商高的人通常具有以下特点：具有良好的社交能力，性格外向，心情愉快，专注投入，为人正直，富有同情心等。其中交情的社交能力是不可忽视的重要因素之一，人际关系是一笔无形的财富，掌握着这项资源的人往往更容易成为社会上的佼佼者。但凡成就卓著者都不是靠一个人的努力获得成功的，他们一路风雨兼程，获得过无数的支持和帮助，他们荣耀的

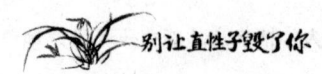

背后也有别人的辛劳，所以很多风光无限的人在面对媒体时会发表一长串的感谢宣言。总之，经营好你的人际关系，你就拥有了最有潜在价值的无形财富，有了这笔财富，再加上你的个人奋斗，会使你在人生的战场上无往而不胜。

9. 创新离不开高情商

人们对于创新曾有过很深的误解，曾一度认为创新主要与智力和才能有关，与情商关系不大。而实际上，情商与创新有着密不可分的关系。创新的道路是艰难和曲折的，没有高情商，不能忍受挫折和痛苦，掌控不了自己的情绪，就不可能创新成果。再者，很多的创新工作是靠团队合作共同完成的，一个人的智慧毕竟是有限的，只有善于与他人团队合作的人才更容易取得创新成果。比如披头士乐队创作了很多经典歌曲，最具代表性的歌曲是保罗·麦卡特尼和约翰·列侬合作完成的，他们两个人性格完全不同，然而却在相互启发中擦出了灵感的火花，其很多经典之作至今传唱不衰。

《引爆趋势》的作者马尔科姆·格拉德威尔，创新工作需要由三种人共同完成，第一种人是想点子的人，这种人具有创造性思维，十分聪明，性格通常比较古怪。第二种人是把创新想法包装成产品的人，这种人具有深刻的洞察力，了解市场和客户需求。第三种人是能把创新产品推广到市场上的人，这种人具有良好的关系网，并能通过自己的现有资源让产品打开销路。三种人需要通力配合才能使创新想法产生价值。而配合能力的高低则取决于团队成员情商的高低。直性子的人无论在其中扮演了怎样的角色，都有可能因为和他人个性不合，而阻碍创新事业的进展，想要扭转这一局面，必须提升自己的个人情商。

　　阿里巴巴集团的创始人马云可谓是一个高情商的企业家，然而他的创业之路却充满了曲折。他曾在北京做过一个失败的项目，随后又决定南下杭州发展。在北京的 14 个月里，他带着团队马不停蹄地工作，一次都没有放松过，打算离京的最后一天才决定爬长城。到了晚上，一行人聚在一个不知名的小饭店里，外面飘着纷纷扬扬的大雪，大家一边喝酒一边用餐，想起工作上的艰辛，不禁悲从中来，随后唱起了《真心英雄》，唱到"把握生命里的每一分钟，全力以赴我们心中的梦，不经历风雨怎么见彩虹，没有人能随随便便成功。"每个人的心情都澎湃起来，是呀，在中国打造出一个庞大的互联网商务平台并不是那么容易的事，阿里巴巴已经失败四次了，可是哪个新事物在茁壮生长前能不经历黎明前的黑暗呢？

　　马云不愿意认输，就算经历再多的挫折，他也不愿意放弃自己的梦想。他说："男人的胸怀是委屈撑大的。"然而只有他一个人承受得了委屈是不够的，他有很多创新的想法，可是却不懂网络，对于互联网技术是个十足的外行，然而他旗下的团队骨干却是互联网领域的精英，通过与团队成员的合作，马云把好的想法转化成了活生生的事实，历经波折后终于创建出了庞大的阿里巴巴帝国，将其打造成了中国电子商务领域的领军企业。经胡润研究院认定的中国品牌榜百强名单中，马云一个人囊括了三个上榜品牌，包括淘宝、天猫和支付宝，这不仅是他个人创造的奇迹，也是整个团队缔造出来的奇迹。

　　从创新想法的诞生到落实的过程来看，情商起到的作用比智商大得多。多数创新工作都不是由一个人来完成的，光有创意是远远不够的，还需要团队中的其他成员配合自己的工作，才能把奇思妙想转化成符合市场需求的产品，只有高情商的人才能在密切协作中更好地完成所有的工作。所谓的创新能力并不单纯指创新发明的能力，现代社会所需要的创新人才是懂得合作共赢的人，而不是喜欢单干的天才，

直性子者若想跻身于创新人才之列，必须培养自己的团队合作精神，这样才能在提升自身情商的同时增强自己的创新能力。

10. 修炼好你的职业情商，为自己搭建晋升的阶梯

在职场上如鱼得水的人往往具有较高的职业素质,职业素质指的是一个人在其所从事行业中具备的基本素质,包括职业兴趣、职业个性、专业技能和职业情绪几大方面,其中职业情绪指的就是职业情商。职业情商是情商的一部分,其水平的高低直接关系到个人的前途发展。身在职场,无论你选择了哪个行业,智商只决定了你能否通过录用关卡,情商才是你获得晋升的关键砝码。现在企业在选拔人才时,越来越重视员工的职业情商,因为一个人的知识和技能只是一种基础性工具,而情商则决定工作的成果。

美国有一家著名的研究机构，曾对 188 家公司的高级主管进行过情商和智商的测试，结果发现，对于身处高位的领导者来说，情商的影响力是智商的九倍。也就是说智商高而情商低的人很难拥有卓越的领导力，而智商略逊一筹的人如果情商较高，却能成就非凡的领导力。情商高的管理人员个性自信、具有超人的勇气，心态乐观，善于自我激励和激励他人，能够体贴和理解别人，拥有良好的人际关系，这些因素是他们获得成功的主要原因，这也是部分高智商的直性子者所欠缺的，其失败归根结底是因为不具备同样的可贵品质。

美国宾夕法尼亚州的拉文斯坦研究所，曾对美国总统的智商展开过调查，研究发现，美国总统的平均智商水平为 115.5，说明该国国家元首的智商水平只比正常人略高一点，鲜有天才和奇才。这些智商有限的政客是凭借什么从激烈的竞争中脱颖而出的呢？答案是他们的情商。凭借着高水平的情商，他们获得了民众的支持，赢得了大选。

在历届总统中，其中小布什的智商水平尤为引人注意，他的智商仅为91，距离低智商的要求（90以下）只差了那么一点点，其智力水平属于中等偏下，这位在总统智商排名中排在倒数第一的总统政绩却不逊于其他总统，其原因何在呢？因为他在情商上占有优势，智商是可以量化的，情商则不能，但却可以根据一个人的成就反映出来。

高情商的政治家可以走上权力的巅峰，在艺术领域，情商同样能使人大放光彩。著名艺术大师，有波普之父美誉的安迪·沃霍尔，智商只有86，以科学的标准衡量，他是个低智商者，他因为智力上的缺陷，在学习上确实遇到了不少困难，然而他的内心世界却无比丰富，各种情绪冲撞后激发了他天才般的创作灵感，使他在电影、出版、写作的领域都取得了不俗的成果。

职业情商的高低决定一个人的成败，修炼好你的职业情商，你才能为自己搭建起晋升的阶梯，然而提高职业情商并不是一蹴而就的，需要你在日常工作中不断加强对自身情绪的控制，并培养出积极乐观的心态。不要看到别人荣升高位就忿忿不平，而要理性地分析自己没有获得提拔的深层次原因。要注意避免抱怨、愤怒、妒忌、恐惧等不良情绪，同时还要加强与人沟通的能力及人际交往的能力。

直性子者一定要想方设法改掉快人快语得罪人的毛病，学会积极地倾听，放弃无谓的争辩，为自己营造出和谐的人际关系，还要学会怎样与不同的人打交道，包括怎样与公司内部人员及外部客户相处，在与人发生争执时一定要冷处理，不要为了一点鸡毛蒜皮的小事而对任何人进行人身攻击，如果不认同别人的想法和看法，可以在心里保留自己的意见，切忌恼羞成怒，因为坏脾气会直接影响你的职业生涯，过于情绪化的人很难取得事业上的步步高升，倒有可能因为情绪失控而跌跤，所以你必须加强自控能力，提高自己的职业情商，只有这样才能突破职业发展的瓶颈，迎来一个充满希望的未来。